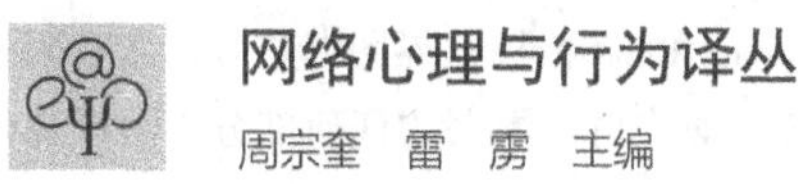

网络心理与行为译丛

周宗奎　雷　雳　主编

心理学视角的网络空间

理论、研究与应用

PSYCHOLOGICAL ASPECTS OF CYBERSPACE
THEORY, RESEARCH, APPLICATIONS

（以）艾济·巴瑞克（Azy Barak）◎ 著

高　闯　孙晓军 ◎ 译

中　国　出　版　集　团

世界图书出版公司

广州·上海·西安·北京

图书在版编目（C I P）数据

心理学视角的网络空间：理论、研究与应用 /（以）巴瑞克 (Barak,A.) 著；高闯，孙晓军译 . -- 广州：世界图书出版广东有限公司，2014.9

（网络心理与行为译丛 / 周宗奎，雷雳主编）

书名原文 :Psychological aspects of cyberspace:theory,research,applications

ISBN 978-7-5100-8027-2

Ⅰ. ①心… Ⅱ. ①巴…②高…③孙… Ⅲ. ①心理学－关系－互联网络－研究 Ⅳ. ① B84 ② TP393.4

中国版本图书馆 CIP 数据核字 (2014) 第 202537 号

版权登记号图字：19-2012-108

心理学视角的网络空间：理论、研究与应用

责任编辑　江再祥
出版发行　世界图书出版广东有限公司
地　　址　广州市新港西路大江冲 25 号
电　　话　020-84459702
印　　刷　虎彩印艺股份有限公司
规　　格　787mm × 1092mm　1/16
印　　张　20.25
字　　数　305 千
版　　次　2014 年 9 月第 1 版　2014 年 9 月第 1 次印刷
ISBN　978-7-5100-8027-2/B·0088
定　　价　70.00 元

《网络心理与行为译丛》

组织翻译

青少年网络心理与行为教育部重点实验室（华中师范大学）

协作单位

国家数字化学习工程技术研究中心

中国基础教育质量监测协同创新中心

华中师范大学心理学院

社交网络及其信息服务协同创新中心

教育信息化协同创新中心

总序

一

工具的使用对于人类进化的作用从来都是哲学家和进化研究者们在探讨人类文明进步的动力时最重要的主题。互联网可以说是人类历史上影响最复杂前景最广阔的工具，互联网的普及已经深深地影响了人类的生活方式。它对人类文明进化的影响已经让每个网民都有了亲身感受，但是这种影响还在不断地深化和蔓延中，就像我们认识石器、青铜器、印刷术的作用一样，我们需要巨大的想象力和以世纪计的时距，才有可能全面地认识人类发明的高度技术化的工具——互联网对人类发展的影响。

互联网全面超越了人类传统的工具，表现在其共享性、智能性和渗透性。互联网的本质作用体现在个人思想和群体智慧的交流与共享；互联网对人类行为效能影响的根本基础在于其智能属性，它能部分地替代人类完成甚为复杂的信息加工功能；互联网对人类行为之所以产生如此广泛的影响，在于其发挥作用的方式能够在人类活动的各个领域无所不在地渗透。

法国当代哲学家贝尔纳·斯蒂格勒在其名著《技术与时间》中，从技术进化论的角度提出了一个假说："在物理学的无机物和生物学的有机物之间有第三类存在者，即属于技术物体一类的有机化的无机物。这些有机化的无机物贯穿着特有的动力，它既和物理动力相关又和生物动力相关，但不能被归结为二者的'总和'或'产物'。"在我看来，互联网正是这样一种"第三类存在者"。互联网当然首先依存于计算机和网络硬件，但是其支撑控制软件与信息内容的生成和运作又构成自成一体的系统，有其自身的动力演化机制。我们所谓的"网络空间"，也可以被看作是介于物理空间和精神空间之间的"第三空间"。

与物理空间相映射，人类可以在自己的大脑里创造一个充满意义的精神空间，并且还可以根据物理世界来塑造这个精神空间。而网络是一个独特的虚拟空间，网络中的很多元素，包括个体存在与社会关系，都与个体在自己大脑内创造的精神空间相似。但是这个虚拟空间不是存在于人的大脑，而是寄存于一个庞大而复杂的物理系统。唯其如此，网络空间才成为独特的第三空间。

二

网络心理学正是要探索这个第三空间中人的心理与行为规律。随着互联网技术和应用的迅猛发展，网络心理学正处在迅速的孕育和形成过程中，并且必将成为心理科学发展的一个创意无限的重要领域。

技术的发展已经使得网络空间从文本环境转变为多媒体环境，从人机互动转变为社会互动，使它成为一个更加丰富多彩的虚拟世界。这个世界对个人和社会都洋溢着意义，并将人们不同的思想与意图交织在一起，充满了创造的机会，使网络空间成为了一个社会空间。在网络这个新的社会环境和心理环境中，一定会衍生出反映人类行为方式和内心经验的新的规律，包括相关的生理反应、行为表现、认知过程和情感体验。

进入移动互联网时代之后，手机、平板电脑等个人终端和网络覆盖的普及带来了时间和空间上的便利性，人们在深层的心理层面上很容易将网络空间看作是自己的思想与人格的延伸。伴随着网络互动产生的放大效应，人们甚至会感到自己的思想与他人的思想可以轻易相通，甚至可以混合重构为一体。个人思想之间的界线模糊了，融合智慧正在成为人类思想史上新的存在和表现形式，也正在改写人类的思想史。

伴随着作为人类智慧结晶的网络本身的进化，在人类众多生产生活领域中发生的人的行为模式的改变将会是持续不断的，这种改变会将人类引向何处？从人类行为规律的层面探索这种改变及其效果，这样的问题就像网络本身一样令人兴奋和充满挑战。

网络心理学是关于人在网络环境中的行为和体验的一般规律的科学研究。作为心理学的一个新兴研究领域，网络心理学大致发端于上个世纪九十年代中期。随着互联网的发展，网络心理学也吸引了越来越多的学者开始研究，越来越多的文章发表在心理学和相关学科期刊上，越来越多的相关著作在出版。近两三年来，一些主要的英文学术期刊数据库（如 Elsevier Science Direct Online）中社会科学和心理学门类下的热点论文排行中甚至有一半以上是研究网络心理与网络行为的。同时，越来越多的网民也开始寻求对人类行为中这一相对未知、充满挑战的领域获得专业可信的心理学解释。

在网络空间中，基于物理环境的面对面的活动逐渐被越来越逼真的数字化表征所取代，这个过程影响着人的心理，也同时影响着心理学。一方面，已有的心理科学知识运用于网络环境时需要经过检验和改造，传统的心理学知识和技术可以得到加强和改进；另一方面，人们的网络行为表现出一些不同于现实行为的新的现象，需要提出全新的心理学概念与原理来解释，形成新的理论和技术体系。这两方面的需要就使得当前的网络心理学研究充满了活力。

在心理学范畴内，网络心理研究涉及传统心理学的各个分支学科，认知、实验、发展、社会、教育、组织、人格、临床心理学等都在与网络行为的结合中发现了或者正在发现新的富有潜力的研究主题。传统心理学的所有主题都可以在网络空间得到拓展和更新，如感知觉、注意、记忆、学习、动机、人格理论、人际关系、年龄特征、心理健康、群体行为、文化与跨文化比较等等。甚至可以说，网络心理学可以对等地建构一套与传统心理学体系相互映射的研究主题和内容体系，将所有重要的心理学问题在网络背景下重演。实际上当前一部分的研究工作正是如此努力的。

但是，随着网络心理学研究的深入，一些学科基础性的问题突显出来：传统的心理学概念和理论体系能够满足复杂的网络心理与行为研究的需要吗？心理学的经典理论能够在网络背景下得到适当的修改吗？有足够的网络行为研究能帮助我们提出新的网络心理学理论吗？

在过去的 20 年中，网络空间的日益发展，关于网络心理的研究也在不断扩展。早期的网络心理学研究大多集中于网络成瘾，这反映了心理学对社会问题产生关注的方式，也折射出人类对网络技术改变行为的焦虑。当然，网络心理学不仅要关注网络带来的消极影响，更要探究网络带来的积极方面。近期的网络心理学研究开始更多地关注网络与健康、学习、个人发展、人际关系、团队组织、亲社会行为、自我实现等更加积极和普遍的主题。

网络心理学不仅仅只是简单地诠释和理解网络空间，作为一门应用性很强的学科，网络心理学在实际生活中的应用也有着广阔的前景。例如，如何有效地预测和引导网络舆论？如何提高网络广告的效益？如何高效地进行网络学习？如何利用网络资源促进教育？如何使团体和组织更有效地发挥作用？如何利用网络服务改进与提高心理健康和社会福利？如何有效地开展网络心理咨询与治疗？如何避免网络游戏对儿童青少年的消极影响？网络心理学的研究还需要对在线行为与线下生活之间的相互渗透关系进行深入的探索。在线行为与线下行为是如何相互影响的？个人和社会如何平衡和整合线上线下的生活方式？网络涵盖了大量的心理学主题资源，如心理自助、心理测验、互动游戏、儿童教育、网络营销等，网络心理学的应用可以在帮助个人行为和社会活动中发挥非常重要的作用。对这些问题的探讨不仅会加深我们对网络的理解，也会提升我们对人类心理与行为的完整的理解。

三

网络心理与行为研究是涉及多个学科，不仅需要社会科学领域的研究者参与，也需要信息科学、网络技术、人机交互领域的研究者的参与。在过去的起步阶段，心理学、传播学、计算机科学、管理学、社会学、教育学、医学等学科的研究者，从不同的角度对网络心理与行为进行了探索。网络心理学的未来更需要依靠不同学科的协同创新。心理学家应该看到不同学科领域的视角和方法对网络心理研究的不可替代的价值。要理解和调控人的网络心理与行为，并有效地应用于网络生活实际，如网络教育、网络购物、网络治疗、在线学习等，仅仅依靠传统心理学的知识远远不够，甚至容易误导。为了探索网络心理与行为领域新的概念和理论，来自心理学和相关领域的学者密切合作、共同开展网络心理学的研究，更有利于理论创新、技术创新和产品创新，更有利于建立一门科学的网络心理学。

根据研究者看待网络的不同视角，网络心理学的研究可以分为三种类型：基于网络的研究、源于网络的研究和融于网络的研究。“基于网络的研究”是指将网络作为研究人心理和行为的工具和方法，作为收集数据和测试模型的平台，如网上调查、网络测评等；“源于网络的研究”是指将网络看作是影响人的心理和行为的因素，是依据传统心理学的视角考察网络使用对人的心理和行为产生了什么影响，如网络成瘾领域的研究、网络使用的认知与情感效应之类的研究，“记忆的谷歌效应”这样的研究是其典型代表；“融于网络的研究”是指将网络看作是一个能够寄存和展示人的心理活动和行为表现的独立的空间，来探讨网络空间中个人和群体的独特的心理与行为规律，以及网络内外心理与行为的相互作用，这类研究内容包括社交网站中的人际关系、体现网络自我表露风格的“网络人格”等等。这三类研究对网络的理解有着不同的出发点，但也可以是有交叉的。

更富意味的是，互联网恰恰是人类当代最有活力的技术领域。社交网站、云计算、大数据方法、物联网、可视化、虚拟现实、增强现实、大规模在线课程、可穿戴设备、智慧家居、智能家教等等，新的技术形态和应用每天都在改变着人的网络行为方式。这就使得网络心理学必须面对一种动态的研究对象，计算机与网络技术的快速发展使得人们的网络行为更加难以预测。网络心理学不同于心理学的其他分支学科，它必须与计算机网络的应用技术相同步，必须跟上技术形态变革的步伐。基于某种技术形态的发现与应用是有时间限制与技术条件支撑的。很可能在一个时期内发现的结论，过一个时期就完全不同了。这种由技术决定的研究对象的不断演进增加了网络心理研究的难度，但同时也增加了网络心理学的发展机会，提升了网络心理学对人类活动的重要性。

我们不妨大胆预测一下网络心理与行为研究领域未来的发展走向。在网络与人的关系方面，两者的联系将全面深入、泛化，网络逐渐成为人类生活的核心要素，相关的研究数量和质量都会大幅度提升。在学科发展方面，多学科的交叉和渗透成为必然，越来越多的研究者采用系统科学的方法对网络与人的关系开展心理领域、教育领域、社会领域和信息工程领域等多视角的整合研究。在应用研究方面，伴随新的技术、新的虚拟环境的产生，将不断导致新的问题的产生，如何保持人与网络的和谐关系与共同发展，将成为现实、迫切的重大问题。在网络发展方向上，人类共有的核心价值观将进一步引领网络技术的发展，技术的应用（包括技术、产品、服务等）方向将更多地体现人文价值。这就需要在网络世界提倡人文关怀先行，摒弃盲目的先乱后治，网络技术、虚拟世界的组织规则将更好地反映、联结人类社会的伦理要求。

四

青少年是网络生活的主体，是最活跃的网络群体，也是最容易受网络影响、最具有网络创造活力的群体。互联网的发展全面地改变了当代人的生活，也改变了青少年的成长环境和行为方式。传统的青少年心理学研究主要探讨青少年心理发展的年龄阶段、特点和规律，在互联网高速发展的时代，与青少年相关的心理学等学科必须深入探索网络时代青少年新的成长规律和特点，探索网络和信息技术对青少年个体和群体的社会行为、生活方式和文化传承的影响。

对于青少年网民来说，网络行为具备的平等、互动、隐蔽、便利和趣味都更加令人着迷。探索外界和排解压力的需要能够部分地在诙谐幽默的网络语言中得到满足。而网络环境所具有的匿名性、继时性、超越时空性（可存档性和可弥补性）等技术优势，提供了一个相对安全的人际交往环境，使其对自我展示和表达拥有了最大限度的掌控权。

不断进化的技术形式本身就迎合了青少年对新颖的追求，如电子邮件（E-mail）、文件传送（FTP）、电子公告牌（BBS）、即时通信（IM，如 QQ、MSN）、博客（Blog）、社交网站（SNS）、多人交谈系统（IRC）、多人游戏（MUD）、网络群组（online-group）、微信传播等都在不断地维持和增加对青少年的吸引力。

网络交往能够为资源有限的青少年个体提供必要的社会互动链接，促进个体的心理和社会适应。有研究表明，网络友谊质量也可以像现实友谊质量一样亲密和有意义；网络交往能促进个体的社会适应和幸福水平；即时通信对青少年既有的现实友谊质量也有长期的正向效应；网络交往在扩展远距离的社会交往圈子的同时，也维持、强化了近距离的社会交往，社交网站等交往平台的使用能增加个体的社会资本，从而提升个体的社会适应和幸福感水平。

同时，网络也给青少年提供了一个进行自我探索的崭新空间，在网络中青少年可以进行社会性比较，可以呈现他们心目中的理想自我，并对自我进行探索和尝试，这对于正在建立自我同一性的青少年来说是极为重要的。如个人在社交网站发表日志、心情等表达，都可以长期保留和轻易回顾，给个体反思自我提供了机会。社交网站中的自我呈现让个人能够以多种形式塑造和扮演自我，并通过与他人的互动反馈来进行反思和重塑，从而探索自我同一性的实现。

处于成长中的青少年是网络生活的积极参与者和推动者，能够迅速接受和利用网络的便利和优势，同时，也更容易受到网络的消极影响。互联网的迅猛发展正加速向低龄人群渗透。与网络相伴随的欺骗、攻击、暴力、犯罪、群体事件等也屡见不鲜。青少年的网络心理问题已成为一个引发社会各界高度重视的焦点问题，它不仅影响青少年的成长，也直接影响到家庭、学校和社会的稳定。

同时，网络环境下的学习方式和教学方式的变革、教育活动方式的变化、学生行为的变化和应对，真正将网络与教育实践中的突出问题结合，发挥网络在高等教育、中小学教育、社会教育和家庭教育中的作用，是网络时代教育发展的内在要求。更好地满足教育实践的需求是研究青少年网络心理与行为的现实意义所在。

五

开展青少年网络心理与行为研究是青少年教育和培养的长远需求。互联网为青少年教育和整个社会的人才培养工作提供了新的资源和途径，也提出了新的挑战。顺应时代发展对与青少年成长相关学科提出的客观要求，探讨青少年的网络心理和行为规律，研究网络对青少年健康成长的作用机制，探索对青少年积极和消极网络行为的促进和干预方法，探讨优化网络环境的行为原理、治理措施和管理建议，引导全面健康使用和适应网络，为促进青少年健康成长、推动网络环境和网络内容的优化提供科学研究依据。这些正是“青少年网络心理与行为教育部重点实验室”的努力方向。

青少年网络环境建设与管理包括消极防御和积极建设两方面的内容。目前的网络管理主要停留在防御性管理的层面，在预防和清除网络消极内容对青少年的负面影响的同时，应着力于健康积极的网络内容的建设和积极的网络活动方式的引导。如何全面正确发挥网络在青少年教育中的积极作用，在避免不良网络内容和不良使用方式对青少年危害的同时，使网络科技更好地服务于青少年的健康成长，是当前教育实践中面临的突出问题，也是对网络科技工作和青少年教育工作的迫切要求。基于对青少年网络活动和行为的基本规律的研究，探索青少年网络活动的基本需要，才能更好地提供积极导向和丰富有趣的内容和活动方式。

为了全面探索网络与青少年发展的关系，推动国内网络心理与行为研究的进步，青少年网络心理与行为教育部重点实验室组织出版了两套丛书，一是研究性的成果集，一是翻译介绍国外研究成果的译丛。

《青少年网络心理研究丛书》是实验室研究人员和所培养博士生的原创性研究成果，这一批研究的内容涉及青少年网络行为一般特点、网络道德心理、网络成瘾机制、网络社会交往、网络使用与学习、网络社会支持、网络文化安全等不同的专题，是实验室研究工作的一个侧面，也是部分领域研究工作的一个阶段性小结。

《网络心理与行为译丛》是我们组织引进的近年来国外同行的研究成果，内容涉及互联网与心理学的基本原理、网络空间的心理学分析、数字化对青少年的影响、媒体与青少年发展的关系、青少年的网络社交行为、网络行为的心理观和教育观的进展等。

丛书和译丛是青少年网络心理与行为教育部重点实验室组织完成研究的成果，整个工作得到了国家数字化学习工程技术研究中心、中国基础教育质量监测协同创新中心、华中师范大学心理学院、社交网络及其信息服务协同创新中心、教育信息化协同创新中心的指导与支持，特此致谢！

丛书和译丛是作者和译者们辛勤耕耘的学术结晶。各位作者和译者以严谨的学术态度付出了大量辛劳，唯望能对网络与行为领域的研究有所贡献。

周宗奎

2014 年 5 月

译者序

认知科学、大数据、网络行为被认为是当代科学研究的三大革命领域。而这三个革命领域的交叉领域就是网络心理。这在热点领域的学术研究中，极其罕见。它暴露出，从心理学角度研究网络行为的基础性、特异性和不可替代。

在众多的切入点中，如：信息科学、社会学、传播学、心理学等，究其本质，都归结为心理机制，这已经是一个普遍性共识。因此，从心理学角度诠释互联网的信息传播、互联网社区行为等，已经成为一个关键视角。

由此角度出发，诞生的“网络心理学”，由于其潜在的行为溯源的根源性，表现出强大的生命力，迅速引起业界高度关注。网络空间中，人机交互、人际交互、网上 - 网下行为关联，成为该领域试图揭示的基本问题。围绕这些问题派生的问题包括：网络学习、网络健康、网络认知、网络安全等一系列精神健康问题等，也迅速成为心理学迅速关注的领域。

基于这样一个时代背景，Azy Barak 编著的《心理学视角的网络空间》（*Psychological Aspects of Cyberspace*：*Theory, Research, Applications*）一书，从心理学视角，客观、系统、综述各个网络心理涉及的分支领域，面世以来颇受读者欢迎。

本书共分 12 章。第一章描述网络与网络心理学，阐述和讨论关于网络心理的核心概念；第二章详细描述网络中的隐私、信任与表露；第三章探讨网络滥用问题；第四章阐述网络中的流体验；第五章探讨网络治疗的理论与技术；第六章探讨网络中的暴露与心理评估的关系；第七章阐述地点在网络关系的产生与发展中的作用；第八章探讨网络色情问题；第九章探索在网络视角下，对接触假设进行重思考；第十章描述在线群体的本质与技能的影响因素；第十一章以维基百科为例详细描述影响网络参与动机的因素；第十二章探讨网络中介研究是如何改变科学的这一问题。

在这本书成稿过程中，翻译、校稿人员做了大量工作，做出巨大贡献。高闯（华中师范大学）、孙晓军（华中师范大学）、高勇（滨州医学院）负责全书的统稿、校对与部分章节翻译工作、王伟（华中师范大学）负责全书（1-12 章）的校对工作。参与翻译的译者有：

第一章，高闯、夏丽蓉

第二章，高闯、赵竞

第三章，高闯、徐升、李玉堂

第四章，刘燕君、高勇

第五章，高勇、徐升、皮忠玲、夏丽蓉、史庚虎、

第六章，高勇、皮忠玲、史庚虎、刘理阳、江叶萍

第七章，孙晓军、牛更枫

第八章，高勇、黄璐

第九章，叶茜茜、高勇

第十章，黄璐、高闯

第十一章，孙晓军、谢笑春、

第十二章，黄璐、高闯

上述参与翻译的成员，未标注单位人员均是华中师范大学心理学院的博士研究生或硕士研究生。他们在参与过程中，所表现出来的严谨、学术诚恳尤其值得赞赏。

特别感谢王伟老师对心理学的独到犀利的见解，对翻译工作“信、达、雅”的执着，这都使翻译工作增光添彩。

由于翻译工作量大，涉及面比较广，翻译过程中错误在所难免，希望读者不吝指出。

高闯

2014 年 5 月

英文版前言

网络空间中的心理学，或者说网络心理学，是一个全新研究领域。在世界范围内，只有极少数大学开设了这一新兴领域的课程，尽管如今有很多活动都在网络中进行。网络带来的这个新的社会环境，新的心理环境，会投射出支配人类经验的新的规律，包括生理反应、行为、认知过程和情感。似乎心理学逐步承认并接受了这个新兴研究领域，正如越来越多的行为学者开始研究这一领域，该领域的越来越多的文章开始出现在心理学期刊上，越来越多的与之相关的书籍也在出版。这个变化不仅反映出，越来越多的专家对这个新的领域感兴趣，而且也反映了越来越多的普通民众也开始寻求人类心理学中这一相对未知、未经充分研究领域中可信、专业的答案。

出于个人需要，我探索心理学中这一令人激动的方向。我居住于加拿大安略省的伦敦市，当时是加拿大西部安略大学的一员。我正和我的好友兼同事 William（Bill）Fisher 合作。在和他共事期间，我深入地研究了网络上关于性的话题——当时革命性的计算机网络，又称之为英特网，正在兴起（相对于我们以前使用的、比较原始的 Bitnet，英特网算是具有相当创新性）。几乎同时，微软升级到了 Windows95 版本，而且个人电脑屏幕分辨率、显示颜色变得更鲜活、更具吸引力。尽管我人在加拿大，与祖国以色列的地理距离很遥远，但让我突然感到具有一种主观的真实“在那里”的能力，如，在互联网上，我可以与远方朋友和同事进行更有效的沟通，而且这种在新媒介产生的情感、进行的活动，让我产生一种想法：互联网将在很多方面彻底改变人类。它也让我意识到，心理学这个领域也将发生巨大的变化。然后在互联网上，我开始寻找其他有类似经历、类似想法的心理学学家。和 John Suler，John Grohol，Michael Fenichel，Storm King 以及其他几个不太保守的心理学家相识，只用了相对较短的时间。在远方，我怀着尊敬之情目睹 Sheizaf Rafaeli 在以色列互联网实施方面所做的惊人工作。在这不久之后，我联系了这个新兴领域更多的领头人物，其中包括 Adam Joinson，Tom Buchanan，Mark Griffiths，Janet Morahan-Martin，Kate Anthony，Jason Zack 以及后来的 Al Cooper。

这些研究者已经成为我亲密的同事，他们其中一些也参与了本书的编著。我的很多关于这个发展领域课题的观点，比如SAHAR，即一个网络自杀干预的成功案例（Barak，2007），还有其他众多研究成果得到运用，都是与这些同事及其他同事多次网络探讨的结果。

把网络心理学领域里世界顶尖学者的知识、创造性的观点收集起来，这个想法是本书众多贡献者经过大量的网络讨论交流产生的。虽然最初的计划是用两个星期在一个隔离室里面对面分享想法和观点，并在新兴的心理学问题上进行头脑风暴，但由于实际情况的限制，以及优先考虑到个人事情，因此通过个人随笔合集的方式，把他们的随笔合集组成了本书的各个章节。这卷书的独特价值在于作者们的原始想法和创新观点，如果专业读者希望了解、获悉更多的由“信息变革”带来的新颖世界，由于本书呈现了我们新领域研究的众多主题，它也可以作为一本有用的参考书。

一个著名的专栏作家表示，“世界是平的”（Freidman，2005），毫无疑问，我们现在共享“一个地球村”，一个由Marshall McLuhan（Marshall，1962）提出的预测信息变革的术语。我们曾经所知和、所确信的东西——不管是心理学、医学、物理学、经济学或者气象学——正在分崩离析。结果，我们是一场社会变革的中心。由于这些运动、这个趋势都是作为一个整体运转的，没有人知道它将通向哪里，它将采取什么形式，因为这些运动和趋势是全球化的、新兴技术、快速增长、同步并无限制交流、丰富有力的计算机化。如果心理学想与这个世界保持联系，保持影响力，它需要断开它的历史根基——以前的知识，并且需要适应这个新的世界。否则，正如我在10年前提出的一样：“心理学，在新世纪的当口，将借助高速公路的驱动，把这个世界带向于一个未知的目的地。为了避免路上的凹坑，对这个新的、前所未有的发展的谨慎考虑、国际化头脑风暴以及特别关注，可能带来最大化的社会效益，和最小化的旅行成本”（Barak，1999）。心理学似乎正在逐渐向着那个目的地靠近。但是它是否走的太慢了？

致谢

我要真诚的感谢 Giuseppe Riva 和 Tom Buchanan，他们的观点和建议对于这本书的深度和范围产生了重要的影响。我也要感谢 A. M. Goldstein，他的编辑援助是极重要的。最后但并不意味着是最不重要的，我还要感谢 Meyran Boniel-Nissim，他在整个项目中施予的众多帮助、支持和鼓励。

艾济 · 巴瑞克

2007 年 6 月

【参考文献】

Barak, A. (1999). "Psychological applications on the Internet: A discipline on the threshold of a new millennium". Applied and Preventive Psychology, 8 (4): 231–245. Freidman, T. (2005). "The world is flat". Farrar, Straus and Giroux, New York. LMarshall, H. (1962). Gutenberg galaxy. The making of typographic man, University of Toronto Press.

目录

第一章 网络中的心理学与社会科学

第二章 隐私、信任和在线表露

第三章 网络滥用：新的趋势和挥之不去的疑问

第四章 网络空间里的沉浸体验：研究现状与展望

第五章 网络心理治疗的理论与技术

第六章 将暴露于网络中作为提高心理评估的手段

第七章 “身陷网络”：网络地点在网络关系建立和发展中的作用

第八章 互联网中的“性”：网络空间中的性活动、性素材的检测

第九章 网络的作用：基于理论与应用的研究

第十章 网络群体性质与机能的影响因素

第十一章 影响网络使用动机的因素：参与维基百科的激励机制及其作用

第十二章 互联网为媒介的研究如何改变科学

第一章 网络中的心理学与社会科学

巴瑞克、舒勒（Azy Barak & John Suler）

20 世纪 80 年代，个人电脑与互联网开始在办公领域普及，并逐渐向大众的日常生活领域渗透。直到 20 世纪 90 年代中期，随着第一个网络浏览器的问世，与界面图形可视化的微软 Windows 及苹果操作系统被大众广泛地接受，互联网才开始被深入、广泛地使用。无论是社会机构还是个人，都见证并参与了人类的又一次社会革命：人们可以很容易地获取并理解各种信息，人际交往方式发生了引人注目的革新。基于此，人们在这个世界上的生活方式因网络而发生了变革。政府和许多社会机构都支持并鼓励这种变革，电脑与高速发展的互联网也因此而被联合起来，并相当快和相对容易地渗入到大众的日常生活领域。没多久，相关的技术公司也开始迅速在世界各地遍地开花，并展开激烈的商业竞争，它们在与个人、办公、公共事业、商业活动和政府事务等相关的电脑和互联网技术、产品、服务等方面取得显著的进步，并逐步发展成为一个以创新和高潜力为标签的新兴行业。相应的，这也极大地促进和巩固了电脑与互联网的使用率，以及大量与电脑相关的活动。这个行业的高度竞争，反过来促进了电脑与互联网技术的极大进步，进而改变了人类的社会规则与生活方式。商业与贸易的信息实现了自由流通与获取，经济全球化的速度因此而更快；人与人之间的交往范围扩大，交往方式变得更加多样化，甚至出现网络恋爱与婚姻；学习、教育、学术研究等更为自由，方式更丰富；人与人之间的互助模式被改变；医疗卫生等健康保健事业也获得了改善；娱乐、休闲、自我表现的方式更加丰富多彩……由于技术仍然在不断地发展与创新，以及人们对技术创新所带来的生活改变持开放与期待态度，这些发生在众多生产生活领域与人类行为模式中的改变将是动态的、持续不断的。

由于存在“数字鸿沟”（Warschauer，2003），也并不是所有的社会，或是一个社会的所有领域都参与了这种变革，但不可否认的是，网络确实已经渗入到家庭、工作场所、学校、社区、以及公共机构和商业领域。遗憾的是，关于目前网络普及度与使用率的准确统计图或数据非常缺乏。这是因为，一方面，与电脑和网络相关的统计方法变化得很快，另一方面，则是数据虽多，但是不同地区的数据收集标准、类型等存在高度不一致性。然而，调查却显示，在发达国家，如美国、英国、德国、澳大利亚、日本和加拿大，已开通网络的家庭超过 75%。甚至是在发展中国家，如非洲的一些国家，近年来电脑的使用率也有着巨大的增长（详细信息请参见 Internet World Stats 网站，http://www.internetworldstats.com/stats.htm）。的确，互联网的可获得性与低费用是个人与社会改变的一个重要因素。越来越多的人类活动已从物理环境、面对面方式转向网络环境、远程在线方式（详细信息请参见由 Pew Internet Research 在美国所做的调查，调查结果还在持续出版中，http://www.pewinternet.org），因而不断地改变着人类的文化、经济、政府管理、教育、生活习惯等。此外，其他一些因素也加速了网络的普及与使用，如社会对网络开放性与认可度越来越高（Bargh & McKenna，2004；Haythornthwaite & Hagar，2004；King，1999），网络环境迎合了个体的一些内在心理需要，例如网络的匿名性、可逃避现实性、感知到隐私被保护等（Amichai-Hamburger，2005），网络还为个体的娱乐、休闲等提供了资源和方式（Chen，2006）。

很明显，随着电脑与网络的广泛使用，过去物理环境中的，或是面对面的活动逐渐被代替，这也影响到了心理学。这种影响似乎是双重的。一方面，人们在网络环境中所表现出来的一些新心理现象与行为，需要提出全新的、富有创造力的心理学概念与理论来解释，并形成新的观念，这可能会影响到已有的心理学知识的运用。另一方面，利用电脑与网络的强大功能，很多由心理学家开发的传统线下活动可以被加强和改进，但这需要心理学家的思想先改变，以便适应、接纳和驾驭心理学在网络虚拟环境中的应用。

这两方面的影响也勾勒出心理学的一个新兴领域——网络心理学的研究范围与目的，目前这个领域还在孕育阶段（Barak，1999；Sassenberg，Boos，Postmes & Reips，2003；Suler，1996—2007）。由于研究网络心理学的研究者来自多个学科，其中不仅有心理学的研究者，还有传播学、医学、社会学、教育学、精神病学、护理学、管理学等学科的研究者，且不同学科的研究者都只是从自己领域的角度出发去研究，研究者之间缺乏沟通，研究缺乏整合，这使得网络心理学的研究缺乏系统性，缺乏领导与方向，进而导致了网络心理学的结构与内容也比较混乱。关于网络心理的图书，目前已有很多，但可惜的是，这些图书通常并不专注于网络心理。首批关于网络心理的著作出版于 20 世纪 90 年代晚期（Fink，1999；Gackenbach，1998；Wallace，1999），紧接着，一本专注于网络心理的著作也在这个时期面世了（Suler，1996—2007)。在这一章，我们试图对这个新的心理学领域做一个框架性与基础性的阐述。

一、网络：一个心理空间

随着电脑与互联网的发展，个体心理体验的新环境产生：网络空间。这是一个早已大众化的术语，在这里提及，似乎有点陈词滥调和过于商业化了。然而，由网络所创造的世界可以被理解为一个非常新的，且在很多方面是非常独特的心理空间。当人们给他们的电脑通上电，打开程序，写电子邮件或是浏览网页时，通常会感觉到自由——无论是有意识的，还是无意识的——他们进入了一个“空间”，一个充满了各种各样的意义和目的的空间。因为这个空间，网络在线体验包含了许多表达，这些表达传递出位置感：“世界、领域、场所、窗口、空间。”

在深层的心理层面上，人们通常将他们的电脑与网络空间看做是自己的思想与人格的一个延伸——一个反映他们的审美、态度与兴趣的“空间”。在精神分析术语里，网络空间也许会被视为一种“过渡空间”（Suler，1999；Turkle，1995），也就是个体内心世界的一个延伸。它也许可以被看做是自我与部分本我、自我、超我之间的中间地带。正如当他们浏览电子邮件、网页，或是按在线指南写即时消息时，一些人真的会感觉到他们的思想与他人的思想被连接了起来，被混合了起来。

人类可以在自己的大脑里创造和设计一个充满意义与目的的虚拟世界，并且还可以根据现实世界来塑造这个虚拟世界。而网络就是一个典型的虚拟世界，网络中的很多元素，甚至个体经历与心理体验，都与个体在自己大脑内创造的虚拟世界相似。这也许是将网络空间看做是一个心理空间的原因。然而，网络的一些重要特征甚至还加速了这个过程，使得网络空间越来越像一个真实的心理空间。一方面，这是由于网络已由过去的文本环境转变为多媒体环境，使得它成为了一个更加引人注目的虚拟世界，在这个世界里，它不仅鼓励有目的与富含意义的创造，而且还能在一个视听环境中进行创造，非常类似于人类在真实环境中的体验，这容易引起人类的共鸣。另一方面，与书籍、广播或是电视相比较，网络的互动性更强，这是因为网络为人与人之间的互动提供了机会，并将人们不同的思想与意图交织在一起，使得网络空间成为了一个社会空间，因而在心理层面上，它超越了传统媒体。

二、网络中的心理学

随着网络的普及与作用的突显，关于它的科学研究也需要迅速展开。由于网络空间成为了一个表达观念、行为与人际关系的虚拟世界，一个心理空间，心理学家很自然地、迅速地对其产生了研究的热情。10 年前，关于网络的心理学出版物是很稀少的，即便有，也只是一些在学术界小范围内被使用的资料，或是一些无价值的课题方案。现在，关于网络的研究就非常普遍了，也被广泛地接受和认可，并有专门的期刊用于发表这些研究，许多人也开始接受“网络心理学”，并将其视为一个新的研究领域。这些改变毫无疑问地揭示了网络对个体心理、人际关系、群体行为与文化的重大影响。

在过去的 10 年里，随着网络空间的日益复杂化，关于网络心理学的研究也在扩展与延伸。网络心理学的早期研究多集中于网络成瘾，这折射出社会对网络蔓延现象的焦虑（Greenfield，1999；Kraut et al.，1998；Young，1998）。揭露和宣传网络令人恐惧的方面，一直是媒体的偏好，但是网络心理学研究不仅要探究网络的消极方面，还要探究它的积极方面。网络心理学研究研究涉及心理学的各个分支学科，研究者也是来自不同的心理学分支学科，囊括了认知、社会、教育、组织、人格、临床与实验心理学家等。毕竟，在问“网络中的心理学是什么”时，就像在问“在现实生活中，心理学是什么”这个问题。心理学的所有议题都可以运用至网络，如感知觉、学习、动机、人格理论、人际关系、心理健康与疾病、群体行为、文化与跨文化动力学等。

随着心理学对网络的深入研究，一些非常基础的问题迅速地突显出来。传统的概念与理论足够我们去理解网络心理与行为吗？我们需要修改心理学的那些理论吗？还是我们需要提出新的理论？

这些问题发展出了一种认识，即网络作为一个心理空间，很不同于现实面对面的环境。网络中没有地理疆界限制，几乎所有事情是可以记录的，“隐私”的界线更加复杂，人与人之间的互动可以是同时的，也可以是异时的，或是两者都采用。在网络半匿名或是完全匿名的条件下，人们可能会变得比平常更加不拘谨，更加自在，甚至会尝试不同的身份。人们的感觉体验也许会减少至仅有文本交流，或是扩展至多媒体体验。

在过去的10年里，网络环境的这些特征还以各种各样的方式被混合、匹配和联合，网络空间的未来设计者们也将继续这样做，并还会发明完全新的交流与信息工具。“网络空间”或是“互联网”正在远离，或是避免成为一个庞大的实体，同时，更不会让自己处于静态，或是保持不变。它有多样化的环境，并且这些环境一直以看似不可预测的速度在改变和发展。为了跟上这种改变，心理学家在网络的研究方法与理论框架上需要灵活选择与构建，这需要识别网络环境与社会互动的基本心理学构件，即在相当长的时间内保持稳定的基本网络心理特征，这是形成网络心理学的基石。然而，它也需要吸收和容纳新的发展。为了理解今天和明天的网络世界，心理学应该为随时面对不确定性，或是出乎意料的事做好准备，这需要心理学对网络心理的研究方法与理论的优缺点保持开放的态度。对于心理学来说，网络不仅仅是一个新的研究课题，它更是一个新的人类心理体验领域，这个领域能够改变心理学本身。目前，相当多的研究与应用计划也的确显示出这种迹象。

心理学不能仅仅只是简单地研究网络空间。作为一门应用科学，心理学还需要将网络心理学的知识应用到实际生活中。怎样利用网络资源促进教育？怎样使团体和组织的功能更有效地发挥？哪些网络在线服务能够用于改进与提高心理健康与社会福利？心理治疗师正在探索如何通过网络在线的同时性和异时性交流来开展他们工作。许多网站提供关于各种社会和心理健康问题的专业信息。现在，网络涵盖了各种与心理学主题相关的资源，如自助软件、心理测验、各种互动游戏等。心理学家也不得不做一些研究来验证这些活动与资源的有效性，并参与这些活动和资源的科学发展，为公众提供关于这些活动与资源的教育。理想情况下，关于网络心理学的应用发展方向可以是网络心理学知识在商业活动中发挥非常重要的作用，商业领域雇佣网络心理学专家参与各种项目，如新的网络环境、网络社区的设计与开发、各种心理学知识的网络应用等。

三、拥抱网络：一个科学、合理的社会环境

前面已提到，网络——一个由计算机通讯所中介的虚拟社会环境的科学研究，始于20年前。研究者刚开始大部分来自于通讯领域，他们力图应用通讯和社会

心理学的理论模型去理解、解释和预测人类在网络环境中的行为。然而，这些尝试只有部分成功，因为相当多的实例发现，当将传统的心理学理论应用至不同的网络在线条件中时，无法描述和解释很多不同类型的网络行为。这样的例子包括群体行为（Thatcher & De La Cour，2003）、买卖行为（Galin，Gross & Gosalker，2007）、或是更普通的社会行为（Yao & Flanagin，2006）等。可以说，新的通讯方式不仅为人与人之间的互动提供了新的媒介，而且还引入了新的心理学因素。例如，网络使用者可以在同时性与异时性交流之间自由选择，网络联合了文本交流、匿名性、不可识别身份、缺乏目光交流、隐私保护等特征，所有这些新元素都是传统心理学理论所无法解释的。此外，网络所创造的虚拟环境，使得个体可以通过电脑参与各种各样的活动这，已被越来越多的研究所证实。因此，需要提出新的、富有创造力的或是革新的概念，或是显著改进旧有的概念，以便更好地解释人们在网络中的行为。网络心理学因此试图通过观察网络空间中特有的心理现象，并将它们与个体对这个虚拟环境的行为联系起来，共同揭示人类的网络心理与行为。

已有的网络心理与行为知识告诉我们，尽管一些心理现象在现实与网络中都无太大差别，但是有些心理现象则是网络环境中所独有的。例如，自我揭露的一些重要维度在现实和网络环境中都是非常相似的：人们会对与他们有关的人透露更多私人信息（Barak & Gluck-Ofri，2007；Leung，2002）；群体规范会影响自我揭露的水平（Dietz-Uhler，Bishop-Clark & Howard，2005）；人与人之间的自我揭露是互惠的、相互的（Barak & Gluck-Ofri，2007；Joinson，2001；Rollman，Krug & Parente，2000；Rollman & Parente，2001）。

然而，研究也发现，在网络环境中，人们对他人的自我揭露会更快、更多，也更深刻（Barak & Bloch，2006；Beck，2005；McCoyd & Kerson，2006）。很明显，这是由于网络独特的去抑制效应所致（Suler，2004）。另一个例子与歧义和不确定情境有关：现实环境（线下环境）中歧义的或是不确定情境出现在网络环境中时，由于网络缺乏真实的、有效的外部环境信息与线索，会更容易影响人们的行为与情绪，使得他们在这个时候更多地依赖自己的想象、情感、认知与人格特质来理解这种不确定情境（Barak，2007；Mantovani，2002；Suler，1996；Turkle，2004）。网络中的歧义情境越不确定，就会越发导致人们的情绪与行为反应强烈，这是因为在这种情境下，个体对情境的加工更加主观化。这对个体在一些特殊网络情境中的心理体验与行为有着直接影响，尤其是涉及个体情感方面的网络情境，如网络恋爱（Norton，Frost & Ariely，2007）、网络人际关系（Levine，2000）、网络性行为（Whitty & Carr，2006）、网络群体行为（McKenna & Seidman，2005）。

需要着重指出的是，网络心理学的研究不只限于特殊的交流模式（例如电子邮件、聊天、论坛、语音聊天、视频聊天），使用电脑与网络的目的（例如玩游戏、学习、购物、搜索信息、心理咨询），或是网络环境的类型（例如信息网站、社会网络、聊天室）。网络心理学，换句话说，旨在发现和理解影响人类的网络心理与行为的特殊因素，以及影响个体与特殊交流方式之间的互动的因素，也就是识别那些已有心理学理论中没有的，但又是影响网络心理与行为的心理学概念与理论。这一方面有助于更好地理解人，另一方面有助于更好地开发与利用网络。

四、网络心理学——一个新兴的研究领域

面对网络心理学，我们需要严肃认真地思考。相当多的因素会显著地影响人们的网络行为，然而，计算机与网络技术的快速发展，有时甚至会有革命性的进步，这使得人们的网络行为更加难以预测。从计算机与互联网过去几年的发展情况来看，随着 Web 2.0 的引进（O' Reilly，2005），产生了包括博客、播客、维基百科、共享图片、共享视频等一系列影响大众生活的新互联网应用产品，它们的共同特点是强调使用者的创造与交流，即使用者既是网站内容的浏览者，也是网站内容的制造者，网络更加人性化（与以前使用者只能通过浏览器获取信息的 Web 1.0 完全不同）。现在这已成为了互联网的主要功能之一，并已经显著影响了网络的各个方面，如网络的使用目的、使用频率、人际交往、网络对线下（现实生活环境）心理与行为的影响。另一个例子是 RSS（简易信息聚合，是一种描述和同步网站内容的格式）的发明，使得网络使用者可以在不打开网站内容页面的情况下阅读支持 RSS 输出的网站内容。这项技术会影响到人们接触的内容，现在已经显著地改变了网络的使用，自然也使得网络发布的内容更加具有影响力。还有另一个例子，近年来，无线网络已逐渐覆盖至工作场所、学校、公共场所与家庭，这项“简单”的创新，使网络的实际应用更加灵活性，深刻地改变了很多人的交流方式。如果我们将网络驱动的移动电话也看做是革命性进步之一，那么就可以发现，计算机与网络技术的发展与变革对社会所产生的改变具有不可预测性，没有人能够预测开放源代码运动（可参见 http://www.opensource.org）将会给人类

带来什么，以及它对人类的心理与行为的影响，但是这也许是计算机与互联网领域另一项即将到来的革命。这些例子表明，网络心理学不同于心理学的其他分支学科，它必须掌握计算机与网络的实践技术，跟上这些改变的步伐；它的发现、结论与应用是有时间限制与条件的，也许在一个时期内的发现与结论，到了另一个时期就完全不一样了。

另一个影响人类网络行为的重要因素也许来自一个完全不同的领域——法律。关于计算机与网络领域的法律的改变在各个地方都会发生，特别是涉及网络垃圾、网络欺诈、黑客、网络犯罪等方面的法律更易改变（Engel，2006），甚至是关于网络赌博、网络游戏的法律现在也易改变。随之而来的是法律被执行机构强制执行，这些举措也许会影响人们在网络中的行为，例如由于网络匿名会造成使用者理智降低的问题，法律甚至会要求在很多网络环境中使用者必须实名制。而网络的匿名性是决定人们在网络中的行为的主要因素之一（Suler，2004；Tanis & Postmes，2007），采取网络实名制只会显著改变人们在网络中的行为模式。另外，版权法的改变也许会显著地改变人们对网络音乐、电影、书籍等的使用，进而改变很多网络行为。

技术的进步与法律的改变，还有互联网对大众生活各个方面的广泛渗透毫无疑问将会明显地影响人们日常生活中的心理与行为，以及网络心理学理论的复杂性。不同于心理学的其他领域，那些领域的研究，相对来说是静态的，研究者们也更多地是将精力集中于对那些领域已有心理与行为的深度理解上，网络心理学则是高度动态的，这个特点创造了另外的科学挑战这也就导致了，与创建一门全新的学科所需要的时间一样长。此外，随着对网络的理解的深入，与关于网络心理学应用的深入探索，将来会反过来影响心理学许多其他分支领域，包括心理咨询与治疗、心理诊断与评估学、认知加工的研究、社会互动与人际关系、心理学研究方法等。

五、网络心理学的未来

网络心理学的未来要依靠不同学科的协同合作。由于涉及心理学的所有分支学科，当来自不同领域的研究者通力合作时，网络心理学的发展才会最健康与科学，其应用也会最有效。网络心理与行为是多学科的，不仅需要吸收社会科学领域的不同专家学者，还需要那些研究人机交互的专家学者的加入。为了开创科学的网络心理学，心理学应该与这些不同学科的研究者共同合作。

网络心理学的未来还需要依靠对网络在线与线下生活之间的相互渗透现象的深入理解。网络在线行为是如何影响线下行为的，或者线下行为是如何影响网络在线行为的？为了最大化地提高个体、群体和社会的福祉，我们应该如何去平衡和整合网络在线与线下的生活方式？这些问题将不仅可以提高我们对网络的理解，它们还将会增加我们对人类心理与行为的理解。

六、总结与结论

本章试图去定义和描绘一个新的心理学分支学科，即网络心理学。影响网络心理学研究的主要因素之一，是网络心理与行为的动态性与迅速变化，这主要是由计算机与网络的技术和产品的快速更新换代所导致。网络心理学的这种特征与心理学其他分支学科很不同，那些分支学科有着相对静态与稳定的研究主题。此外，尽管我们可以根据工程与技术的发展规划提供的一些关于计算机与网络未来发展的线索，来预期未来的改变，但是过去的经历告诉我们，依然有很多突破性技术是无法预测的。结果，网络心理学将不得不重新聚焦于主动适应那些很可能会深度影响人类心理与行为的改变。例如，目前一些还只是处于初步发展阶段计算机与网络技术和产品，如语义万维网（Antoniou & Van Harmelen，2004），为老人、残疾人和病人开发的嵌入式环境智能系统（Weber，Rabaey & Aarts，2006），虚拟医疗（Riva，2004；Riva et al.，2007），提供虚拟社区与游戏活动的三维社交网络，将味觉与嗅觉引入网络在线交流的技术等，这些将来很有可能会对人们的生活产生巨大的影响，并进而影响网络心理学的研究。

为了理解人们在网络中的心理与行为，所理解的知识或改为所理解的应用至实际生活，如网络教育、网络治疗、在线学习等，来自传统心理学的知识还远远不够。事实上，利用传统心理学的知识去理解网络心理与行为，在很多情况下会出错。探索与提出网络心理与行为的相关概念与理论是非常有必要的。目前有学者正在这样做，如果来自心理学的学者与其他相关领域的学者共同参与网络心理学的研究，可能更容易提出新的观念、术语和理论，更利于建立一门新的、科学的网络心理学。

【参考文献】

Amichai-Hamburger,Y.(2005).Personality and the Internet.The social net:Human behavior in cyberspace,27–55.

Antoniou,G. & Van Harmelen,F.(2004)A semantic web primer:the MIT Press.Barak,A.(1999).Psychological applications on the Internet:A discipline on the threshold of a new millennium.Applied and Preventive Psychology,8(4),231–245.

Barak,A.(2007).Phantom emotions:Psychological determinants of emotional experiences on the Internet.Oxford handbook of Internet psychology,303–329.

Barak,A. & Bloch,N.(2006).Factors related to perceived helpfulness in supporting highly distressed individuals through an online support chat.CyberPsychology & Behavior,9(1),60–68.

Barak,A. & Gluck-Ofri,O.(2007).Degree and reciprocity of self-disclosure in online forums.CyberPsychology & Behavior,10(3),407–417.

Bargh,J.A.& McKenna,K.Y.A.(2004).The Internet and social life.Annu.Rev.Psychol.,55,573–590.

Beck,C.T.(2005)Benefits of participating in Internet interviews:Women helping women.Qualitative health research,15(3),411–422.

Chen,H.(2006).Flow on the net-detecting Web users' positive affects and their flow states.Computers in Human Behavior,22(2),221–233.

Dietz-Uhler,B.,Bishop-Clark,C. & Howard,E.(2005).Formation of and adherence to a self-disclosure norm in an online chat.CyberPsychology & Behavior,8(2)114–120.

Engel,C.(2006)The Role of Law in the Governance of the Internet.International Review of Law Computers & Technology,20(1–2),201–216.

Fink,J.(1999).How to use computers and cyberspace in the clinical practice of psychotherapy:Jason Aronson.Gackenbach,J.E.(1998).Psychology and the Internet.San Diego,CA:Academic Press.Galin,A.,Gross,M. & Gosalker,G.(2007).E-negotiation versus face-to-face negotiation what has changed–if anything?Computers in Human Behavior,23(1),787–797.

Greenfield,D.N.(1999).Virtual addicttion.Oakland,CA:New Harbinger Publications. Haythornthwaite,C. & Hagar,C.(2004).The social worlds of the Web.Annual Review of Information Science and Technology,39(1),311–346.

Joinson,A.N.(2001).Knowing me,knowing you:Reciprocal self-disclosure in Internet-based surveys.CyberPsychology & Behavior,4(5),587–591.

King,S.A.(1999).Internet gambling and pornography:Illustrative examples of the psychological consequences of communication anarchy.CyberPsychology and Behavior,2(3),175–193.

Kraut,R.,Patterson,M.,Lundmark,V.,Kiesler,S.,Mukophadhyay,T. & Scherlis,W.(1998). Internet paradox:A social technology that reduces social involvement and psychological well-being?American psychologist,53(9),1017.

Leung,L.(2002).Loneliness,self-disclosure,and ICQ("I Seek You")use.CyberPsychology & Behavior,5(3),241–251.

Levine,D(2000)Virtual attraction:What rocks your boat.CyberPsychology & Behavior,3(4),565–573.

Mantovani,G(2002).Internet haze:Why new artifacts can enhance situation ambiguity. Culture & Psychology,8(3),307–326.

McCoyd,J.L.M. & Kerson,T.S.(2006).Conducting intensive interviews using email. Qualitative Social Work,5(3),389–406.

McKenna,K. & Seidman,G(2005)You,me,and we:Interpersonal processes in electronic groups.The social net:Human behavior in cyberspace,191–217.

Norton,M.I.,Frost,J.H. & Ariely,D.(2007).Less is more:The lure of ambiguity,or why familiarity breeds contempt.Journal of Personality and Social Psychology,92(1)97. O' Reilly,T.(2005).What is web 2.0:Design patterns and business models for the next generation of software.Retrieved March,2006.Riva,G.(2004).Cybertherapy-:Internet and virtual reality as assessment and rehabilitation tools for clinical psychology and neuroscience(Vol.99).Ios Pr Inc.Riva,G.,Gaggioli,A.,Villani,D.,Preziosa,A.,Morganti,F.,Corsi,R.,Vezzadini,L.(2007).NeuroVR:an open source virtual reality platform for clinical psychology and behavioral neurosciences.Stud Health Technol Inform,125,394–399.

Rollman,J.B.,Krug,K. & Parente,F.(2000).The chat room phenomenon:Reciprocal communication in cyberspace.CyberPsychology and Behavior,3(2),161–166.

Rollman,J.B. & Parente,F.(2001).Relation of Statement Length and Type and Type of Chat Room to Reciprocal Communication on the Internet.CyberPsychology & Behavior,4(5),617–622.

Sassenberg,K.,Boos,M.,Postmes,T. & Reips,U.D.(2003).Studying the Internet:A challenge for modern psychology.Swiss Journal of Psychology,62(2),75–77.Suler,J.(1996).the black hole phenomenon Retrieved March 1,2007,http://www.rider.edu/~suler/psycyber/psychspace.html.

Suler,J.(1996–2007).The psychology of cyberspace Retrieved March 1,2007,http://www.rider.edy/~suler/psycyber/psycyber.html.Suler,J.(1999).Cyberspace as psychological space Retrieved March 1,2007,http://www.rider.edu/~suler/psycyber/psycyber.html.Suler,J.(2004).The online disinhibition effect.CyberPsychology & Behavior,7(3),321–326.

Tanis,M. & Postmes,T.(2007).Two faces of anonymity:Paradoxical effects of cues to identity in CMC.Computers in Human Behavior,23(2),955–970.

Thatcher,A. & De La Cour,A.(2003).Small group decidion-making in face-to-face and computer-mediated environment:the role of personality.Behaviour & Information Technology(22),203–218.

Turkle,S(1995)Life on the Screen:Identity in the Age of the Internet:Simon and Schuster.Turkle,S.(2004).Whither psychoanalysis in computer culture?Psychoanalytic Psychology,21(1),16.

Wallace,P.M.(1999).The psychology of the Internet:Cambridge Univ Pr.Warschauer,M.(2003).Technology and social inclusion:Rethinking the digital divide:the MIT Press.Weber,W.,Rabaey,J.M. & Aarts,E.E.(2006).Ambient intelligence.New York:Springer.Whitty,M. & Carr,A.(2006).Cyberspace romance:The psychology of online relationships.Recherche,67,02.

Yao,M.Z. & Flanagin,A.J.(2006).A self-awareness approach to computer-mediated communication.Computers in Human Behavior,22(3),518–544.

Young,K.S(1998)Caught in the net:How to recognize the signs of internet addiction-and a winning strategy for recovery:Wiley.

第二章 隐私、信任和在线表露

卡瑞娜佩恩·斯科菲尔德 亚当乔英森
（Carina B. Paine Schofield & Adam N. Joinson）

一、引言

新技术的使用，特别是互联网的使用，越来越多的以各种理由要求使用者透露个人信息。在以计算机为中介的通讯、交流中，公布个人身份信息，可能会降低网络互动中的非确定性（Lisa Collins Tidwell & Joseph B Walther, 2002），也就是说，加入了一个网络群体，就建立了一种合理规则（Jolene Galegher，Lee Sproull & Sara Kiesler，1998）。通常，在获取某项网络服务权限，或者进行网络购物之前（Miriam J. Metzger，2006），提交个人信息是先决条件。对于那些提供个性化服务的网络，同样的情况也会发生。很多网站软件，本质上具有社会性（例如社会网络站点的软件），且社会性程度日益增加。这类软件把获取个人信息作为功能的一部分，并逐步加码，这将导致使用者以个人隐私泄露作为代价（NEWS，2006）。除了上述对个人信息的需求增加之外，随着技术的发展，在无用户追索权的情况下，这些方法会导致个人信息传播，并提高了这种可能性。此外，轻松地存储信息的能力和数据库的交叉使用使得信息稳定增长，而这种增长又提高了个人信息泄露的风险。目前，这已经引起了消费者和隐私倡导者对隐私问题的担忧（Jupiter Research，2002；U.K. Information Commissioner，2006）。

首先，围绕隐私和在线信任，本章介绍了现有的研究文献。之后，探讨隐私和信任对在线行为的交互作用，以及它们如何决定在线行为。最后，本章以一些可采取的措施结束，确保社交软件既能保护隐私，又能促进信任的发展。

二、隐私

（一）什么是隐私

从不同角度出发，对隐私有不同界定。在法律界，隐私在很大程度上被认为是“不受干预的权利”的同义语（Warren & Brandeis，1890）。在 20 世纪 70 年代几篇重要的、讨论隐私的综述中，Westin 和 Altman 发表的心理文献位列其中，其提出的理论占据重要地位。Westin（1967）介绍了保密和隐私之间的联系，并将隐私定义为“个人、团体或组织根据自己的要求，决定其将个人信息透露给他人的时间、方式及其程度”（P7）。Altman（Irwin Altman，1975）把社会心理学和环境心理学进行整合以理解隐私的本质。他把隐私定义为“有选择性地调控获取自我的权利”，并确信，通过调节个体与社会的相互作用，个体获得隐私权；与此同时，通过互动，个体能够了解自身处理社会问题能力的状况，而这种能力，最终将影响到个体对自我概念的界定。Westin 和 Altman 的研究，促进了诸多隐私研究与理论的发展。然而，虽然研究者曾多次尝试对该领域的现有文献进行整合（Parent，1983；F. Schoeman，1984），但尚未对隐私形成一个统一的、简单的界定。

（二）隐私的维度

隐私的本质高度复杂，致使研究者采用另一种界定方式，即通过不同维度来定义隐私。Burgoon，Parrott，LePoire，Kelley，Walther 和 Perry（1989）以及 DeCew（1997）都已经对隐私提出了多维度的定义。Burgoon 等（1989）将隐私划分为四个维度，并使用这些维度将其定义为“隐私是一种能力，它能控制或限制他人获取个体或组织的信息的权限，这些信息涉及物理性、交互性、心理性以及信息性的信息”（P132）。DeCew（DeCew，1997）的定义也反映了隐私多维度的本质，他将其划分为三个维度：信息性的、可接近的以及表达性的隐私。这些多维度的划分方法中，有很多重叠，以及各维度的特征之间也有所重叠。每个主要维度的广义特征如下所述。

信息性的（心理的）隐私——是个体的一种权利，即决定把自我的信息透露给他人或组织的方式、时间及其程度（Westin，1967）。它包括财政、医疗细节等个人信息，且个体可以决定谁有权使用这些信息，及其使用目的。

可接近的（物理的）隐私——是个体对他人物理上的接近程度，即“允许个体决定谁能在物理上接近他们，包括通过感知觉、观察以及身体接触”（DeCew，1997，pp. 76-77）。这一维度基于个体对个人空间的生理需要。

表达性的（交互的）隐私——即“通过言语或活动，保护个体表达自我认同或人格的范围”。既然进行中的活动能够帮助个体了解他人，它就能提高个体决定继续或调整自己行为的能力，进而免受政府或他人的干扰、压力以及强制（DeCew，1997，pp. 77）。因此，对自我表达的内部控制、建立人际关系的能力，这些都是可以提高的，但外部的社会控制是受限制的，如生活方式的选择等（F. D. Schoeman，1992）。

（三）实际隐私与知觉到的隐私

实际隐私和知觉到的隐私，之间是存在差异的。这两种形式的隐私并存，且二者之间经常出现不匹配。例如，在网络商店中，当个体能够控制个人信息的表露时，他们知觉到的隐私可能会很高。然而，由于对在线行为的自动采集，以及由个体提供的信息，存在被未知第三方使用的潜在可能，这些使得个体的实际隐私可能很低。

隐私干扰可能会导致知觉到的隐私有所降低，同时也降低了个体的实际隐私，而这些隐私干扰更为突兀。例如，在电视节目 Big Brother 中，几个室友一起生活了几周，而且在他们的周围隐藏着摄像机和麦克风。尽管舍友们在刚进入 Big Brother 的房间时，他们知觉到的隐私水平低（且实际隐私水平也较低）。随着时间的推移，他们知觉到的隐私水平有所提高（因为他们忘记了摄像机的存在），但是他们的实际隐私仍然保持较低的水平。

三、隐私的重要性

尽管尚未对隐私形成统一的界定，但很显然，个人和社会都对它赋予了重要的意义。例如，Ingham（1978）指出，“我们再三强调，人是一种社会性动物，并一直试图获得一种隐私状态”（P45）。如果无法获得任何水平的隐私，将会导致

"代价"。例如，在隐私功能提供的机会中，若没有获得隐私，个体将无法从中受益，这也会导致压力或对自我的消极反馈。通过隐私侵犯（即不具备隐私条件，如被偷听）或隐私违反（即信息接收者把信息传递给别人，如闲聊，这些信息是个体有意提供的，或者是通过隐私侵犯而获得），个体会失去隐私，并付出相应的代价。

在早期隐私研究的描述中，隐私侵犯和隐私违反并没有受到重视，即使提到它们，也没有将其作为日常生活中的一个问题。例如，Ingham 也指出，"在日常生活中，尽管存在大量的潜在威胁，但在大多数人中，只有少数遭遇了隐私侵犯"（Roger Ingham，1978）（P40）。然而，这只是一个早期研究，对于潜在的隐私侵犯和隐私违反，新技术（特别是互联网）已经引发了讨论、争论（Dinev & Hart，2004），这些讨论、争论如下所述。

（一）隐私和互联网

> 近年来，由于技术的发展，导致了"信息社会"的出现，使得越来越多的个人信息被搜集、存储以及传播。这使得隐私问题比以往任何时候都更重要。（Byford，1998，P1）

近年来，网络在发达国家的日常生活中已经发挥了重要、普遍的作用（如网络购物、文件共享、以及各种形式的网络交往）。随着互联网使用的增加，搜集、使用信息的方式已经发生了改变。现在，各种信息被收集的频率越来越高，且情境也各不相同，这使得人们变得越来越透明。随着技术的进步，获取、分析数据的成本也有所降低。随着人们对这一现象的认识加深，隐私问题也日渐凸显。有人担心，互联网可能削弱了隐私（Rust，Kannan & Peng，2002），而且在网上，放大了对线下隐私的关注（Privacy Knowledge Base，2005）。

对在线隐私而言，有很多特定的威胁。例如，计算"无处不在"，这一现象意味着我们在生活中的许多方面都留下了数字痕迹 (Weiser, 1988)，而此前，这些都被认为是"线下的"。计算能力的发展极为迅速，表现为更快的加工速度、更大的存储容量、更广泛的通信连接和更小的机器设备，这些都对隐私产生了影响（Sparck-Jones，2003）。具体而言，互联网的连结特性（Sparck-Jones，2003）意味着它允许沟通双方互动，并以一种亲密的方式连结了人们的生活。由于它能将人与空间、人与人都联系在一起，因此，这种连结比其他的任何媒体更紧密，从而，它带来了独特的信息隐私威胁。这些快速的发展意味着，信息乃至是个体关注的敏感信息，都能被有效而廉价地收集、存储和交换。因此，互联网上存在着大量的数据库和互联网信息记录，这些信息包括个人的金融和信贷历史、医疗记录、购物等。

因此，存在重要的隐私问题，且它们都与在线活动有关（Earp, Antón, Aiman-Smith & Stufflebeam，2005），例如，普通的有在网上购买日用杂货（如你在购物时，商家是否保存了你的信息？商家是否将你的信息卖给第三方，以便他们有针对性的将垃圾信息发送给你？），特殊的有在线心理研究（如是否收集了被试的身份信息？研究的保密性是否能得到保障？）。

当然，上述科技进步也带来一些好处（如个性化服务、方便、提高效率），用户可以对此进行权衡，提供一些自身有价值的信息，并从中获益。Pew Internet and American Life Survey（Fox et al.，2000）指出，在某些情况下，超过 2/3 的用户愿意分享他们的个人信息。在一些情境中，通过向第三方透露信息性隐私，可以获得表达性的隐私。例如，为了便于完成网上交易，个体可能会公开个人信息和信用卡资料，此时，个人、隐私信息的收集可被视为“一把双刃剑”（Malhotra, Kim & Agarwal，2004）。

（二）隐私的测量

隐私既可以是客观的（实际隐私），也可以是主观的（知觉到的隐私），它既是一种性格偏好（Larson & Chastain，1990），也是一种情景特征（Margulis，2003）。因此，一般而言，人们可能或多或少地都会关注自己的隐私，但如保护或透露信息的成本以及收益诸情景因素共同决定了个体是否表露这些信息，（Acquisti，2004）。更为复杂的是，隐私是动态的，这是因为隐私可以调节社会互动（Irwin Altman，1975；Derlega & Chaikin，1977），同时也能突出不均衡的利益关系（Derlega & Chaikin，1977）或表示信任（I. Altman，1977）。当然，隐私的复杂本质也引起了测量问题。在网络环境中，对隐私的测量通常集中于个体的隐私关注（如他们对于隐私的主观态度），或者是具体交互中个体知觉到的隐私。

已有一些研究试图详细地测量隐私关注，并辨别隐私关注的不同类型。然而，这些研究通常聚焦于信息性隐私，且其隐私量表通常将隐私作为一个单维结构来处理。Smith, Milberg 和 Burke（1996）编制了信息性隐私的关注量表（CFIP），这是第一个隐私关注的量表，测量了个体对组织实践的关注。后续的研究（Stewart & Segars，2002）认为，需要重新评估 CFIP，并依据科技、研究和实践的进步来编制工具。近来，针对互联网用户的信息性隐私关注，Malhotra 等（2004）提出了一个多维度的概念。他们的模型（和测量工具）认为，隐私包括多个方面。然而，这些维度仍然全部集中于信息性隐私领域，并没有涉及其他领域的内容。

Harper 和 Singleton（2001）指出，大多数隐私调查、研究有一个主要的缺陷，即不同的因素都能对隐私问题产生影响，但他们却没有对这些因素进行区分。由定义可以清楚地看出，隐私是一个多层面的概念，因此，测量隐私关注的量表，应涵盖人们所关注的不同方面。例如，Paine，Reips，Stieger，Joinson 和 Buchanan（2007）用一个自动化的采集工具来收集网络用户的隐私关注，并报告了多种非信息性隐私关注的类型，包括病毒和垃圾邮件。

另外，基于对网络用户的访谈和观察，Viseu，Clement 和 Aspinall（2004）指出，应重新评估隐私表露，它涉及网络使用的每一时刻（即坐在电脑前的时候，与他人交流的时候，以及信息被表露之后）。

此外，与隐私关注一样，隐私的态度对行为的影响也是至关重要，个体利用这些行为来保护他们的隐私。在这一情境中，态度和行为之间有复杂的关系。例如，电脑病毒也可被视为一种隐私侵犯，我们可能会关注中毒的可能性，并采取措施来预防它（使用杀毒软件或不易受病毒侵害的操作系统）。隐私关注促使我们采取防御措施，但当个体知道已经采取了措施，这又会降低我们的关注水平。Paine，Reips，Steiger，Joinson 和 Buchanan（Carina Paine，et al.，2007）发现，一些人指出，他们并不担忧隐私被泄露，当问及原因时，他们回答，已经采取了相应的隐私保护措施。因此，隐私的测量工具需要测量隐私关注和隐私的相关行为，以期对隐私的全貌有所了解。最近，Buchanan，Paine，Joinson 和 Reips（2007）编制了在线隐私关注的测量工具，它既包括隐私的不同维度，也包括保护行为的项目。

四、信任

Bargh 和 McKenna（2004）把互联网描述为“信任的飞跃”。通过交往网站，如果我们与潜在伙伴接触时，他们是否与自己的描述一致，这些我们都不得而知。这些描述在他们的个人资料或后续通信中会表现出来。当我们在虚拟团队中工作，或加入虚拟社区时，我们持有一个信念，即与我们交谈的个体，和他们所说的一样。与实体店相比，在网上购物时，我们要有一个信念，即商品能够按时到达，它们和网上的描述一样，以及你的信用卡、个人信息不会被用来交易或误用。而且，当我们在网上寻求建议时，我们通常不知道谁是建议者，以及他们是出于什么动机来帮助我们的。

在这些情境中，信任是决定个体行为的关键。在很多不同的学科中，研究者对信任进行了探讨，并提出了大量的潜在定义（Corritore，Kracher & Wiedenbeck，2003；Green，2007）。然而，研究者已经达成了共识，即存在一定的不确定性时，信任至关重要（Mayer，Davis & Schoorman，1995）。这种不确定性也包括一定的风险因素（Deutsch，1962）。没有任何风险或易损性，也就没有信任的必要（Mayer et al.，1995）。

信任是“基于对他人行为的积极预期，这种意愿是脆弱的”（Bos，Olson，Gergle，Olson & Wright，2002，P1）。在人际情境中，将信任定义为“一种自信的预期，即从亲密伙伴得到积极的结果”（Holmes & Rempel，1989，P188），或“个体在人际互动过程中建立起来的对交往对象的言词、承诺以及口头或书面陈述的可靠程度的一种概括化的期望”（Rotter，1967，P651）。信任是一种人格特质或倾向，即某些人更容易信任他人（Mayer et al.，1995），它也是对他人意图的一种态度或信念（McKnight，Cummings & Chervany，1998）。信任既可以是一般性的（即你信任所有领域内的任一个体或组织），也可以是针对某一特定行为的（即你只信任某一领域内的个体）。人们普遍认为，信任是一个多维度的概念（Bhattacherjee，2002；Gefen，2002；Mayer，et al.，1995），即信任包括很多独特的方面，它们相互联系，但又彼此独立。Bhattacherjee（2002）将信任划分为三个维度：能力、正直、仁慈。

能力，指受托方进行预期行为的知识、技能和能力。在电子商务情境中，这可能是对在线商家的一种预期，即对于接受订单、加工产品以及不会有意泄露个人信息，它们是有能力的。Bhattacherjee（2002）指出，信任的这一维度具有领域特异性，即对某一领域的信任（如提供我们所订购的书）不会转移到其他的领域（如我们不必相信亚马逊提供的健康咨询）。

正直，指个体、组织能够按照一种诚实、可靠、可信的方式行事的信念（Jarvenpaa，Knoll & Leidner，1998），即他们将遵循对双方都公平的一般规则或预期，且不会违反双方间的信任（如对你所信任的个人或组织有信心）。在人际情境中，正直能够反映你的信心，即你所信任的人不会违反信任，且它有很强的可预测性（如你对他人将来的行为有信心）。在电子商务中，正直是指一种信念，即与你交流的组织是诚实的、可靠的，并且会信守承诺。

仁慈，指“在多大程度上相信受托方会对委托方有利”（Bhattacherjee，2002，P219）。在商务情境中，这可能反映了这样一种信念，即公司能保障客户的最大利益（尽管这并不排除赚取合法的利润），一个仁慈的组织不会赚取过高的利润或剥削他们的客户。在人际情境中，仁慈是一种信念，即他人给你建议是为了帮助你，不是为了他 / 她自己（或第三方）。

五、信任和互联网

在网上，我们经常坚信，与我们接触的个人或组织是值得信任的。此外，对在线组织而言，缺乏信任是一个重要问题，“如果网站无法使顾客信任商家，那么顾客就不会做出购买决定”（Ang & Lee，2000，P3）。对于合作（Deutsch，1962）、有效的团队工作（无论是面对面或是有媒介，Bos et al.，2002）而言，信任也是至关重要的。我们会选择什么时候与他人共享信息、什么时候保守秘密，对于理解这些，信任也是很重要的（I. Altman，1977）。

（一）上网减少了信任吗

Handy（Handy）指出，“信任需要接触”，这反映了一种普遍信念，即在在贫瘠、有媒介的环境中，个体之间的信任才能形成（Tanis & Postmes，2007）。为了验证信任是否需要接触，Bos 等（2002）设置了四种不同的情境，并比较了不同条件下团体成员间的信任等级和合作行为。这四种实验条件分别为：面对面、音频会议、视频会议和文本聊天。三个人的小组做一个信任游戏，游戏中，合作会使每个人的潜在收益最大化，而竞争策略则会降低高收益的可能性。Bos 等预测，在贫瘠的媒介环境中，信任水平和成绩最低。实验结果证实了他们的假设：文本聊天组，个体信任的得分最低，且游戏的得分也最低（表明采用了竞争策略）。然而，Bos 等人的研究并不能为“信任需要接触”提供强有力的证据。首先，在实验中，实验者禁止了社交对话，这直接使“丰富”的媒体环境处于优势地位，其原因是，在以计算机为媒介（简称 CMC）的社会交往中，视觉和听觉线索通常能够补偿贫瘠的环境。其次，与此相关，这些游戏完全是模拟的，且与人们在实际中如何使用媒介并无关系。再次，在文本条件下，实验给定的时间无法“赶上”信息快速交换的媒介（Walther，1992）。最后，使用自我报告来测量信任是不可靠的，因为人们通常认为，在丰富的媒介中信任程度较高。但有证据表明，对于有经验的用户而言，缺乏身份线索的沟通更有效（Tanis & Postmes，2007）。

（二）建立在线信任

在人际 CMC 中有很多技术，人们利用其来建立信任。研究者发现，在互联网上，通过更直接的提问和尖锐的问题，个体能降低不确定性（L.C. Tidwell & J.B. Walther，2002）。如果个体以高水平的自我表露（Joinson，2001b）和交互性（Joinson，2001a）做出回应，那么就会形成超人际互动的循环（Walther，1996）。在人际水平上，个人资料的使用，特别是照片，也能够提高信任水平（Tanis & Postmes，2007；M. T. Whitty & Carr，2006）。在人际交往中，媒介交换是提高信任水平的另一种方法。网络关系通常遵循一种相似的模式，即在公共场合的初步接触，然后到私人领域（如邮箱或 AOL 通信），再到电话，最后到面对面交流（McKenna，Green & Gleason，2002；Parks & Floyd，1996；M. Whitty & Gavin，2001）。这种变化不仅是信任的标志（即我足够信任你，才会给你我的电话号码），也是建立身份信息的一种方式，以及一种先前的信念，即对可预测性或许是可靠性进行奖励。

人们也能用言语线索来传达可靠性。Galegher 等（1998）对三个新闻支持组群和三个兴趣组群进行调查，用以寻找线索，为期三周。这些线索是关于团体成员间如何建立合理规则和可信性。团体成员通过多种方式来建立合理规则，他们发表适合本群组的信息，并使用活泼的页眉，以使他们自己能“被听见”。Galegher 等指出，帖子通常适用于电子群组的会员，或者在个体提问或回应他人之前，个体会沉默多长时间。当提问时，频繁的帖子会占据团体成员 80% 的时间。在特殊的问题群组中，个体经常发布诊断信息、处方或症状信息的帖子，以此表明他们的会员身份（如抑郁）。在 Galegher 等调查的支持性组群中，80 个问题没有得到回应。以往研究概括了大多数合法信息的类型，且这些信息只是对简单问题的询问，而不是对复杂的数据库的回答。在兴趣爱好组，这种明显寻求合法性的证据要明显少的多。

在匿名环境中，信誉系统为个体的可信度提供了重要标志（Resnick，et al.，

2000）。最知名的信誉系统是易趣使用的系统。在易趣的系统中，用户对每一笔交易做出积极、中性、消极的反馈，同时附以简短的评论。Resnick 和 Zeckhauser（2001）研究了易趣的信誉系统，并指出，反馈似乎能够预测卖家未来的成功，包括他们的商品被卖出的概率。

随着社会计算“Web 2.0”网站的兴起，信誉系统已经广泛传播。在社区系统中，以资龄、发帖数以及同伴评论的形式（最高级别）对会员进行排名，已经极为普遍。“推荐”或“隐藏”故事的能力，是建立社区信任的一种形式。如今，许多的博客评论系统也包括读者评论排名系统，以及隐藏排名较差的评论的系统。

许多电子商务网站都有隐私政策，这些政策包括对隐私行为的描述，如个人信息的在线收集、使用、传播。在所有的情境中，大多数政策都能够解决隐私问题（如对数据的初次使用和二次使用）。另一种发展是网络图章的使用，如 TRUSTe（参见网址 http://www.truste.org/）和 Trust UK（参见网址 http://www.trustuk.org.uk/），这些图章以一种可见的方式存在，其目的是使顾客“有信心在网上购物”（Trust UK）。这种方式能让顾客确信，在网上，在线交易会尊重个体的隐私。

然而，关于隐私政策和网络图章的使用，已经有一些混合的研究。Liu，Marchewka，Lu 和 Yu（2005）发现，把复杂的隐私政策整合到电子商务网站的设计中，可以提高信任水平，而隐私政策可能会使用户回访网站，并做出进一步的购买决定。然而，多数研究（如 Tsai，Cranor，Acquisti & Fong，2006）已表明，尽管大多数顾客会关注隐私政策的存在，却很少会读它们。此外，采用模拟的商业网站，Metzger（2006）发现，对于影响信任水平和在网上透露个人信息而言，重要的是公司的信誉系统，而不是隐私保障。这一结果表明，尽管网络公司通过强大的隐私政策来传达其可靠性，但公司的信誉是促进个体信任及其后续表露的因素。

在电子商务领域，为了降低隐私关注，并提高在线信任，研究者已经提出了一个更为长远的办法。例如，Viseu 等（2004）指出，网站应重点呈现它们遵循“公平信息实践”（如用户需要在某一处输入自己的个人信息），而不是隐私声明。这些隐私声明“很难找到”，且晦涩难懂。Boyd（2003）提出了另一个方法，他认为可以采用虚夸的手段来建立信任，如提供网站凭证及其能力的描述、客户的反馈、过去安全性能的记录，以及向潜在客户提供简单而明确的风险评估。

（三）信任的测量

正如隐私一样，信任也可以从不同的水平来测量（Corritore，et al.，2003），它既可以被看做一种倾向性或人格特质，也可以是一种特定的状态，这种状态与单一互动情境相关。在对在线信任的研究中，大多数研究倾向于关注后者，即信任更具体的方面。我们也注意到，信任是一个多维度的结构，且每个维度与具体交往的本质相关。例如，在线零售商的能力可能与他们提供所需商品或服务的能力相关。然而，你信任某个人，当他拥有你的秘密时，能力则意味着你相信他不会故意将你的邮件发送到整个部门（或打印出来，并随处乱扔）。

对个别研究而言，信任的测量往往是具体的。例如，Jarvenpaa，Tractinsky和Vitale（2000）使用7个项目来评估信任，范围从“这家店是值得信任的”到“我相信这家商店会信守承诺”，以及“我相信这家商店能够保障我的最大利益”。Gefen（2002）基于正直、仁慈和能力三个维度，开发了一个类似的量表。他的量表包括9个项目，如“亚马逊做出的承诺是可靠的”（正直）、“我认为亚马逊是善意的”（仁慈），以及“亚马逊知道如何提供优质的服务”（能力）。

在CMC的研究中，对于人际信任的测量，也倾向于使用多维度的方法。Bos等（2002）采用量表来测量（竞争性）虚拟团队中的信任水平。该量表包括11个项目，如“游戏中的其他玩家可以被信任”、“其他玩家通常会告诉我真相”。游戏中的高度信任会导致更多的合作以及更大的付出，基于这样一个假设，他们也使用整体结果作为信任的行为测量。但是Riegelsberger，Sasse和McCarthy（2003）在CMC中通过采用囚徒困境游戏来测量信任水平，对其功效提出了质疑，并指出这种方法只适用于特定情境。

在我们的研究中（Paine，Joinson，Reips & Buchanan，2006，September），我们已经编制了一个信任的测量工具，它适用于在线研究，包括三个不同的维度。具体而言，该量表反映了信任的三个维度，即研究者的能力、仁慈和正直，这使我们能够容易地获得网上资料，并评估他们的可靠性。测量项目如表2.1所示，并附以相应的因子负载。采用主成分分析法（没有旋转）得到一个单一的因素，并可解释65%的变异量（n=690）。如果强制产生两个因子，第二个因子只包括量表的第一项目。基于此，除了第一个项目（“透露我的个人信息时，我会感到很舒服”）外，其他的所有项目均作为一个单维量表来测量信任。该量表中，量表的内部一致性系数为.93。

表 2.1　信任的项目和因子负载

项目	因子负载
表露个人信息时，我觉得很舒服	.43
我所提供的数据会被安全保存，而不被利用	.70
这个调查的意图是好的	.84
我并不怀疑该调查或作者的诚实性	.81
该调查的作者们是一个可靠的研究小组	.90
该调查的作者有完成在线调查的适当技能和能力	.89
这个调查是专业的	.86
该调查的作者们是可靠的	.89

六、隐私、信任和在线行为

尽管我们已经分别讨论了隐私和信任，但大量证据表明，两者对在线行为的影响存在交互作用。通常，在线隐私被认为是信任的影响因素，而不是单独作用于在线行为。例如，谷歌公司派驻欧洲的隐私顾问，认为匿名的数据搜索是合理的，并指出“我们认为隐私是信任的基石”（The Guardian March 15，2007）。已经再三指出，在网上，信任是透露个人信息的重要前提（Heijden & Verhagen，2002；Hoffman，Novak & Peralta，1999；Jarvenpaa & Tractinsky，1999；Jarvenpaa，et al.，2000；Metzger，2004）。具体而言，Jarvenpaa 和 Tractinsky（1999）发现，信任增加了顾客对公司的信心，因此也增加了网上交易的可能性。这一关系得到了一系列研究结果的证实。例如，Malhotra 等（2004）考察了个体在线信息隐私关注和相关行为意向之间的关系，结果表明，信任在隐私关注对行为意向的影响中起中介作用。同样地，Chellappa 和 Sin（2005）调查了消费者使用个性化服务的意图，他们也发现，这一意图受信任和隐私关注共同影响。Metzger（2004）要求被试对一个虚拟网站进行评估，结果表明，信任在个体的一般隐私关注与相信程度（即他们认为电子商务网站能够保护他们的隐私）之间起中介作用。

就传统意义而言，中介是指自变量对因变量的影响由共同的第三变量来解释（如中介效应，Baron & Kenny，1986）。因此，报告的结果表明，隐私对行为没有直接影响，而是任何影响都可由隐私与信任以及信任与行为之间的关系进行解释。

事实上，虽然很多网民表达了隐私保护的态度，但他们很少将其转化为实际行动（Metzger，2006；Pew Internet and American Life Project，2000）。例如，Spiekermann，Grossklags 和 Berendt（2001，October）测量了 171 位用户的隐私偏好，并观察了他们在模拟电子商务网站中的行为。在这个网站上，机器人"帮助"用户，即向用户提出不同侵扰程度问题，这些问题都与购物相关。结果并没有表明，隐私偏好与个体的实际行为相关，这些实际的行为是指个体回答机器人的问题。同样的，Metzger（2006）发现，个体的隐私关注与他们在电子商务网站中的表露行为无关，隐私政策的内容或隐私图章的呈现与表露行为也无关。在市场中，各种隐私加强技术的失败也表明，个体所表达的态度与他们的实际行为之间是脱节的，而这些行为是个体用以保护隐私的（Acquisti & Grossklags，2003）。

在电子商务领域，Liu 等（2005）提出了"隐私—信任—行为意向"模型。在他们的研究中，他们操纵被试在虚拟网站中的隐私级别（是否包括隐私政策）。他们发现，隐私对他人是否信任电子商务交易有很大的影响。反过来，信任水平也会影响个体在网上的购买意向。

最近，我们的研究中也考虑到，隐私和信任是否起中介或调节作用（Joinson，Paine，Buchanan & Reips，under review）。在一系列的纵向研究和实验研究中，我们发现，情境水平的信任在可感知的隐私对表露的影响中起中介作用，但也有研究表明，用实验操纵的隐私和信任起调节作用。也就是说，研究表明，信任和隐私交互作用于表露行为，即高度隐私会补偿低可靠性，高可靠性补偿了低隐私。显然，隐私和信任与个体的个人信息表露意愿密切相关，且这种关系比简单中介效应更复杂。

七、总结与结论

正如我们在本章前面所看到的，隐私问题和信任问题不仅对计算机系统的设计至关重要，而且对如何在网上做研究也起决定作用。我们认为，隐私保护（以不同的形式）和提高信任的机制对网络社交系统的设计至关重要，而且对于使用网络做研究的个体而言，这也是一个重要的考虑。

然而，在人际水平和个人——组织水平上，由于自我表露的需求日益增加，电子社会的迅速发展也向隐私提出了独特的挑战。同样地，通过互联网收集数据资料也向研究人员提出了隐私挑战，这可能会对其反应模式造成不恰当的影响（Joinson，Woodley & Reips，2007）。可采取许多措施，以确保社交软件既能能够保护个体的隐私，又能促进信任的发展。

首先，系统开发人员应该贯彻指导方针和隐私政策。其指导方针是限制收集个人信息，隐私政策把自我表露的要求建立在“需要—知道”的基础上，而不是建立在一般假设的基础上。一般假设是指所有管理人员都能全权使用用户信息，如有可能，即使只在用户界面的水平上，也应实施身份管理方案。例如，在教育性的虚拟学习环境中，一个简单的身份管理系统应采用网名，此时，系统的设定选项通常是将公开的学习资源链接（如博客或异步会议）与学员的真实身份直接相连，这不仅对信息性隐私关注造成了问题，同时也会限制表达性隐私。通过建立简单的身份系统，可以促进个体的表达性隐私，并产生更有效的教育效果。这些简单的身份系统把网名与个体的真实身份相连结，但没有公开访问的链接。其他的系统设计功能可被用于保护隐私。例如，采用分布式系统的数据存储，而不是集中式数据存储，这往往更安全，并降低了数据挖掘的可能性。在互联网的使用中也可以看出，在许多网络环境中，与使用不同网名的个体相比，那些使用相同网名的个体更容易被跟踪。

其次，通过建立信任的活动或信任线索、机制的使用，在互联网服务的设计中建立信任关系。因此，我们已经看出，在计算机支持协同工作中，可以通过给予用户一定的时间来建立信任，这些时间是用来交换社会—情感信息，而不是强迫他们只能进行工作交流。信誉系统也是建立信任的一种机制（且能缩短建立信任关系的时间）。

最后，如有可能，用户应该拥有控制权，即对是否透露个人信息，及其对已透露信息的使用。在我们的研究中发现，对于隐私保护而言，控制是否表露是一种有效的方法，即对敏感性问题设置一个简单的选项“我不想回答”（Joinson & Reips，2007）。在有必要收集某些信息的情况下，控制表现为个体可以选择信息表露的方式，即表露诊断性相对较低的信息。例如，对于表露价值较低的信息而言，模糊不清是一种有效的机制——如果有人问你现在的位置时，可采用模糊的回答（如“我在米尔顿凯恩斯”），而不是精确回答（如“我在办公室”）。

我们认为，在网络环境的设计中，贯彻这些原则不仅是出于隐私保护的道德目的，也能使个体在上网时有更多的互动。个人信息的过度使用和信任的丧失，对网络的使用提出了挑战，同时，缺乏丰富的社交互动或不同的内容，也对建立文化监督造成了威胁。作为社会科学家，我们应促进网络空间的发展，这种空间是对社会负责的、对全体成员都是有利的。

【致谢】

本章由英国经济与社会研究委员会电子社会项目（RES-341-25-0011）资助。我们感谢 Azy Barak 和 Alexander Voiskownsky 对初稿的建议。

【参考文献】

Acquisti,A.（2004）.Privacy in electronic commerce and the economics of immediate gratification.In Proceedings of the ACM Electronic Commerce Conference（EC 04;pp.21–29）.New York,NY:ACM Press.

Acquisti,A. & Grossklags,J.(2003).Losses,gains,and hyperbolic discounting:An experimental approach to information security attitudes and behavior.Second Annual Workshop on “Economics and Information Security”.

Altman,I.（1975）.The environment and social behavior:Brooks/Cole Monterey,CA.

Altman,I.（1977）.Privacy regulation: culturally universal or culturally specific?Journal of Social Issues,33（3）,66–84.

Ang,L. & Lee,B.-C.（2000）.Influencing perceptions of trustworthiness in Internet commerce:A rational choice framework.In Proceedings of Fifth CollECTer Conference on Electronic Commerce（pp.1–12）.Brisbane.

Bargh,J.A. & McKenna,K.Y.A.（2004）.The Internet and social life.Annu.Rev.Psychology,55,573–590.

Baron,R.M. & Kenny,D.A(1986)The moderator-mediator variable distinction in social psychological research:Conceptual,strategic,and statistical considerations.Journal of personality and social psychology,51,1173–1182.

Bhattacherjee,A.（2002）.Individual trust in online firms:Scale development and initial test.Journal of Management Information Systems,19,211–242.

Bos,N.,Olson,J.S.,Gergle,D.,Olson,G.M. & Wright,Z.(2002).Rich media helps trust development.In Proceedings of CHI 2002(pp.135–140).New York:ACM Press.

Boyd,J.(2003).The rhetorical construction of trust online.Communication Theory,13,392–410.

Buchanan,T.,Paine,C.B.,Joinson,A.N. & Reips,U.-D.(2007).Development of measures of online privacy concern and protection for use on the Internet.Journal of the American Society for Information Science and Technology,58,157–165.

Burgoon,J.K.,Parrott,R.,Le Poire,B.A.,Kelley,D.L.,Walther,J.B. & Perry,D.(1989). Maintaining and restoring privacy through communication in different types of relationships.Journal of Social and Personal Relationships,6,131–158.

Byford,K.S(1998)Privacy in Cyberspace:constructing a model of privacy for the electronic communications environment.Rutgers Computer & Tech.LJ,24,1.

Chellappa,R.K. & Sin,R.G.(2005).Personalization versus privacy:An empirical examination of the online consumer's dilemma.Information Technology and Management,6,181–202.

Corritore,C.L.,Kracher,B. & Wiedenbeck,S.(2003).On-line trust:concepts,evolving themes,a model.International Journal of Human-Computer Studies,58,737–758.

DeCew,J.W.(1997).In pursuit of privacy:Law,ethics,and the rise of technology.Ithaca,NY:Cornell University Press.

Derlega,V.J. & Chaikin,A.L.(1977).Privacy and self-disclosure in social relationships. Journal of Social Issues,33,102–115.

Deutsch,M(1962)Cooperation and trust:Some theoretical notes.Nebraska Sympo-sium on Motivation,10,275–318.

Dinev,T. & Hart,P.(2004).Internet privacy concerns and their antecedents-measurement validity and a regression model.Behaviour and Information Technology,23,413–422.

Earp,J.B.,Antón,A.I.,Aiman-Smith,L. & Stufflebeam,W.H.(2005).Examining Internet privacy policies within the context of user privacy values.Engineering Management,IEEE Transactions on,52(2),227–237.

Galegher,J.,Sproull,L. & Kiesler,S.(1998).Legitimacy,authority,and community in electronic support groups.Written communication,15(4),493–530.

Galegher,J.,Sproull,L. & Kiesler,S.(1998).Legitimacy,authority,and community in electronic support groups.Written communication,15,493–530.

Gefen,D.(2002).Reflections on the dimensions of trust and trustworthiness among online consumers.ACM SiGMiS Database,33,38–53.

Green,M.(2007).Trust and social interaction on the Internet.In A.N.Joinson,K.Y.M.McKenna,T.Postmes,U.-D.Reips(2007).Oxford handbook of internet psychology (pp.43–51).Oxford,UK:Oxford University Press.

Handy,C.(1995).Trust and the virtual organization.Harvard Business Review,73,40–50.

Harper,J. & Singleton,S.(2001).With a grain of salt: What consumer privacy surveys don't tell us,Retrieved on November 29,2005,http://www.cei.org/PDFs/with_a_grain_of_salt.pdf.

Heijden,H.V.D. & Verhagen,T.(2002).Measuring and assessing online store image:a study of two online bookshops in the Benelux.In Proceedings of the 35th Annual Hawaii International Conference on System Sciences.Honolulu,Hawali.

Hoffman,D.L.,Novak,T.P. & Peralta,M.(1999).Building consumer trust online.Communications of the ACM,42,80–85.

Holmes,J.G. & Rempel,J.K(1989)Trust in close relationships.In C.Hendrick(Ed.)Close relationships(pp.187–220).Newbury Park:CA:Sage.

Ingham,R.(1978).Privacy and psychology.In J.B.Young(Ed.),Privacy(pp.35–59). Chichester,UK:Wiley.

Jarvenpaa,S.L.,Knoll,K. & Leidner,D.E.(1998).Is anybody out there?Antecedents of trust in global virtual teams.Journal of Management Information Systems,14,29–64.

Jarvenpaa,S.L. & Tractinsky,N.(1999).Consumer Trust in an Internet Store:A Cross-Cultural Validation.Journal of Computer Mediated Communication,5 (2),Retrieved on October 19,2007,http://jcmc.indiana.edu/vol2005/issue2002/jarvenpaa.html.

Jarvenpaa,S.L.,Tractinsky,N. & Vitale,M.(2000).Consumer Trust in an Internet Store. Information Management and Technology,1,45–71.

Joinson,A.N.(2001a).Knowing me,knowing you:Reciprocal self-disclosure on the Internet.CyberPsychology & Behavior,4,587–591.

Joinson,A.N.(2001b).Self-disclosure in computer-mediated communication:The role of self-awareness and visual anonymity.European Journal of Social Psychology,31,177–192.

Joinson,A.N.,Paine,C.B.,Buchanan,T.B. & Reips,U.-R.(under review).Privacy,trust,and self-disclosure online.Manuscript submitted for publication.

Joinson,A.N.,Woodley,A. & Reips,U.-D.(2007).Personalization,authentication and self-disclosure in self-administered Internet surveys.Computers in Human Behavior,23,275–285.

Jupiter Research.(2002).Security and privacy data.Presentation to the Federal Trade Commission Consumer Information Security Workshop.Retrieved on June 20,2005,http://www.ftc.gov/bcp/workshops/security/0205201leathern.pdf.

Larson,D.G. & Chastain,R.L.(1990).Self-concealment:Conceptualization,measurement,and health implications.Journal of Social and Clinical Psychology,9,439–455.

Liu,C.,Marchewka,J.T.,Lu,J. & Yu,C.-S.(2005).Beyond concern:A privacy-trust-behavioural intention model of electronic commerce.Information and Management,42,289–304.

Malhotra,N.K.,Kim,S.S. & Agarwal,J.(2004).Internet users' information privacy concerns(IUIPC):The construct,the scale,and a causal model.Information Systems Research,15,336–355.

Margulis,S.T.(2003).On the status and contribution of Westin's and Altman's theories of privacy.Journal of Social Issues,59,411–429.

Mayer,R.C.,Davis,J.H. & Schoorman,F.D(1995)An integrative model of organizational trust.Academy of management review,20,709–734.

McKenna,K.Y.A.,Green,A.S. & Gleason,M.E.J.(2002).Relationship formation on the Internet:What' s the big attraction?Journal of Social Issues,58,9–32.

McKnight,D.H.,Cummings,L.L. & Chervany,N.L.(1998).Initial trust formation in new organizational relationships.Academy of management review,23,473–490.

Metzger,M.J.(2004).Privacy,trust,and disclosure:Exploring barriers to electronic commerce.Journal of Computer-Mediated Communication,9(4).

Metzger,M.J.(2006).Effects of site,vendor,and consumer characteristics on web site trust and disclosure.Communication Research,33(3),155–179.

NEWS,B.(2006).Privacy worried over web' s future,http://news.bbc.co.uk/1/hi/technology/5009774.stm.

Paine,Joinson,A.N.,Reips,U.-D. & Buchanan,T.(2006,September).Self-disclosure,privacy and the Internet.Paper presented to the Association of Internet Researchers

(AOIR).Internet Research 7.0:Internet Convergences,Brisbane,Australia.

Paine,C.,Reips,U.-D.,Stieger,S.,Joinson,A. & Buchanan,T.(2007).Internet users' perceptions of "privacy concerns" and "privacy actions".International Journal of Human-Computer Studies,65,526–536.

Parent,W.A.(1983).Privacy,morality,and the law.Philosophy & Public Affairs,12(4),269–288.

Parks,M.R. & Floyd,K.(1996).Making friends in cyberspace.Journal of Communication,48,80–97.

Pew Internet and American Life Project(Fox,S.,Rainie,L.,Horrigan,J.,Lenhart,A.,Spooner,T. & Carter,C.(2001).Trust and privacy online:Why Americans want to rewrite the rules.Retrieved on June 15,2007,http://www.pewinternet.org/pdfs/PIPTrustPrivacyReport.pdf.

Privacy Knowledge Base.(2005).Retrieved on June 20,2005,http://privacyknowledgebase.com.

Resnick,P.,Kuwabara,K.,Zeckhauser,R. & Friedman,E.(2000).Reputation systems. Communications of the ACM,43,45–48.

Resnick,P. & Zeckhauser,R.(2001).Trust among strangers in Internet transactions:Empirical analysis of eBay's reputation system.Retrieved on June 1,2007,http://www.si.umich.edu/~presnick/papers/ebayNBER/RZNBERBodegaBay.pdf.

Riegelsberger,J.,Sasse,M.A. & McCarthy,J.D.(2003).The researcher's dilemma:evaluating trust in computer-mediated communication.International Journal of Human-Computer Studies,58,759–781.

Rotter,J.B.(1967).A new scale for the measurement of interpersonal trust.Journal of personality,35,651–665.

Rust,R.T.,Kannan,P. & Peng,N.(2002).The customer economics of Internet privacy. Journal of the Academy of Marketing Science,30,455–464.

Schoeman,F.(1984).Privacy and intimate information.Philosophical dimensions of privacy:An anthology,403–408.

Schoeman,F.D.(1992).Privacy and social freedom:Cambridge university press.

Smith,H.J.,Milberg,S.J. & Burke,S.J(1996)Information privacy:measuring individuals' concerns about organizational practices.MIS quarterly,20,167–196.

Sparck-Jones,K.(2003).Privacy:what's different now?Interdisciplinary Science Reviews,28,287–292.

Spiekermann,S.,Grossklags,J. & Berendt,B(2001,October)E-privacy in 2nd generation E-commerce:privacy preferences versus actual behavior.Proceedings of the 3rd ACM conference on Electronic Commerce,38–47,Florida,USA.

Stewart,K.A. & Segars,A.H.(2002).An empirical examination of the concern for information privacy instrument.Information Systems Research,13,36–49.

Tanis,M. & Postmes,T.(2007).Two faces of anonymity:Paradoxical effects of cues to identity in CMC.Computers in Human Behavior,23,955–970.

The Guardian(March 15,2007).Google to erase information on billions of internet searches.Retrieved on October 19,2007,http://www.guardian.co.uk/technology/2007/mar/15/news.microsoft.

Tidwell,L.C. & Walther,J.B.(2002).Computer-mediated communication effects on disclosure,impressions,and interpersonal evaluations:Getting to know one another a bit at a time.Human Communication Research,28(3),317–348.

Tsai,J.,Cranor,L.,Acquisti,A. & Fong,C.(2006).What's it to you?a survey of online privacy concerns and risks.A Survey of Online Privacy Concerns and Risks.Working Papers 06–29,NET Institute.

U.K.Information Commissioner.(2006).A report on the surveillance society(online). Retrieved 27 November,2006,http://tinyurl.com/ya76db.

Viseu,A.,Clement,A. & Aspinall,J(2004)Situating privacy online:Complex perceptions and everyday practices.Information,Communication and Society,7,92–114.

Walther,J.B.(1992).Interpersonal Effects in Computer-Mediated Interaction A Relational Perspective.Communication Research,19,52–90.

Walther,J.B.(1996).Computer-mediated communication impersonal,interpersonal,and hyperpersonal interaction.Communication Research,23,3–43.

Warren,S.D. & Brandeis,L.D(1890)The right to privacy.Harvard law review,4,193–220.

Weiser,M.(1988).Ubiquitous computing.Retrieved on June 20,2005.

Westin,A.(1967).Privacy and freedom.New York:Atheneum.

Whitty,M. & Gavin,J.(2001).Age/sex/location:Uncovering the social cues in the development of online relationships.CyberPsychology & Behavior,4,623–630.

Whitty,M.T. & Carr,A.(2006).Cyberspace romance:The psychology of online relationships.Basingstoke,UK:Palgrave Macmillan.

第三章 网络滥用：新的趋势和挥之不去的疑问

珍妮特 莫拉翰－马丁（Janet Morahan−Martin）

一、引言

在过去的 10 年里，关于网络滥用的警告有很多，像网络谋杀、网络自杀、儿童忽视不良等与网络相关的犯罪警示已经受到全球媒体的广泛关注（“Chinese gamer sentenced to life”，2005；Spain & Vega，2005）。许多人声称他们自己或知道有人沉迷于网络。15% 的欧美大学生和 26% 的澳大利亚学生声称知道有人沉迷于网络（Anderson，1999；Wang，2001）。在一个大规模的在线调查中，几乎有 10% 的成年网络使用者自我诊断为网络成瘾者（Cooper，Morahan-Martin，Mathy & Maheu，2002），同时有 31% 的个人空间用户（Vanden Boogart，2006）和 42% 的网游用户（Yee，2002b）表示，他们沉迷于那些网络应用产品。在德国还成立了一个训练营帮助网络成瘾的孩子们（Moore，2003）。虽然可以视这些言论为媒体的炒作而置之不理，但是有医生同样报道了与网络相关的问题，并在许多国家建立了专门的诊所来解决这些问题。近年来，亚洲一些国家成立了诊所并进行干预以减少网络的使用。北京成立的中国第一家治疗网络成瘾的诊所，其床位从 40 个增加到 300 个，新的诊所也在中国其他城市成立（D. Griffiths，2005；Lin-Liu，2006）。韩国政府成立了网络成瘾预防与咨询中心来纠正网络滥用行为，以帮助网络成瘾患者（“International Telecommunication Union”，2003），并计划在 2010 年前把网络成瘾治疗中心的数量从 40 所增加到 100 所（“South Korea plans more centres to treat Internet addiction”，2005）。

同时，有很多人对网络成瘾的概念提出疑问。实际上，Ivan Goldberg 认为于20 世纪 90 年代制定的网络成瘾标准并创立网上成瘾支援小组是一个玩笑，因为他至今也不相信网络成瘾（J. Suler，2004a）。然而，在过去 10 年里的研究已经证实，一些用户在网络使用中产生了严重的问题，病理性网络使用的相关因素也得到了确定。一些病因学方法已经开始出现。本章首先要讨论网络滥用的不同定义及与之相关的因素，然后将探究网络滥用与其他问题之间的关系，提出网络滥用的模型并讨论三种网络滥用的类型，最后介绍治疗方面的研究。

二、什么是网络滥用

网络滥用没有标准的术语或定义，常用的一些术语包括网络成瘾（Bai，Lin & Chen，2001；Chak & Leung，2004；Li & Chung，2006；Nalwa & Anand，2003；Nichols & Nicki，2004；M.E. Pratarelli & Browne，2002；Simkova & Cincera，2004；Wei，2004；Yang & Tung，2007；H.J. Yoo et al.，2004；Young，1998）、网络依赖（Chen，2001；Lin & Tsai，2002；Scherer，1997；Wang，2001；Whang，Lee & Chang，2003）、网络滥用（Morahan-Martin，1999，2001，2005）、强迫性网络使用（Greenfield，1999；Meerkerk，Eijnden & Garretsen，2006）、病态网络使用（Davis，2001；Morahan-Martin，2005；Niemz，Griffiths & Banyard，2005）以及病理性网络使用（Beard，2005；Caplan，2002；Shapira，Goldsmith，KeckJr，Khosla & McElroy，2000；Shapira et al.，2003；Thatcher，2005a-a，2005b）。

这些术语反映了网络滥用的不同概念。一些研究者把网络滥用视为临床病症，并根据适用于其他障碍的精神疾病诊断与统计手册（DSM-IV-TR，APA，2000）的修订标准来定义网络滥用，因而可以含蓄地假设：网络滥用是一种特殊的障碍或疾病。例如，Scherer（1997），Nichols 和 Nicki（2004）以及 Li 和 Chung（2006）用药物滥用的修订标准来定义网络滥用，而 Young（1996，1998）普遍采用的是精神疾病诊断和分析手册（DSM）中病态赌博的修订标准。没有特殊说明，其他人则把网络滥用定义为一种冲动控制障碍（Orzack & Orzack，1999；Shapira，Goldsmith，KeckJr，et al.，2000；Shapira，et al.，2003；Treuer，Fábián & Füredi，2001）。比如，Shapira 等人（2003）提出，病理性网络使用的标准包含以下几点：（1）使用网络时适应不良的专注；（2）使用或专注地使用互联网造成显著的临床痛苦或损伤；（3）过度的网络使用不仅仅发生在轻度躁狂或躁狂阶段，并且不能用其他轴 1 障碍做出更好的解释。。

用类似的方式，LaRose，Lin 以及 Eastin（2003）提出，网络滥用应该被视为一种自我控制的缺陷。然而，他们并不把网络滥用看做是一种疾病模型，而是一种连续性的自我控制缺陷，包括自我控制偶尔失误（一种良性的问题）的正常使用以及存在问题的过度使用（LaRose，et al.，2003）。

其他研究人员也没有把上网行为归为一种临床疾病，而是作为一种从正常到病态使用的连续的行为模式（Caplan，2002；S. E. Caplan，2003，2004；Caplan，2005a；Davis，Flett & Besser，2002；Morahan-Martin & Schumacher，2000）。一些术语如强迫性、病理性、病态网络使用就反映了这一方法。

尽管在网络滥用的定义及其具体使用标准上存在分歧，但普遍认为，定义网络滥用的依据是网络使用的负面影响，即对个人生活造成了干扰的网络使用。另外，大多数人认为这还涉及到使用网络时的专注、强迫性网络使用、无法限制上网的主观体验，以及使用网络来逃避或改变负面情绪，即一旦停止上网就会变得焦虑（Aboujaoude，Koran，Gamel，Large & Serpe，2006；Caplan，2002；Davis，2001；Li & Chung，2006；Meerkerk，et al.，2006；Morahan-Martin，2001，2005；Morahan-Martin & Schumacher，2000；Wang，2001；Yang & Tung，2007；Young，1998）。在与具体网络活动（如网络互动游戏）相关的不良行为中已经建立了类似的标准（J. Parsons，2005；Yee，2006b）。

产生这些紊乱模式的人相比其他人更多的使用互联网，一些人把网络滥用等同于过度的网络使用。然而，大量的网络使用有可能不存在负面影响，因此，仅仅把过度的网络使用作为网络滥用是不合适的。网络滥用是根据个人生活中与网络相关的困扰来定义的。

除非是提到其他作者的术语，本章使用网络滥用这一术语。在这里，网络滥用是指造成个人生活困扰的网络使用方式，而不是指一种特殊的疾病过程或上瘾行为。在该情形下使用的术语是网络使用过度而非网络滥用。

三、网络滥用的流行

关于网络滥用流行性评估的研究已经在许多国家进行，网络滥用患病率的估计值差别很大。有限的流行病学研究发现，网络滥用患者比例很低：不到 1% 的

18 岁以上美国成年人（Aboujaoude，et al.，2006）和不到 2% 的芬兰和挪威青少年（Johansson & Götestam，2004；Kaltiala-Heino，Lintonen & Rimpelä，2004）患有网络滥用，这一比例远远低于使用代表性样本的其他研究的比率。在台湾，一项关于大学生的代表性样本的研究发现，5.9% 患有网络滥用（C. Chou & Hsiao，2000），同时，第二项关于高中生的整群抽样的研究报告称，11.7% 患有网络滥用（Lin & Tsai，2002）。Leung（2004）指出，在香港，一个 16—24 岁的代表性样本中有 37% 患有网络滥用，这远远高于其他研究结果。关于方便样本的报告称，网络滥用的患病率在 18%—18.3% 之间波动（Bai，et al.，2001；Chak & Leung，2004；Kim et al.，2006；Morahan-Martin，2001；Morahan-Martin & Schumacher，2000；Niemz，et al.，2005；Scherer，1997；Thatcher，2005a-a；Wei，2004；Whang，et al.，2003；Yang & Tung，2007）。

患病率的不同可能代表文化、样本、年龄或者是使用标准之间的差异。例如，韩国作为世界上宽带普及率最高的国家（"International Telecommunication Union"，2003），一直非常关注网络滥用，网络游戏也很流行。游戏通过电视播放，专业玩家也像顶级运动选手一样有身份地位和薪水（Chee，2005；Kosak，2003）。Chee（2005）形容，网络游戏模式已经嵌入到了韩国文化里。在南非，Thatcher and Goolam（2005a-a）发现网络滥用的患病率根据种族和标准使用的不同在 1.67%—5.39% 之间波动。

Thatcher 和 Goolam（2005a-a）在一项研究中比较了 Young（1996，1998），Beard & Wolf（2001）和 Thatcher & Goolam（2005b）的病理性网络使用问卷（PIUQ）三种标准下网络滥用的患病率，证实了标准的选择对网络滥用患病率的影响。Young 认为，要被诊断为网络滥用，个体至少显示出以下八个标准中的五个。这些由精神疾病诊断和分析手册（DSM）中病态赌博标准修改而来的，包括：

（1）全神贯注的沉浸在网络之中（思考上一次的网上活动或期待下一次的网上会话）；

（2）需要越来越多的时间使用因特网以获得满足感；

（3）有过控制、减少或停止网络使用的不成功的尝试；

（4）当尝试减少或停止使用网络时感到焦躁、情绪化、沮丧或易怒；

（5）停留在网上的时间长于最初的打算；

（6）因为网络失去了重要的关系，工作上、教育上或事业上的机会，或已有使之失去的危险；

（7）向家人、治疗师，或其他人说谎以隐瞒陷入网络的程度；

（8）把使用网络作为逃避问题或缓解烦躁情绪（例如无助、内疚、焦虑、抑郁的感觉）的方式 (Young, 1996)。

Beard 和 Wolf（2001）使用了相同的标准，但对网络滥用提出了更为严格的要求。他们认为，一个患有网络滥用的人必须指出因疾病所受的损害，规定这作为诊断网络滥用的标准，个体必须满足最后三种标准中的一个加上前面所有五种标准。Thatcher 和 Goolam（2005b）的病理性网络使用问卷（PIUQ）包括 20 个项目，使用李克特五点量表评估。对该量表进行因素分析得到三个因素：专注上网、网络使用的不利影响、网上社交互动的偏好。那些被判定为网络滥用患病风险高的人的量表得分为 70—100。在三个团体中，使用 PIUQ 测得的网络滥用的患病率为 1.67%；使用 Beard 和 Wolf 的标准，网络滥用的患病率为 1.84%；使用 Young 的标准，网络滥用的患病率为 5.29%。所有符合 Beard 和 Wolf 严格标准的人都符合 Young 的标准，但是符合 Young 的标准的人只有 35% 符合 Beard 和 Wolf 的标准。使用 PIUQ 量表判定，那些患有网络滥用的人，分别有 80% 和 40% 也被 Young，Beard 和 Wolf 的标准判定患有网络滥用。作者强调，使用更为宽松的标准会导致明显更高的网络滥用患病率（Thatcher，2005a-a）。

网络滥用的确认仅仅依靠经验，缺少一套统一的标准，这一缺点存在于大量的关于网络滥用的研究之中。Young（1996，1998）关于网络滥用的标准已经被广泛用于患病率研究。这些标准较为宽松，可能会高估网络滥用的患病情况。它具有表面效度，而其他类型的效度并没有给出。最后，“为了测定出有重大临床意义的病理性网络使用的准确流行情况，我们需要在诊断标准上达成一致，并使用临床上有效的有组织的访谈对一个大型的有代表性的人口样本进行研究”（Aboujaoude, et al.，2006）。

四、关于网络滥用研究的质疑

批评者质疑，是否应该把网络滥用视为一种临床疾病，而折中者声称“网络成瘾是一种新出现的临床疾病”（Young，1998）。Shaffer，Hall 以及 Vander Bilt（2000）争论道，“对电脑成瘾（和网络成瘾）的结构效度的实证支持还没有出现，并且……所以把构想定义为一种独特的精神障碍为时过早”（H.J.Shaffer，et al.，

2000）。LaRose 等人（2003）持相同观点，“许多成瘾的和病态的网络使用者是通过调查研究判定的……网络成瘾的临床定义需要一个对生活有害影响的专业评估”。虽然他们承认真正的病理性患者存在于这一范围的极端，但作者认为，网络滥用的研究已经成为关于“自我控制缺陷的指标与大多数非病理性人群运用”之间的关系的研究。

第二个问题就是网络滥用的研究没有在网络使用的具体应用之间做出区分。那些网络滥用患者在网上性活动和在线社会互动游戏这样的网络活动上花更多的时间（Chen，2001；Greenfield，1999；Meerkerk，et al.，2006；Morahan-Martin & Schumacher，2000；Thatcher，2005a-a；Wang，2001；Yang & Tung，2007；H.J. Yoo，et al.，2004；Young，1997），但是这些活动对他们的网络相关问题影响有多大，我们并不清楚。但是已有证据表明，他们可能是重要因素。在一个网络滥用的纵向研究中，Meerkerk（2006）等人发现，只有搜索在线色情小说和玩互动的网络游戏这两项活动所花费的时间，才能对网络滥用做出超过一年的预测。两年以后，搜索色情小说成为唯一一项预测网络滥用增长的在线活动。因此他们断言，为了性满足而使用网络，应该被视为网络滥用增长的最重要的危险因素。在因素分析研究中，Pratarelli 和他的同事也发现，性活动是网络滥用产生的一个重要因素（M.E.Pratarelli & Browne，2002；M.E.Pratarelli，Browne & Johnson，1999）。

Davis（2001）提出了两种不同类型的网络滥用：特殊性和一般性。特殊性网络滥用包括一种具体内容的互联网功能的滥用，比如网上性行为或网上赌博。当这些行为成为网络疾病时，他们才可以在技术上，成为已有病理学的变体，比如病态赌博、性倒错、强迫性性行为（Morahan-Martin，2005）。其他和特殊性网络滥用相关的网络行为，如网上互动游戏，只有在互联网上才有。一般性网络滥用与任何具体活动无关，而是和超越特定应用程序的网络滥用相联系，它与网络提供的独特的交流模式有关（Davis，2001）。

然而，在这些分类中有重叠的部分。比如，当使用者玩网上的社会互动游戏时，可能也参与了网上性行为。一项来自 1504 名美国治疗师（至少治疗过一名问题网络使用者）的研究发现，11 种类型的病态使用中有相当多的重复（Mitchell，Becker-Blease & Finkelhor，2005）。

在本章中，具体应用的研究与不区分具体应用的研究是有区别的。在后一种情况下，我们会使用网络滥用这一术语，并将讨论团体之间的共性。

五、网络滥用及其他问题

患有网络滥用的个体比其他人更有可能存在一些其他问题，包括抑郁症的情绪障碍（Kim，et al.，2006；LaRose，et al.，2003；Thatcher，2005a-a；Wei，2004；Whang，et al.，2003；Yang & Tung，2007；Young & Rogers，1998）和躁郁症（Black，Belsare & Schlosser，1999；Shapira，et al.，2003）、药物滥用（Bai，et al.，2001；Greenberg，Lewis & Dodd，1999）、性强迫症（Cooper，Putnam，Planchon & Boies，1999）和病态赌博（Greenberg，et al.，1999）。一项关于儿童的研究发现，一般来说，患有网络滥用的儿童更有可能存在行为问题，包括注意力缺陷多动障碍（ADHD）、焦虑 / 抑郁、犯罪行为以及性问题和社会问题（H.J.Yoo，et al.，2004）。与网络滥用有关的人格因素包括孤独（Caplan，2002；Kubey & Csikszentmihalyi，2002；Morahan-Martin & Schumacher，2000，2003；Nalwa & Anand，2003；Whang，et al.，2003）、低自尊（Niemz，et al.，2005；Yang & Tung，2007）、羞怯和社会焦虑（Caplan，2002；Chak & Leung，2004；M.E.Pratarelli，2005；Wei，2004；Yang & Tung，2007）。对特殊性网络滥用患者的一些研究也发现了相似的因素，这表明，在一般性和一些特殊形式的网络滥用之间存在共性。

六、网络滥用是其他疾病的症状吗

网络滥用和其他疾病的关系引起了一些问题。网络滥用患者患其他疾病的一个解释是，在大多数情况下，电脑和网络的使用可能是其他更根本疾病的症状（H.J.Shaffer，et al.，2000）。因此，像治疗一种新的临床实体一样治疗网络滥用，可能会导致对根本的精神疾病的误诊，这些精神疾病的治疗干预已经过验证（M.P.Huang & Alessi，1997）。

临床医师是否使用网络滥用（或任何术语的变体）作为次要的乃至首要的诊断是不确定的。尽管使用 Shapira（Shapira，et al.，2003）等人的标准，网络滥用可能被诊断为一种冲动控制障碍，但它并没有在精神疾病诊断和分析手册（DSM）中列出，在美国，这会影响偿付。有限的研究指出，临床医师治疗那些具有网络滥用症状的患者时会给出已有的诊断。在一项对 8 位美国心理健康辅导员的调查报告中，Parsons（2005）发现，超过一半的人（55%）治疗过符合 Young（1998）的标准的网络滥用患者。有网络滥用患者治疗经验的辅导员称，这些当事人最有可能被诊断患有抑郁症（40.9%）、强迫症（34.1%）、冲动控制障碍（31.8%）、关系问题（20.5%）、焦虑性障碍（15.9%）或适应障碍（6.8%）。

然而，在一个大规模研究中研究者系统地调查了 1504 名有过网络相关问题治疗经验的美国心理学家、社会工作者和家庭治疗师，研究发现，与网络相关的问题经常是治疗的主要重点。无论是一般的或是和特殊类型行为有关的，网络使用过度是最常见的问题（61%），经常和其他的网络相关问题重叠。当网络使用过度成为当前的问题时，它会有 40% 的可能性成为治疗的主要重点。治疗师报告称，网络相关问题成为治疗的主要重点，有 44% 的情况涉及有问题的色情下载，29% 的情况涉及有问题的游戏和角色扮演行为、还有 23% 的情况涉及网路的隔振—回避使用。总的来说，在 11 类网络相关问题中，网络使用过度成为治疗主要重点的可能性在 23%—48% 之间波动（Mitchell，et al.，2005）。

第二个关于网络滥用共患其他疾病的问题是，病理是否早于网络滥用，还是说，病态的网络使用是否导致了网络相关问题如抑郁症。那些网络滥用患者在此之前就存在问题，一个关于 20 名患有网络滥用个体小规模研究为此提供了有限的证据。这里的网络滥用被定义为冲动控制障碍，研究中使用精神疾病诊断和分析手册的结构化临床访谈对他们施予面对面的访谈。所有 20 名参与者至少接受一项精神疾病诊断和分析手册 IV 的轴 1 毕生诊断，以及其他五种诊断的平均水平。2/3 的人（70%）有躁郁症的毕生诊断，85% 之前接受过精神健康的治疗，75% 服用过精神药物。参与者回顾报告，当服用适用于共病的精神疾病药物时，问题网络使用行为显著减少（Shapira，Goldsmith，KeckJr，et al.，2000）。

网络使用的纵向研究很少，然而家庭网研究（Kraut et al.，2002 ;Kraut et al.，1998）为网络使用的影响提出了一些见解。本研究监视了 20 世纪 90 年代中期美国新用户的网络使用情况，这是一个系统的但数量有限的纵向研究，它追踪了一个较小的经过挑选的用户团体被引向网络的整个过程。本研究为用户提供一台免费的电脑、网络接入、训练以及交流上的支持，使他们的网络使用可以被监视并定期参加访谈和测试。在第一次追踪调查中研究者发现，网络使用前并没有孤独或抑郁症的用户，在 12—18 个月的网络使用之后却预测到了孤独或抑郁症。然而，网络使用的增长是与更高水平的孤独和抑郁相联系的。研究者把这些抑郁与孤独感的增长归因于家庭交流、社会活动、快乐以及一个人社会网络中个体数量的减少，这些同样与网络使用的增加有关（Kraut，et al.，1998）。

在参与者上网两到三年之后组织了第二轮的家庭网研究（Kraut,et al.,2002），结果与第一次研究相矛盾。经过这一段时间的上网，孤独和抑郁与网络使用量无关。然而，研究者发现，网络使用对内向者和外向者心理健康的影响是不同的。对内向者而言，网络使用的增加和社会参与的减少相联系，并伴随着用户幸福感的下降，正如所看到的，孤独感、负面情绪、时间压力的水平上升，自尊感降低。对于外向者，网络使用的影响和上述这些测量结果恰好相反。控制住以前的孤独感和社会参与水平进行单独分析发现，内向者的网络使用增加和孤独感上升、社会参与下降相联系，而对外向者的影响却恰恰相反。作者提出了一个富者愈富的假设，即对已经拥有更多社会资源的外向者而言，网络使用提升了他们的幸福感，对内向者则相反。

这些调查结果强调，一些个体可能有更大的风险产生网络相关问题，而且网络使用的影响也取决于使用者的人格特点。

七、把成瘾模型应用于网络滥用恰当吗

把成瘾模型应用于互联网的适当性存在很多争论。Walther 和 Reid（2000）认为，我们不应该使用像成瘾这样有价值偏向的术语，给我们所知甚少的事物贴标签。其他人对单单挑选出互联网作为成瘾对象表示质疑。相比上网，人们花更多的时间看电视和打电话，但很少有人关注这些使人上瘾的事物（NPR，2000；Grohol，1999；Morahan-Martin，2005），对它们的研究也远远少于网络滥用（Morahan-Martin，2005）。然而，作为新的技术，电话和电视曾经和互联网一样，它们的负面影响都受到过极大的关注。每一种新技术的传播都会使使用者暴露于一个更为广阔的领域，暴露产生恐惧，尤其当涉及到儿童时更是如此。就互联网来说，这种恐惧被放大了，因为用户可以参与到可能不被文化认可的活动中，比如和陌生聊天、浏览色情作品以及讨论性话题（Bahney，2006）。

而且，许多人形容自己沉迷于网络或是网上的具体应用。但是，当人们这样形容自己或其他任何人沉迷于网络或任何其他行为时，他们的意思是含混的。在一项关于四所大学校园中脸谱网使用情况的调查研究中，Vanden Boogart（2006）

发现，接近 1/3 的人认为他们沉迷于脸谱网，但是它的使用很少有负面作用。年级越低，网上的社会关系越多，脸谱网的使用就越频繁，这一研究强调了成瘾的自我报告不应该作为临床观点。成瘾这一术语被广泛用来形容很多行为，比如吃东西、运动、赌博、性、购物以及看电视（Cooper，et al.，1999；Jacobs，1986；Kubey & Csikszentmihalyi，2002；Milkman & Sunderwirth，1982）。成瘾甚至已经扩展到医学期刊上，包括作为一种物质相关性障碍的紫外光浴（Warthan，Uchida & Wagner Jr，2005）、巧克力（Small，Zatorre，Dagher，Evans & Jones-Gotman，2001）、胡萝卜（Kaplan，1996）和肉毒杆菌毒素（Singh，Hankins，Dulku & Kelly，2006）。

将成瘾模型从物质应用到任何行为，这就提出了一个更为广泛的有争议的问题。严格来说，成瘾是一个外行话而非临床术语。精神疾病诊断和分析手册（DSM）使用滥用和依赖这两个术语来描述物质使用的不良模式，而不是成瘾（APA，2000）。另外，精神疾病诊断和分析手册（DSM）并不使用成瘾、滥用或依赖来描述行为障碍。然而，正如稍后会讨论到的那样，有人认为具有像退缩、耐受、心理依赖这样典型特征的不良行为模式与物质依赖类似，并把这些行为视为行为（Bradley，1990）和技术成瘾（M.Griffiths，1995）。

许多人反对扩展成瘾模型而把行为列入其范围内。Madras 争论道，这个词已经被严重的过度使用了。成瘾是一种神经生物学障碍，在临床上它是一种非常明确的综合征（Lambert，2000）。其他人认为，将成瘾模型扩展到行为会降低物质成瘾的重要性，逐渐削弱将成瘾作为一种疾病的认可度，而且对理解物质依赖的病因和治疗方式适得其反，同样，将行为视为成瘾也是不恰当的（Jaffe，1990；Satel，1993）。另外，Jaffe 认为，将行为视“瘾”会导致那些行为的增加，“因为这会成为失控行为的借口，使人倾向于将缺乏控制解释为一种疾病的表现，他们什么也做不了”（Jaffe，1990）。

八、作为一种成瘾行为的网络滥用

尽管如此，许多精神健康的专业人士相信，成瘾模型的确包括物质和行为（Grant，Brewer & Potenza，2006；Marlatt，Baer，Donovan & Kivlahan，1988；Pallanti，2006；Potenza，2006；H.J.Shaffer，2006；H.Shaffer et al.，2004）。Shaffer（2004）等人提出一种成瘾模型的综合征，包括物质和行为。他认为：“来自生物、

心理和社会方面的前提、临床表现和结果构成了多样且交互影响的证据。这些证据符合行为过剩和物质滥用相关的模式，它们显示出一个潜在的成瘾症状：（他们）提出，成瘾应该被视作是一种具有机会主义特征的、有多重表现形式的综合症。”当个体暴露于成瘾的具体对象中时，对成瘾的脆弱性，包括共同享有的神经生物学和社会心理学因素，会使个体处于产生问题的风险之中。尽管会根据具体对象而变化，但成瘾有常见的表现形式和后遗症（例如抑郁、神经适应、欺骗）。下面给出了支持性证据的概要，以及怎样将其应用于具有重大临床意义的网络滥用病例中的方法。本节使用网络成瘾这一术语，以区别于本章通用的网络滥用，后者并不一定意味着一种精神疾病，但是研究者没有必要使用该术语。

许多被视为行为成瘾的疾病在精神疾病诊断和分析手册（DSM）中是以冲动控制障碍列出的而没有加以分类。冲动控制障碍的基本特征是无法抵抗冲动、驱力或诱惑，以致做出对个人或他人有害的行为（APA，2000）。这组行为中包括病态赌博和盗窃癖，前者是不良网络使用的频发源。强迫性性行为也被视为一种冲动控制障碍。那些将网络成瘾视为一种临床疾病的人逐渐达成共识，这组行为应该加以分类（Aboujaoude，et al.，2006；Orzack & Orzack，1999；Shapira，Goldsmith，KeckJr，et al.，2000；Shapira，et al.，2003；Treuer，et al.，2001）。来自许多不同方式的研究表明，物质障碍与行为障碍是存在关联的，后者包括冲动控制障碍和其他涉及冲动控制差的障碍如贪食症。

他们共有一些临床症状，比如：

> 重复或强迫参与某一行为而无视不利后果，对不良行为的控制减弱；在参与不良行为之前有一种冲动的欲望或处于渴求状态，在执行这一行为时的愉悦，为减少或停止这一行为的重复的失败的尝试，以及对生活主要领域的损害（Grant，et al.，2006）。

同时，行为和物质滥用都表现出耐受和脱瘾的迹象，Shaffer（2004）等人认为这是一种神经生物学适应。在网络滥用患者身上已经发现了这些症状。

而且，化学和行为成瘾彼此有着相似的共患模式家族病史和心境障碍（Grant，et al.，2006；Greenberg，et al.，1999；H.Shaffer，et al.，2004）。成瘾对象经常从一个变为另一个（H.Shaffer，et al.，2004），这些表明，不同类型的成瘾之间可能有遗传学或神经生物学上的联系。研究发现，网络成瘾存在相似的模式。例如，Greenberg（1999）等人调查了行为成瘾与物质成瘾之间的关系。该研究要求大学生评估在四种物质和五种行为中，他们体验到强烈欲望、脱瘾症状、失去控制以及容忍的频率，然后求出所有的相关系数。网络成瘾的得分与所有物质（酒精，r=.42；香烟，r=.34；咖啡因，r=.26；巧克力，r=.23）和行为（玩电子游戏，r=.64；看电视，r=.57；赌博，r=.43；运动，r =.12；喝咖啡，r =.12）之间都有很高的相关。p=.01 时，所有的相关性达到显著水平；p =.05 时，所有的相关性（运动除外）达到显著水平。总的来说，那些报告对物质成瘾倾向越大的人对活动的成瘾倾向也就越大［r（127）=.50，p<.001］。作者推断，“研究中发现的成瘾重叠性表明，成瘾物质和活动存在一个脆弱性的共同核心”。

同样，Yoo（2004）等人在一项关于韩国儿童的调查研究中发现，网络成瘾的患者更有可能存在成瘾行为，最常见的是病态沉迷电子游戏。本研究中的儿童更有可能患有注意力缺陷多动障碍，这反而是青春期药物滥用的一个危险因素。作者认为，注意力缺陷多动障碍的注意力不集中、活动亢进的症状可能是网络成瘾潜在的重要危险因素。而且，他们认为，将来网络成瘾行为可能会与其他种类的成瘾一起，尤其是酒精和其他物质，被视为一种连续体。

“最近的研究提出，药物以及其他的化学物质或行为的成瘾可能存在一个共同的生化机制。”（Betz，Mihalic，Pinto & Raffa，2000）有证据表明，生物化学、功能性神经影像学、遗传学的研究结果以及治疗研究显示出，行为成瘾和物质使用障碍之间在神经生物学上有一种很强的关联性。成瘾行为，包括冲动控制障碍的行为，可能是指在刺激过度的内驱力水平、抑制或奖赏过程的损伤，或者是这些因素的联合之间发生失调。（Grant，et al.，2006）5- 羟色胺、多巴胺及其路径，以及内源性的类罂粟碱这些神经递质被认为参与其中。在药物滥用和一些冲动控制障碍中已发现，5- 羟色胺系统存在功能障碍，这些功能障碍可能反映了前额抑制的损伤，阻止个体控制欲望（Grant，et al.，2006）。多巴胺系统与物质和行为成瘾都有关联，参与了大脑的奖励系统。Blum，Cull，Braverman 以及 Comings（1996）假设机能障碍涉及到一种奖励缺陷综合征，这是一种假定情况下的涉及到了多种基因和环境刺激的低多巴胺状态，它将个体置于多种成瘾的、冲动的和强迫性行为的高风险之中，是一种已经被提出的成瘾机制。这种综合征可以在强烈的欲望和冲动中发现，它导致个体从特定的行为或物质中寻求奖励而不顾负面的后果。内源性的类罂粟碱同样参与到奖励、快乐和痛苦的过程中，在多巴胺神经元的调节中发挥作用，并且和物质、行为和冲动控制障碍有关。“当阿片受体改变时，个体在从事奖赏性行为之后可能会体验到一种更为强烈的愉悦感，因此更难克制继续上瘾行为的欲望”（Grant，et al.，2006）。

神经影像学研究中也发现了大脑奖赏系统的作用。研究表明，就有关的大脑而言，奖励就是奖励，不管是来自药物还是经验（Holden，2001）。神经影像学研究同样指出，行为和物质成瘾的相似之处在大脑的决策制定部位。在药物滥用和冲动控制障碍中都记录到腹内侧前额叶皮层活动的减少，这些异常状况对成瘾中起支配作用的不利决策（短期收益 vs 长期亏损）起重要作用（Grant，et al.，2006）。

在这一点上，网络成瘾并没有已知的生物化学或神经影像学研究，但有关行为成瘾，尤其是冲动控制障碍共性的研究以及药物滥用研究，增加了网络成瘾存在生物学基础的可能性，来自具体网络活动的证据更加强化了它们之间的联系。成瘾的生物学成分的许多研究已经通过赌博开展了，可以预期，网络赌博也会得到类似的结果。神经影像学研究发现，当玩电子游戏时多巴胺系统激活（Koepp et al.，1998），这使从电子游戏演化而来的社会互动网络游戏得到类似结果的可能性增加。涉及可以产生愉悦感——比如网上性行为——活动的特殊性网络滥用，可能是网络相关行为成瘾的生物模型的候选证明。

九、成瘾的认知行为模型和网络滥用

当然，即便是对相对容易上瘾的个体来说，仅仅接触具有成瘾性质的物质或行为并不一定导致成瘾，而学习是必要的。认知行为模型是针对药物或行为的一般性成瘾（Marlatt，et al.，1988；H.Shaffer，et al.，2004）、一般性网络滥用（例如 Caplan，2002；S.E.Caplan，2003，2004；Caplan，2005a；Davis，2001）和特殊性网络滥用（Putnam，2000；Yee，2001b）提出的。对药物或行为的成瘾都可以“理解为在认为或环境因素下，习得适应性或功能性行为……习得的要素——比如经典性或操作性条件反射，观察和社会学习，以及更高级别的社会认知例如信念，期望和归因——都是成瘾过程的常见因素”（Marlatt，et al.，1988）。强化效应对可能会导致成瘾的习惯或连续行为模式的建立非常重要。Shafferet 等（2004）主张，成瘾发生之前的临症前期阶段，当有成瘾风险的个体“重复多次与特定事物或者说，成瘾事物的重复互动时，这些成瘾物的神经生物或社会方面的结果会使个体行为发生主观的变化，这种变化可靠、稳固”。这种在主观状态上的变化是“成瘾综合症发展的必需品”。也就是说，在成瘾过程中必须发生强化作用，既可以是正强化（感到愉悦）也可以是负强化（从抑郁或其他负面情绪中得到解脱）。当这些线索（成瘾物或行为）与无条件刺激联合重复多次后，我们就习得了对成瘾物（或行为）的条件刺激反应，对习得结果的预期和有效的信念也是成瘾所必须的。

这个模型的一个变体把成瘾看做自我治疗的一种形式，就是说，人们利用成瘾物去逃避（比如负面强化）。Khantzian 广泛写作有关成瘾与自我治疗的文章，并解释了药物滥用："痛苦的本质就是候无法抵抗地剧烈的或隐蔽的感觉，并且超越人的控制……药物使用者可以通过使用药物，而突然感到对这种不可抵抗痛苦的控制感"，"我并不认为这其中有什么特殊性"（Lambert，2000）。这个模型可以很好地解释一些冲动控制障碍和行为成瘾。个体持续进行这些行为，是因为这些行为提供了逃避或积极的感觉。有人提出，上述的障碍也许存在于"更广泛的情绪障碍中"（Zohar，2006），而他们也进一步支持使用成瘾事物可能与处理抑郁有关。

有证据表明，网络滥用患者会使用因特网去调节自己的情绪，或作为一种对现实的逃避。而对受抑郁、社会焦虑、严重孤独症之苦的患者来说，使用因特网可以逃避其情感痛苦和压抑。就像药物（毒品），因特网提供不同种类的逃避方式，那些孤独的人可以在聊天室中找到伙伴。社会焦虑者会发现，在网上进行交往比线下交往收获更多且危险更小，抑郁症患者可以躲避到一个完美奇妙的网络游戏世界里去。研究支持这一点：特殊性和一般性网络滥用患者比一般人更可能利用因特网调节负面情绪。当失落、焦虑、孤立时，那些网络滥用患者比一般人更可能利用因特网逃避压力以控制自己的情绪状态（Anderson，1999；Caplan，2002；Morahan-Martin & Schumacher，2000）。对特殊形式的网络滥用的研究报告了类似的结果。一些人似乎经历了分离性体验和最佳体验（T.J.Chou & Ting，2003），这些既能分散人们对所反感事物的注意力（负强化），也能提供积极的体验（正强化）。情绪调节在特殊性网络滥用的产生中也扮演了重要的角色。逃避现实（J.Parsons，2005；Yee，2006b；Zheng et al.，2006）和缓解不满是社会互动游戏滥用的预测因素，当压力作为强迫性网络性行为的一个重要预测因素时，网络使用是以性为目的的（Cooper，Griffin-Shelley，Delmonico & Mathy，2001；Cooper，et al.，1999）。

下面的几部分将探讨对两种特殊性网络滥用，即对网络性行为强迫症和网络互动游戏以及一般性网络滥用的研究，同时也将提供认知行为模型在每种网络滥用下的应用。我们将重点探讨几种网络滥用的异同点。

十、具体的在线活动以及网络滥用

大量的研究是关于具体的网络活动，包括网络性行为、网络赌博和网络互动游戏（Boies，Cooper & Osborne，2004；Cooper，Delmonico & Burg，2000a；Cooper，et al.，1999；M.Griffiths，2001；M.D.Griffiths & Parke，2002；Ladd & Petry，2002；J.Parsons，2005；Yee，2006a-a，2006b），并且这些研究的数量还在不断增加。尽管这些文献所讨论的内容已不在本章范围内，但这些文献中对网络性行为、失调和网络互动游戏的研究对我们理解网络滥用有重要帮助。下文综述是关于我们所关注的主题——强迫性网络性行为和网络游戏。该综述强调了对网络行为的研究和网络滥用研究的异同点，同时，特殊性和一般性网络滥用之间有许多重叠之处。

（一）特殊性网络滥用：网络性强迫症和网络色情作品的不当使用

网络性行为是网络滥用产生的一个重要成分。在一项对网络滥用的纵向调查中，Meerkerk 等（2006）发现，仅有两种行为可以预测一年后的网络滥用，这两个因素是搜索网络色情作品和玩网络互动游戏所用的时间。一年以后，搜索色情物成为唯一一种预测网络滥用增长的网上行为。作者总结道，“利用互联网得到性满足因此应该被看做是网络滥用产生的最重要危险因素”。进行因素分析研究时，Pratarelli 和他的同事也发现，性行为是网络滥用发生的一个重要因素（M.E.Pratarelli & Browne，2002；M.E.Pratarelli，et al.，1999）。网络性行为（Online Sexual Activities：OSA）是在临床实践中最常见到的一类有问题的网络行为，并且常常与过度因特网滥用相联系（Mitchell，et al.，2005）。治疗师们报告说，在进行有关因特网失调治疗的客户中，56% 涉及对网络色情物的不当使用（被定义为导致内疚或影响其他活动、职责或关系），21% 与无神论有关（Mitchell，et al.，2005）。

Cooper 等人（Cooper，Delmonico & Burg，2000b）在一项对参与网络性行为者的线上研究中发现，这类人中的 1/6 有性强迫症，然而仅有 1% 的人是作者所说的所谓的网络性行为强迫者。在网络性行为遇到问题的人中，大部分已经存在其他病变（Schwartz & Southern，2000）。而 Putnam（Putnam，2000）争论说，那些容易产生强迫性性行为的个体，只有当接触网络性行为之后，其性行为才可能变得具有强迫性。Cooper 等人（Cooper，et al.，1999）在一项研究中为此提供了支持，这项研究发现，有些网络性行为强迫症者，先前并没有性强迫史，他们推测这些个体可能易受性强迫症影响，但“如果没有因特网，可能完全不会有性强迫症方面的问题”，因为他们有足够的资源和足够的冲动控制来防止他们自己将这些冲动付诸行动，直到他们使用互联网。那些成为网络性强迫者的人一开始可能会压抑，于是进行 OSA（网络性行为）作为一种逃避或娱乐。另一项研究比较了那些有网络性行为问题的人，发现他们更可能利用 OSA 去缓解压力而不是满足性幻想（Cooper，et al.，2001）。

另一个与 OSA 引发的失调有关的因素是利用 OSA 来寻求关系。在一项加拿大大学生中的 OSA 研究中，Boies 等人（Boies，et al.，2004）发现，“促进人际交往的 OSA 行为与网络有关的问题有很强的相关，表明因特网使用与人际交往需要有关”。另外，内向性格和外向性格的人在进行 OSA 时有一些差异。Koch 和 Pratarelli（Koch & Pratarelli，2004）发现，内向者相比于外向者更有可能使用成人信息、在线下载或浏览色情图片，并且更有可能在上网时产生性生理唤起。同样，曾治疗过因使用因特网“而排斥与家人、朋友或约会对象进行面对面社会交往”（Mitchell，et al.，2005）客户的治疗师，他们有很高的可能会成为网络过度使用者（83%）和网络色情异常使用者（42%，Mitchell，et al.，2005）。

Putnam（Putnam，2000）根据操作性和经典条件反射来解释产生网络性行为强迫症的病理，他认为，当接触网络性行为时，容易产生强迫性性行为的个体会变成强迫症者。从操作性条件反射模型来看，持续的网络性行为既是正强化——从性唤起和满足的方面来看（有时候也伴随着手淫和性高潮），也是负强化——从在线时可以减少压力来看。这些强化的效果可能会很强，因为这是一个变比强化。最终，当网络性行为重复多次，电脑的使用伴随着性唤起时，就会发生经典条件发射。因此，电脑也可能诱发上瘾从而使人们参与网络性行为。

这些发现与网络滥用研究相似。网络滥用患者与 OSA 异常者都比其他人更可能抑郁，更可能使用因特网，并且利用因特网来应对压力。对于他们来说，网络社交是一个重要因素，内向性格者也更可能产生网络滥用。

（二）一种特殊的网络滥用：在线社交游戏

网络游戏一直以来都与成瘾行为相联系，这些游戏可以追溯到 1978 年，Trubshaw 创作出地下城与龙（Bartle，1996；Kent，2003）的电脑版。以前用来描述该游戏玩家的术语 MUD，原意为多用户的地下城（Multiple User Dungeons），最终变成多用户域的缩写，并且一般用来描述各种不同的网络游戏。Turkle（Turkle，1995）和 Rheingold（Howard，1993）最早在 1900 中期把这些游戏和它们引人上瘾的吸引力带到公众注意中来，当时因特网开始其在公众中天文数字般增长。这些 MUD 游戏是一种基于文本的虚拟世界，运行于私人服务器中，对用户免费，每个游戏最多可有 250 名玩家。现在仍有许多这样的服务器在使用中。

九十年代中期，图形界面开始改变网络游戏，伴随着 1996 年子午线 59 的诞生，是第一款基于互联网的商业游戏，它并不将玩家限制于一个封闭的圈内，而是"将大量玩家合并在一个世界中，一个连贯的世界，并且拥有许多其他独特的元素，这类游戏后来被称为 MMOG"（Massively Multiplayer Online Games，大型多人在线游戏）或是 MMORPG（Massively Multi-player Role-Playing Games，大型多玩家角色扮演游戏，Kent，2003）。子午线 59 公司增加一项新的虚拟现实体验，允许玩家通过角色人物的视角来体验游戏中的梦幻世界。1999 年，SONY 发布了当时最流行的一款 MMOG：无尽的任务，"一款完全三维并可以真正支持庞大社区的游戏"（Kent，2003），这提供给玩家更多战斗、探险和发展角色的机会。进入这些游戏的方式是建立游戏账户，一般每个月 10—20 美元。自从 1996 年这些游戏运营以来，全世界为 MMORPG 激活的账户估计达到 1200 万（数据来自 Mmogchart.com，2006）。

MMORPGs 是一种"高度发展的多玩家世界，一种先进并且详尽的世界（同时在视觉和听觉方面）"（M.D.Griffiths，Davies & Chappell，2004）。与静态娱乐媒介，例如小说、电视、歌剧和广播不同，MMORPGs 是动态，并且高度互动——会让玩家沉溺于此（Kurapati，2004）。其结果是玩家全神贯注"于一个巨大的，充斥着城镇，城堡等其他现实建筑的虚拟世界，以至于，玩家会觉得自己好像生活在一个在功能上可以完全替代现实的另一个世界"（Kurapati，2004）。Kurapati 称其为沉溺并相信它是 MMORPG 滥用的一个重要部分。

在一个服务器中同时在线的玩家可能多达 2000，他们各自创建自己的人物或头像，然后可以畅游这个虚拟世界，通过这个人物感知这个世界，并且通过这个人物活动和与其他人物交往。人物通过游戏时间和任务成就获得身份和力量。游戏是连续的，这就是说，不论某个玩家是否游戏，游戏始终进行。在虚拟世界中，一个玩家可以独自游戏或者加入团队，玩家可以通过显示于屏幕上的文字进行私人交流、多人交流，或与这一区域的所有玩家交流。

（三）在线交互游戏滥用

MUDs 和 MMORPGs 已经与强迫症和上瘾行为联系起来。到游戏者花大量时间进行在线游戏，这并不令人惊讶。总体上说，MMORPG 玩家在线的时间是其他网络使用者的 5 倍（“Average MMORPG gamer spends 20–25 hours on the game”，2005）。在一项对 5000 多名 MMORPG 玩家的大规模在线调查中，Yee（Yee，2006a-b）发现，游戏者平均每周花费 22.71 小时在 MMORPG 环境中（N = 5471，SD = 14.98，N 代表有效数据量，SD 代表标准差），这其中，中数是 20 小时每周；有 8.9% 的玩家每周花费在游戏上的时间大于等于 40 小时。更进一步，3/5 的玩家在某段时间连续游戏至少 10 小时。在另一项研究中，未成年人玩家报告平均玩《无尽的任务》26.25 小时每周（SD = 16.1），而成人玩家报告 24.7 小时每周（SD = 13.34），有一小部分人群玩游戏时间超过 70 小时每周（M.D.Griffiths，et al.，2004）。许多玩家长期玩游戏，在 Yee 的（Yee，2006a-b）研究中，有 3/5 的玩家曾连续玩 MMORPG 10 个小时以上，而在 Ng 和 Wiemer-Hastings2005（Ng & Wiemer-Hastings，2005）年的研究中，80% 的 MMORPG 玩家在一个时期内连续玩游戏 8 小时以上。

关于 MMROPG 游戏成瘾的传闻比比皆是。《无尽的任务》——最流行的 MMORPG 游戏之一，通常被游戏者称为无尽的裂缝。关注 MMORPG 滥用是中国和南韩政府成立互联网成瘾中心的主要原因。在各种应对互联网滥用的尝试中，中国政府启动了一项计划，用以限制游戏者在线游戏的时间（Taylor，2006），而泰国政府则对网络游戏实施宵禁（BBC，2003）。

极少数玩家也会自我报告说对 MMORPG 游戏已经上瘾。一位 22 岁《无尽的任务》男性玩家说他认为自己已经上瘾：

> 我称自己是个成瘾者，因为我与那些对烟和酒精或其他物质上瘾者有着共同的症状。我在不玩 EQ（无尽的任务）的时候也想着游戏，当我去进行维修安装任务而必须有 23 小时不能登录游戏时，我会感到很大的压力，并且我尝试放弃游戏但没有成功。如果这不是上瘾，那我不知道什么才是（Yee，2002a）。

Yee（Yee，2002a）发现，40.7% 的 MMORPG 玩家说他们认为对于他们正在玩的某种游戏上瘾，平均比率在 36.5%—53.2 之间，视 MMORPG 游戏不同而不用。另一项研究中，Yee（Yee，2006a-b）报告称，有半数左右的 MMORPG 玩家自我定义为是自己正在玩的游戏的上瘾者，上瘾比率与年龄和性别有关。

研究支持这一点，许多 MMORPG 玩家报告说他们玩游戏已经影响了生活的其他方面。一项对《无尽的任务》的玩家研究表明，约有 4/5 的成年人（78.9%）和未成年人（78.4%）报告说他们为了玩游戏牺牲了其他活动。未成年人（22.7%）比成年人（7.3%）更可能报告牺牲工作或教育（=19.84，df =1 ；p<.0001），然而，成年人（20.8%）比未成年人（12.5%）更可能报告牺牲与朋友、亲人或伴侣的社会交往活动（=3.24，df =1 ；p<.0045）。玩游戏而被牺牲的其他一些活动包括：“另外一种爱好或消遣（19.3% 的未成年人，27.5% 的成年人）和睡觉（19.3 的未成年人和 18.5% 的成年人）”（M.D.Griffiths，et al.，2004）。于是作者（Griffiths 等）推测，“一些网络游戏玩家可能经历类似上瘾的体验，这种体验与在某些电子游戏中所发现的类似”（P95），并暗示，基于电子游戏的研究结果，未成年人更容易上瘾。

其他对《无尽的任务》玩家的研究找到了少数表现出上瘾行为的玩家。基于一项对 3989 名《无尽的任务》玩家的在线调查，Yee（Yee，2002a）报告，15.5% 的被调查者在不玩游戏时会有类似戒毒过程中的病症（如盗汗、恶心等），23.8% 在玩游戏时有情绪改变，28.8% 即使不享受游戏的体验也会玩，18.4% 称因为学业、工作、健康或经济问题才玩游戏。以上比率，正如 Griffiths 等人（M.D.Griffiths，et al.，2004）所述，存在年龄和性别差异。试图戒游戏而失败者的比率在 12—17 岁青少年中最高（男性 30%，女性 18.8%），然后在 18—22 年龄段稳定减少 20%，在 23—35 年龄段减少 10%，35 岁或以上戒游戏失败者比例再减少 5%。

对 MMORPG 游戏的研究很有限。在一项对 513 名 MMORPG 玩家的调查中，Parsons（J.M.Parsons，2005）发现，15.3% 的玩家达到 Young（Young，1998）的网络络滥用标准，但是只有不到 1% 的玩家曾寻求过专业帮助。玩 MMORPG 游戏以缓解负面情感（Wan & Chiou，2006），并成为一种逃避现实的形式（Z.Huang，2006；J.M.Parsons，2005；Yee，2006a-b，2006b）是 MMORPG 滥用的一个预测因素，类似的因素还有玩游戏时产生的最佳体验（Z.Huang，2006）和感情寄托（Zohar，2007）。有问题的游戏玩家也会表现出社交失调：他们本比其他人更有可能参与社会交互（Z.Huang，2006），但 25% 有问题的玩家是孤立的，并回避那种利用互联网的交往模式以避免面对面的交往（Mitchell，et al.，2005），这也许可以解释为什么不当的游戏玩家会更可能感到孤独（J.M.Parsons，2005）。临床医师报告称，半数的有问题游戏玩家也有与网络色情有关的问题（Mitchell，et al.，2005）。

另一个 MMORPG 游戏滥用的预测因素是,看重游戏提供的权利和地位(Chak & Leung，2004；Yee，2006b），这是 MMORPG 游戏所独有的。在讨论过度的 MUD 游戏玩家时，Turkle（Turkle，1995）讨论道，这些游戏可能提供成就模式。有些玩家可能“喜爱电脑游戏中虚幻的权利或掌握世界的乐趣”（Chak & Leung，2004，P567），在 MMORPG 游戏中，故事线或情节的缺乏会助长玩家的控制感（Yee，2001a）。Yee（Yee，2001a）描述 MMORPG 游戏——特别是《无尽的任务》——是“虚拟的斯金纳箱”，这些游戏被精心设计以促使玩家沉溺于此，因为游戏设计者有效的利用了操作性条件反射原理，通过提供成就的象征作为奖励，来促进玩家花费越来越多的时间参与游戏。从习得的角度来看，玩家被频繁奖励并可以迅速达到更高的等级。在上述这一阶段，有一定付出才能得到游戏中成就的象征，然而，达到下一等级的时间，慢慢变得越来越长。游戏也使用了行为塑造的技术，随着游戏继续，可以渐渐执行更加精细和复杂的任务。因为游戏有着“复杂的层次和重叠的目标”，玩家“同时追求多重奖励”，这就不断助长动机，因为玩家们总是觉得离目标和奖励很近。就像老虎机一样,游戏总是使用变比强化,这是强化的最有效形式。最终，玩家在《无尽的任务》或其他 MMOPRG 游戏中的成就“使得普通的玩家成为英雄……当人们只要不停点击鼠标就能获得成就感时会发生什么呢……当这些成就感比现实生活中的成就感更有吸引力时会发生什么呢？”（Yee，2001a）。因此，成就感是 MMORPG 游戏滥用的一个重要前兆，因为它本身就是 MMORPG 游戏滥用的条件。

十一、网络社会交互在网络滥用产生中的角色

研究一直支持这一观点：互联网使一种独特的社会交互成为可能，这种交互在一般和特殊的网络滥用产生中都起到重要作用。（Boies，et al.，2004；Caplan，2002；Davis，2001；Leung，2004；Li & Chung，2006；Morahan-Martin & Schumacher，2000；Niemz，et al.，2005；M.E.Pratarelli & Browne，2002；Sherer，1997；Thatcher，2005a-b；Weiser，2001；Young，1998；Young & Rogers，1998；Yuen & Lavin，2004）。有网络滥用问题的人比别人更可能在网络上认识新朋友，与

有共同兴趣的人聊天，并找到情感支持（Morahan-Martin & Schumacher，2000）。他们更有可能利用社会交互活动，例如聊天室、新闻讨论组，或者社会交互游戏（Chak & Leung，2004；Leung，2004；Lin & Tsai，2002；Morahan-Martin & Schumacher，2000；Thatcher，2005a-b；Weiser，2001；Whang，et al.，2003；H.J.Yoo et al.，2004；Young，1998）。类似的社会交互模式也与网络游戏使用（Z.Huang，2006；Mitchell，et al.，2005）和性行为失调模式有关（Boies，et al.，2004；Mitchell，et al.，2005）。

Davis（Davis，2001）讨论说，互联网中独特的社会环境是产生网络滥用的关键因素，研究已经证实了这一点。Leung（Leung，2004）研究了包含有代表性的 976 名台湾 16—24 岁青少年，发现互联网的社会去抑制作用是网络滥用的一个重要的预测因素，这个因素包含如下报告"互联网的匿名性允许我尽可能表达自己的感情"（P228）；在网上更容易表达内心深处的想法；因特网是表达观点的更自在的地方，所以他们经常在网上谈论自己；因特网提供奇妙的机会去认识新朋友和完全不同的文化"（P228）。美国的另一项对大学生的研究表明，Morahan-Martin 和 Schumacher（Morahan-Martin & Schumacher，2000）发现了在利用因特网社交方面网络滥用者和其他人对因特网的使用模式，并总结到，对网络络滥用患者来说，"因特网也可以是一种解放，社交的百忧解"（P20）。在这项研究中，有网络滥用问题的人更可能报告称在网络中更少羞怯，他们也更可能说在网上他们更像自己，与网络中认识的人拥有更多快乐、分享私人秘密并且更喜欢网络面对面交流。因特网滥用者总是报告在网络中自己的自信心不断提高，这会扩大他们的社交网。他们比其他人更可能报告对网络中认识的人比对现实中认识的人更友好、更开放，在网上更容易交朋友，并且他们都有自己的由网络朋友组成的社交网。事实上，有网络滥用行为的人更可能称他们大部分朋友是在网上认识的，并且网上的朋友比其他人更了解自己。Niemz 等（Niemz，et al.，2005）在一项对英国大学生的研究中重现了上述发现。他们发现，测量提高社会自信和网络去抑制的量表，可以解释网络滥用者中 44.3% 的差异。无独有偶，Leung（Leung，2004）发现，匿名性、放松和社会去抑制是网络络滥用行为的良好预测因素。同时，Whang 等人（Whang，et al.，2003）发现，网络滥用行为者更有可能表现对网上朋友的个人关注，并甚至想与其面对面相见。Caplan（Caplan，2002）假设，用户对网上可得社会收益的偏好是网络滥用的重要预测因素，并且，基于自己的研究，他还总结道，"与面对面社交相反，偏好以电脑为媒介的社交在一般性网络络滥用行为的“病因、发展和结果中都扮演重要的角色”。正如早先提到的一样，因特网社交方面对于与网络性行为失调和网络社交游戏有关的特殊网络滥用的产生也很重要。（Boies，et al.，2004；Mitchell，et al.，2005）

十二、孤独，社会焦虑，抑郁与因特网滥用

对网络社交而非面对面交互的偏好可能是网络滥用与孤独、网络滥用与社会焦虑之间关系的主要因素。那些长期孤独和长期社会性焦虑者有许多相同的特质，这些特质可能使他们更易产生网络滥用，他们都会在接触其他人时感到焦虑，害怕负面评价和被拒绝；他们倾向于过分关注自己感知到的社会差异，这会导致他们压抑，沉默和逃避人际交往并避免交流（Bruch，Kalfowitz & Pearl；Burger，2004；M.R.Leary & Kowalsky，1995a；M.R.Leary & Kowalski，1995；Morahan-Martin，1999；Solano & Koester，1989）。

因特网十分适合这些个体。网络社会交往不是面对面交往，通常是匿名的，也不那么压抑，并且允许逐渐增强的控制感，这可以缓和自我击败的认知和行为模式。研究支持这一点：社会焦虑者和孤独者的行为在网络上有所增强（S.Caplan，2003；Morahan-Martin & Schumacher，2003；Shepherd & Edelmann，2005），并且这两类人比其他人更有可能产生对网络交流而非面对面交流的偏好，这种偏好又是产生 I A的重要预测因素（S.Caplan，2003；Erwin，Turk，Heimberg，Fresco & Hantula，2004）。少量研究表明对于抑郁者来说，上面的情况会有一些变化。根据来自一项对 1501 名 10—17 岁的美国青年有代表性的电话调查的数据，Ybarra，Alexander 和 Mitchell（Ybarra，Alexander & Mitchell，2005）发现，达到 DSM–IV 标准的抑郁患者和其他人在因特网的社会使用方面有很大区别。尽管这不是一项网络滥用研究，但这项研究得到的区别与网络滥用患者和非网络滥用患者在因特网的社会使用方面的区别惊人的相似。抑郁的青少年比其他人更多的使用因特网，并且更可能使用聊天室，他们也更有可能进行自我展露，并使用因特网仅仅与在网上认识的人交流。研究者暗示，“有抑郁症状的青年可能会用网络社交代替当面交流活动”（P15），并假设，有可能抑郁的青年“觉得网络交往需要较少的努力……因特网会提供一个安全的地方让这些年轻人得到自己需要的社会交往，而不需要掌握当面交往时必要的那些知识”。

十三、一般性网络滥用的一项认知行为理论

一般性网络滥用的认知行为模型关注网络社会交互在形成网络络滥用中的作用。Davis 等（Davis，et al.，2002）断定，一般性网络滥用是基于“更为弥散的，上网冲动并在网络中与人交流”产生的（Davis,et al.,2002,P332）。Davis（Davis，2001）根据一般性网络滥用的认知行为模型提出：心理问题，诸如孤独、压抑使一些因特网用户容易产生认知和行为的适应不良，最后导致网络滥用。LaRose 等（LaRose，et al.，2003）认为，“良好的网络使用转变为不当的网络使用始于把网络中的行为作为解除压力、孤独、抑郁或焦虑的重要或唯一机制”（P231）。这种转变也会改变关于使用因特网积极结果的预期。

Caplan 在一系列研究中（Caplan，2002；S.Caplan，2003；Caplan，2006；S.Caplan，2004），扩展了 davis 及其他人的理论，并形成以实证为基础的网络滥用模型。在这个模型里，一个关键的认知成分是对网络社会交互的偏好（POSI：preference for online social interaction），而非面对面交流，POSI（网络社会交互偏好）被定义为“一种个体认知差异结构，这种认知差异以一些信念为特征，这些信念包括：相比传统的面对面社会活动而言，人们在进行网络人际交互时和组建人际关系时更加安全，有效，自信并且更加自在”（S.Caplan，2003，P629）。POSI 是与社会焦虑、孤独、抑郁相关的心理问题与滥用因特网相关的负面后果之间的重要中介。第二个关键因素是在社会理解方面的社会技能不足。社会理解是“在面对面人际交互时，个体在自我表达，角色承担，和印象管理方面的能力”（Caplan，2006，P725）。利用社会焦虑，孤独和它们与互联网使用滥用方面的文献，这个模型假设那些觉得自己拥有低水平自我表达技能的人，比其他人更容易“偏好网络社会交互，因为他们觉得自己的自我表达技能在网络交往中比在面对面交往中更好”（Caplan，2006，P726）。这就是说，那些在自我控制和自我表达方面缺乏自信的人会体验到社会焦虑，这就导致他们更喜欢转向网络交流频道来减少交流风险，增强交流能力。对这些人来说，因特网提供了一个“社会交互的缓冲器”（Davis，et al.，2002，P332），在这个缓冲器中，他们的社会抑制减少因为他们对自己的表现有更好的控制，并且觉得在匿名的环境中社会交往风险更小。对网络社会交互的偏好是强迫性因特网使用和利用因特网进行情绪调节两者的预测因子。这就

是说，一旦形成 POSI，个体可能转而依靠因特网减轻情感上的痛苦，这时对他们对因特网的使用可能变成强迫性的。反过来，强迫性的因特网使用又会诱使 POSI 的影响产生负面的结果。对美国本科生的研究证实了所有的假设。尽管尚在初步，这个理论提供了一个框架来理解网络社会交往在形成网络滥用中扮演的角色，它也为特殊网络滥用提供了模型，在这个模型里，因特网的社会用途是形成网络滥用的关键因素。

精神分析的网络滥用人际交互观引出了另一种网络滥用观。主要关注网络社会交互和在网上表现自己不同特征的能力，对网络滥用的精神分析解释唤起新问题：对互联网普通甚至有治疗作用的 VS 不正常的使用以及何时使用会导致成瘾。

应用程序，例如网络游戏和聊天室提供一些虚拟空间，在这些空间里，个体可以在相对匿名的环境中体验到行为和人格方面的自由而不必受面对面交往时的社会约束，使用者可以创建网络人物，并通过社会交互建构新的自我。这些网络空间可以成为“自我认同建构和重构的地方”（Turkle，1995，P14），这一点在网络游戏中尤为真切。在网络游戏中，玩家明确地通过自己的化身在网络中形成人格；在聊天室和因特网的其他领域，玩家通过他们的自我表达、行为，甚至是一个网名，有意无意投射一种网络人格时，也同样表现得很明显。Turkle（Turkle，1995）强调这允许人们探索自我的各个部分。例如，她这样评价 MUD：

> 提供可以进行匿名社会交互的世界，在这些世界里，某个人可以选择去扮演一个与他“真实的自我”非常接近或相反的角色……MUD 的匿名性——给予人们机会去表现多重且是平时没接触过的自我，给予人们机会去扮演他们的身份，并尝试其他身份。MUD 使创造多变的身份称为可能，以至于它损害了这一概念的界限。

这些网络人格是高度“唤起的，思考自我的对象”（Turkle，1995，P256）。一个 MUD 玩家会注意到，“在同一时间，你既是游戏人物又不是”（Turkle，1995，P12）。换种说法，“这种人格之类的事吸引着我——这对所有不是演员的人来说都是机会，我们可以带着面具去玩。想想每天都带着面具的感觉”（P256）。Turkle（Turkle，1995）把这种自我和 psychoanalytic encounter 形成的人格相比较，“它（网络中形成的自我）过于虚拟，在分析的空间里建构，这种空间中最微小的改变也会受到最严厉的审查”（P 256）。“虚拟空间与精神分析学中过度空间的概念类似，这个空间并非存在于个体内部，而是存在外部现实和内部世界之间的每个角落”（Allison，von Wahlde，Shockley & Gabbard，2006，P384）。正如在精神分析中那样，网络世界可以“以自己的规则超越外部的时间运行”（Turkle，1995，P262）。

从这种意义上来说，网络交互可以承担治疗师的作用。随着使用者实验自我的不同方面，他们可以探索意识，化解意识与潜意识之间的冲突。“虚拟空间可能为我们提供安全地带使我们可以接受自我的缺漏，这样我们就可以开始接受自我。我们可以把虚拟空间用作自我成长的空间。写下我们现在有的人格，我们能够更加了解自己向日常生活中投射过什么（Turkle，1995，P263）。当这一过程有利于心理成长时，因特网使用，甚至达到网络滥用标准的过度使用，都不再是成瘾而是治疗”（Turkle，1995，P13）。

然而，不是所有的结果都是正面的，正面结果包含解决消解未决争端并整合于自我。当个体仅仅表现，甚至是重复表现争端而不消解的话，麻烦就会出现（Turkle，1995）。

当个体将自己的网络自我分离出来，麻烦也会出现。许多因特网使用者在线上体验到与线下不同的自我，前者甚至更加积极。一位用户这样解释道：

> “我的网络人格与现实中的人格有很大的不同，在许多方面，我的网络人格更符合‘我’。”这位叙述者今年37岁，自小结巴，他“现在仍然羞于说话——并且与大家脱节——因为我不能理解大多数人习以为常的动态的会话。”然而，当在网络中交流时，“就完全不同了，我对会话有了感觉，也有了足够的时间反应，而不必担心如何平衡对话空间——我们都可以有足够的空间——这对我来说真是自由奇妙的体验。”（Turkle，1995，P318）。

如果他能把这种新的技能带到现实生活中，这种体验就有可能成为一种治疗。然而，由于体验到的网络自我和现实自我之间这巨大的差异，他可能把这两者隔开，从而使他的网络自我和现实自我分离。Cooper and Sportolari（1997）观察到，“不是将网络作为解决自我中某些方面压抑或冲突的一种途径，相反，人们（有意或无意得）使用网络造成本未整合的部分自我更加分裂，导致强迫症或对其网络人格和网络关系的有害、过分依赖”。

Suler（J.R.Suler，2002）主张："把各种网络身份和现实身份带到一起形成一个平衡和谐的整体是精神健康的标志"（P456）。他认为，"自我不会在不同的表达环境中分离存在……当一个当面交流时羞涩而在网络中外向时，这两种自我表达就都不真实。这两种表达是该个体的两个维度，每个维度在不同的情境背景下出现"（J.Suler，2004b，P325）。Suler 进一步提出，当网络生活与面对面生活分离时，此时对因特网的使用就是病态或"上瘾的"（J.Suler，2004a；J.R.suler，1999）。病态因特网使用者的一个关键特征是"他们在网络中的活动变得与现实隔离——网络变成有围墙的现实替代品而不是现实生活的补充。网络空间成为他们精神分离的一部分，一种密封的内心地带，在这里，意识和潜意识需要可以自由实现，但永不被理解或满足。并失去了对现实的考察"（J.R.suler，1999，P394）。Suler 认为，减轻这种分离应该成为治疗的重要部分。

十四、对临床表现显著的网络滥用的治疗

网络滥用症治疗方面的研究比较有限，这反映出现在是对这种新型问题研究的早期阶段。大部分研究都是非临床医师研究人员进行的，并且如前所述，我们并不清楚那些被定义为网络滥用患者的人中，有多大比例表现出有意义的临床模式。然而，临床医师越来越多的遇到有因特网相关问题的客户，却几乎没有经过治疗处理这些问题的训练。对美国 2908 名一线精神健康专家的一项研究发现，约有 3/4（73%）的专家至少处理过一位有因特网相关问题的客户（Wells，Mitchell，Finkelhor & Blease，2006），处理的最频繁的问题是过度的不健康使用网络和失调型的色情物下载。不同专业的医师在接触不当的因特网使用者的数量方面有着显著的差异。尽管有超过 70% 的精神健康顾问（84%）、心理学家（79%）和社会工作者（73%）曾经处理过不当的因特网使用者，只有 53% 的校园精神健康顾问及心理学家处理过不当的因特网使用者。然而，在 1516 名处理过不当的因特网使用者的医师中，少于一半的医师报告说自己曾经询问"因特网使用行为作为初始评估的一部分"（Wells，et al.，2006，P42）。不到 15% 的专家有过如何处理有问题因特网使用者的训练，这 15% 受过相关训练的专家只有一半接受的训练是与网络上瘾与网络性行为有关。尽管约有 1/3 的精神健康专家"曾阅读过如何处理有问题因特网使用者的专业读物"（P46），但不同的专家群体间这个比例有差异。婚姻

和家庭治疗师（51%）最有可能阅读上述读物，紧随其后的心理学家（38%）、校园心理学家（13%）和学校辅导师（14%）。不到10%的精神专家曾有关于对有问题网络使用经验的临床信息，其中超过3/4的专家对不当的因特网使用的信息有兴趣（Wells，et al.，2006）。

有限的研究表明，临床医师治疗网络滥用患者的方法，与他们喜爱的治疗方法大体一致。一项对80名美国临床医师的小规模研究发现，处理网络滥用患者的最常用方法是认知（43.2%）、现实（22.7%）、家庭系统（20.5%）和焦点解决疗法（18.2%），其他所有的方法加起来不足10%。"处理网络滥用患者时，一般都避免使用存在主义法和人本主义法"（P100）。只有2.3%的医师使用存在主义法或在线辅导，然而4.5%的医师使用精神分析法，6.8%使用群体治疗或人本主义疗法（J.M.Parsons，2005）。

对网络滥用治疗和特殊网络滥用的实证研究非常少。个案研究（例如Allison，et al.，2006；Hall & Parsons，2001；Orzack & Orzack，1999；Orzack & Ross，2000；Sattar & Ramaswamy，2004）或描述治疗方法主导的这类文献（例如Young，1999）尽管提出了其他技术，但认知行为方法仍是主流模型（例如Hall & Parsons，2001；Orzack & Orzack，1999；Watson，2005）。

临床报告指出，网络滥用经常与其他紊乱共发，并且其临床表征会非常复杂（例如Allison，et al.，2006；Orzack & Orzack，1999）。Orzack和同事提倡像治疗其他成瘾症一样治疗网络滥用和网络色情成瘾，比如贪食症和性成瘾（Orzack & Orzack，1999；Orzack & Ross，2000）。根据客户的意愿进行的住院或门诊治疗是值得提倡的。我们推荐多模型疗法，这种疗法包括认知行为疗法（CBT）、动机访谈疗法（Miller & Rollnick，1991）、问题解决、12阶段小组、团体支持、家庭治疗、适当的药物治疗和防止复发技术。

Young（Young，1999）指出，网络滥用的治疗应该关注适度和受控制的因特网使用。她提出一项时间管理技术，要去设置具体目标，提供替代行为，并且有社会支持和家庭治疗。

因特网已经被认可作为对I A者治疗的媒介（Young，2005）和对网络性行为上瘾及强迫面对面治疗的调节（Putnam & Maheu，2000）。

尽管让有网络使用问题的人使用因特网作为治疗的一部分"可能有些类似让酒鬼在酒吧匿名开会"（Putnam & Maheu，2000，P96），并且节制使用电脑和因特网似乎不太现实，因为因特网已经和我们的私人和社会生活融为一体。"因此，追溯问题发生的源头，再进行相应治疗才比较恰当"（Putnam & Maheu，2000，

P96）。Putnam 和 Maheu（Putnam & Maheu，2000）提倡这样一种疗法，它的基础是与合格的精神健康专家进行面对面的交流，但同时也要辅以一定的网络资源，“这些网络资源相比于传统的治疗助手，优势在于更易于得到”（P94）。网络资源在任何时候，只要客户想要使用都可以得到，并且网络的匿名性有助于使人不至于留下坏名声或显得尴尬。

目前没有研究提供网络滥用的网络辅导结果。Young（Young，2005）提供为治疗网络滥用而通过她的网络聊天室接受网络辅导的 80 名网络客户对于网络辅导态度的信息，研究发现，选择寻求网络辅导的原因有：匿名性（96%）、方便（71%）、不用接触任何精神健康机构（38%）、费用（27%）和由别处转介（6%）。约有半数的网络客户（52%）也介意辅导师的资历才选择网络辅导，比如，“拥有因特网成瘾方面背景的专家无法提供服务或有些专家早先进入辅导行业的领域与因特网成瘾毫不相关”（P175)。这与 Wells 等人（Wells，et al.，2006）研究相符，该研究表明，很少有治疗师拥有网络滥用症方面的知识和经验。3/4 的客户也表示出对网络辅导的关注，这些关注包括：个人隐私的问题（52%）、安全方面（38%）和害怕进行网络治疗时被发现（31%）。不是每个人都对网络治疗持乐观态度。Finn 和 Banach 争论道，网络辅导和自助小组也引起了很多问题，包括缺乏标准和规则、难以确定治疗师的资历和身份、失去隐私。

现已发表的研究中，没有一篇对网络滥用的精神药物学疗法进行过系统的评估。当用回溯研究评估 15 位网络滥用个体的心理药物治疗的效果时，Shapira 等人（Shapira，Goldsmith，Keck Jr，Khosla & McElroy，2000）发现，当对并发的精神紊乱使用适当的药物，同时提高情绪稳定剂剂量，他们报告说不当的因特网使用有一个明显的中度下降。我们应该谨慎的对待这一结果，因为这个研究规模较小，并且依赖回溯的自我报告。

对疗法的研究成果较少。Fang-ru 和 Wei（Fang-ru，2005）调查了运用综合的社会心理干预对 52 名网络滥用症中国青少年进行治疗的效果。三个月的短期焦点解决疗法（Solution-Focused Brief Therapy，SFBT，Hawkes，Marsh & Wilgosh，1998），52 人的上网时间有了显著降低，并且在网络成瘾症状方面减少 62%。另外，其症状自评量表（SCL-90）的精神病学症状也减少了 87%，这包括抑郁、人际敏感、焦虑、妄想强迫紊乱、敌意、恐惧性焦虑，这些都在治疗前都高于国内正常水平。

一项对不当网络性行为患者团体治疗的研究表明，治疗方案的效果随客户并发的心理失调而不同（Orzack，Voluse，Wolf & Hennen，2006）。这项研究中，35名男性（平均年龄 44.5 岁）分为 5 个封闭的治疗小组，治疗持续 16 周。每名组员都被诊断为性倒错或冲动控制紊乱，同时也有焦虑紊乱，情绪障碍或 ADHD。治疗程序将 Line 和 Cooper（2000），引用于 Orzack 等 2006 年（Orzack，et al.，2006）制定的心理教育修改为对性行为适应不良的治疗，同时结合认知行为和心理动力学技术。有男性或女性心理学家进行的团体治疗谈话包括 CBT，意愿改变（readiness to change，RtC）和动机访谈（Motivational Interviewing，MI，Miller & Rollnick，1991）。

> CBT——允许参与者去认同自己，然后通过提供反馈和应对策略来修正自己的不良认知。RtC 模型则关注个体改变意愿的 6 个不同阶段（无意图、有意图、决定、行动、保持和复发），目标是改变无益的思想和行为……MI 以个体建立问题解决策略的过程为中心，帮助其改变现状，最终产生实现某个具体目标的动机。（Orzack，et al.，2006，P360）

治疗的最后，所有参加者的抑郁等级（以贝克抑郁指数衡量）都降低了，并且其生活质量得到提高（以行为 & 症状量表评估，[BASES-32]），但是参与者不当的电脑使用量并没有降低。当按照并发症对 35 名患者进行分组时，治疗效果还是有差异。伴有焦虑并发症的小组在上述三个领域都有改善，而伴有 ADHD 并发症的客户却没有任何改善。伴有抑郁的患者抑郁降低，生活质量提高，但是不当因特网使用情况不变。

十五、总结

随着因特网使用在世界范围内的激增，对因特网滥用的关注不断提高。尽管有人质疑网络滥用是否真正存在，相应的诊所已经成立用以治疗网络滥用，并且过去 10 年里不断增加的网络滥用研究数量证明，世界范围内，一小部分因特网用户产生了被称为因特网滥用的行为失调模式。有情绪障碍和感到孤独、社会焦虑或利用因特网应对负面情感的人们很容易患上网络滥用。有些研究者定义网络滥用为逐渐缺乏自我约束而从正常到不当使用因特网的连续体，另一些研究者将网络滥用定义为一种临床紊乱。即使是在有临床意义的网络滥用案例中，网络滥用是否是某种紊乱的分歧还是存在。有些人将网络滥用看做是其他紊乱——主要是那些频繁与网络滥用并发的症状，例如情绪障碍或社会焦虑的表征。

那些承认网络滥用是临床紊乱的人们有一个共识：网络滥用应该被看做是冲动控制紊乱 NOS，这就是说，个体对因特网使用一贯无力控制，最后引发临床水平的痛苦和损伤。在冲动方面的问题尤其是冲动控制紊乱和行为性成瘾直接相关。尽管行为性成瘾并没被全世界认可，但不断积累的证据表明，对某些物质的失调模式和一些行为——也就是说，化学物质上瘾和行为成瘾——有相容的特征和本源，这个模型可能应用于网络滥用。人们提出的另一个模型是认知行为模型。

有些用户之所以产生网络滥用，是因为不当的因特网使用，即对特定网络应用的不当使用（例如 MMORPG）或是因为某种行为（例如下载网络色情物），这些被称为特殊网络滥用。然而，许多用户在使用因特网中产生了被称为一般性网络滥用的问题，这些用户更喜爱因特网社交。许多人在网络社交中并不那么羞怯，故而偏爱网络社交而非面对面交往。某些特殊网络滥用和一般性网络滥用中有一些重叠。在两种网络滥用里，利用因特网进行社交或应对压力都将带来很大的问题。将来的研究应该关注一般网络滥用和特殊网络滥用的异同之处。

尽管许多临床医师报告他们曾接待过网络滥用或特殊网络滥用患者，但几乎没有医师接受过诊断并治疗网络滥用的训练。目前对网络滥用治疗的研究也很有限。

网络滥用是一个相对较新的研究领域，其中有很多问题需要更深入的探索。目前，网络滥用研究的一个很大的缺陷是缺乏一套统一有效的实证标准，该缺陷已经在许多网络滥用研究中表现出来。对于那些认为应该把网络滥用当成一种临床紊乱来看的人来说，这种评价尤为中肯。目前绝大部分研究的研究对象是未成年人和大学生，这也限制了研究结果的普适性。未来的研究应该使用更有代表性的因特网用户样本，也需要更多的纵向考察和实验研究。未来我们应该把基于实证的因果研究和对医师训练方案的研究放在优先的地位。因特网在不断变化，因此未来的网络滥用研究也必须反映出这些变化。

【参考文献】

Aboujaoude,E,,Koran,L.M.,Gamel,N.,Large,M.D. & Serpe,R.T.(2006).Potential markers for problematic internet use:a telephone survey of 2513 adults.CNS spectrums. Retrieved June 15,2007,http://www.cnsspectrums.com/aspx/articledetail.aspx?articleid=648.

Allison,S.E.,von Wahlde,L.,Shockley,T. & Gabbard,G.O(2006)The development of the self in the era of the internet and role-playing fantasy games.American Journal of Psychiatry,163 (3),381–385.

Anderson,K.(1999).Internet dependency among college students:Should we be concerned?Paper presented at the 107th annual convention of the American Psychological Association,Boston,MA.http://www.rpi.edu/ anderk4/research.html.

APA.(2000).American Psychiatric Association.Diagnostic and statistical manual of mental disorders (4th ed.,text revision).Washington,DC:Author.

Average MMORPG gamer spends 20–25 hours on the game.(2005).

Bahney,A.(2006).Don' t talk to invisible strangers.The New York Times,E1–E2.

Bai,Y.M.,Lin,C.C. & Chen,J.Y.(2001).Internet addiction disorder among clients of a virtual clinic.Psychiatric Services,52 (10),1397–1397.

Bartle,R(1996)Hearts,clubs,diamonds,spades:Players who suit MUDs.Journal of MUD research,1 (1),19.

BBC.(2003).Thailand restricts online gamers.(News).

Beard,K.W.(2005).Internet addiction: a review of current assessment techniques and potential assessment questions.CyberPsychology & Behavior,8 (1),7–14.

Beard,K.W. & Wolf,E.M.(2001).Modification in the proposed diagnostic criteria for Internet addiction.CyberPsychology & Behavior,4 (3),377–383.

Betz,C.,Mihalic,D.,Pinto,ME & Raffa,RB.(2000).Could a common biochemical mechanism underlie addictions?Journal of clinical pharmacy and therapeutics,25 (1),11–20.

Black,D.W.,Belsare,G. & Schlosser,S.(1999).Clinical features,psychiatric comorbidity,and health-related quality of life in persons reporting compulsive computer use behavior.The Journal of clinical psychiatry,60 (12),839–844.

Blum,K.,Cull,J.G.,Braverman,E.R. & Comings,D.E.(1996).Reward deficiency syndrome.American Scientist,84 (2),132–145.

Boies,S.C.,Cooper,A. & Osborne,C.S(2004)Variations in Internet-related problems and psychosocial functioning in online sexual activities:Implications for social and sexual development of young adults.CyberPsychology & Behavior,7(2),207–230.

Bradley,B.P. (1990).Behavioural addictions:Common features and treatment implications.British journal of addiction,85 (11),1417–1419.

Bruch,M.A.,Kalfowitz,N.G. & Pearl,L.Mediated and unmediated relationships of personality components to loneliness.Journal of Social and Clinical Psychology,6.

Burger,J.M. (2004).Personality (Vol.6th ed.).Belmont:Wadsworth.

Caplan,S.E.(2002).Problematic Internet use and psychosocial well-being:Development of a theory-based cognitive-behavioral measurement instrument.Computers in Human Behavior,18 (5),553–575.

Caplan,S.E. (2003).Preference of online social interaction:A theory of problematic Internet use and psychosocial well-being.Communication Research,30,625–648.

Caplan,S.E. (2004).Refining the cognitive behavioral model of problematic Internet use:Acloser look at social skill and compulsive behavior.Paper presented at the annual conference of the National Communication Association,Chicago..

Caplan,S.E.(2005a).A social skill account of problematic Internet use.Journal of communication,55 (4),721–736.

Caplan,S.E. (2006).A social skill account of problematic internet use.Journal of communication,55 (4),721–736.

Chak,K. & Leung,L. (2004).Shyness and locus of control as predictors of internet addiction and internet use.CyberPsychology & Behavior,7 (5),559–570.

Chee,F(2005)UnderstandingKorean experiences of online game hype,identity and the menace of the "Wang-ta"Proceedings of the Digital Games Research Association (DiGRA) 2005 Conference,Vancouver,British Columbia.Retrieved December 1,2006,http://ir.lib.sfu.ca/retrieve/1645/87614dd3c78bca26f2a1348b3d93.doc.

Chen,K.,Chen,I. & Paul,H(2001)Explaining online behavioral differences:An Internet dependency perspective.Journal of Computer Information Systems,41,59–63.

Chinese gamer sentenced to life(2005,January 13,2006)BBC News.Retrieved January 8,2007,http://news.bbc.co.uk/2/hi/technology/4072704.stm.

Chou,C. & Hsiao,M.C. (2000). Internet addiction,usage,gratification,and pleasure experience:the Taiwan college students' case.Computers & Education,35(1),65–80.

Chou,T.J. & Ting,C.C.(2003).The role of flow experience in cyber-game addiction. CyberPsychology & Behavior,6(6),663–675.

Cooper,A.,Delmonico,D.L. & Burg,R.(2000a).Cybersex users,abusers,and compulsives:New findings and implications.In In A.Cooper(Ed.),Cybersex:The dark side of the force(Vol.7,pp.5–29).Philadelphia,PA:Brunner Routledge.

Cooper,A.,Delmonico,D.L. & Burg,R.(2000b).Cybersex users,abusers,and compulsives:New findings and implications.Sexual Addiction & Compulsivity:The Journal of Treatment and Prevention,7(1–2),5–29.

Cooper,A.,Griffin-Shelley,E.,Delmonico,D.L. & Mathy,R.M(2001)Online sexual problems:Assessment and predictive variables.Sexual Addiction &Compulsivity:The Journal of Treatment and Prevention,8(3–4),267–285.

Cooper,A.,Morahan-Martin,J.,Mathy,R.M. & Maheu,M.(2002).Toward an increased understanding of user demographics in online sexual activities.Journal of Sex &Marital Therapy,28(2),105–129.

Cooper,A.,Putnam,D.E.,Planchon,L.A. & Boies,S.C.(1999).Online sexual compulsivity:Getting tangled in the net.Sexual Addiction & Compulsivity:The Journal of Treatment and Prevention,6(2),79–104.

Davis,R.A(2001)A cognitive-behavioral model of pathological Internet use.Computers in Human Behavior,17(2),187–195.

Davis,R.A.,Flett,G.L. & Besser,A(2002)Validation of a new scale for measuring problematic Internet use:Implications for pre-employment screening.CyberPsychology & Behavior,5(4),331–345.

Erwin,B.A.,Turk,C.L.,Heimberg,R.G.,Fresco,D.M. & Hantula,D.A.(2004).The Internet:home to a severe population of individuals with social anxiety disorder?Journal of anxiety disorders,18(5),629–646.

Fang-ru,Y.(2005).HAO Wei Mental Health Center,Xiangya Hospital,Central South University,Changsha 410008,China;The Effect of Integrated Psychosocial Intervention on 52 Adolescents with Internet Addiction Disorder.Chinese Journal of Clinical Psychology,3.

Grant,J.E.,Brewer,J.A. & Potenza,M.N.(2006).The Neurobiology of Substance and Behavioral Addictions(2006).CNS spectr.Retrieved December 21,2006,http://www.cnsspectrums.com/aspx/articledetail.aspx?articleid=912.

Greenberg,J.L.,Lewis,S.E. & Dodd,D.K(1999)Overlapping addictions and self-esteem among college men and women.Addictive behaviors,24(4),565–571.

Greenfield,D(1999 .Psychological characteristics of compulsive Internet use:A preliminary analysis.CyberPsychology & Behavior,2 (5),403–412.

Griffiths,D. (2005).Treating China's online addicts.BBC News.Retrieved January 8,2007,http://news.bbc.co.uk/2/hi/asia-pacific/4327258.stm.

Griffiths,M. (1995).Technological addictions.Clinical Psychology Forum,95,32–36.

Griffiths,M. (2001).Internet gambling:Preliminary results of the first UK prevalence study(Issue 5).E-Gambling:The Electronic Journal of Gambling Issues.Retrieved February 23,2005,http://www.camh.net/egambling/issue5/research/griffiths_article.html.

Griffiths,M.D.,Davies,M.N.O. & Chappell,D. (2004).Online computer gaming:a comparison of adolescent and adult gamers.Journal of adolescence,27 (1).87–96.

Griffiths,M.D. & Parke,J.(2002).The social impact of internet gambling.Social Science Computer Review,20 (3),312–320.

Grohol,J(1999)Too much time online:internet addiction or healthy social interactions?-CyberPsychology & Behavior,2 (5),395–401.

Hall,A.S. & Parsons,J. (2001).Internet addiction:College student case study using best practices in cognitive behavior therapy.Journal of mental health counseling,23 (4),312–327.

Hawkes,D.,Marsh,T.I. & Wilgosh,R. (1998).Solution focused therapy:A handbook for health care professionals:Butterworth-Heinemann.

Holden,C. (2001).Behavioral'addictions:do they exist?Science,294 (5544),980–982.

Howard,R. (1993).The virtual community:homesteading on the electronic frontier. Mass:Addison Wesley,1,993.

Huang,M.P. & Alessi,N.E. (1997).Internet addiction,Internet psychotherapy.American Journal of Psychiatry,153,890.

Huang,Z. (2006).Correlated factors comparison:The trends of computer game addiction and Internet relationship addiction.Chinese Journal of Clinical Psychology,14 (3),244.

International Telecommunication Union. (2003).ITU Strategy and Policy Unit Newslog.Retrieved November 3,2006,http://www.itu.int/osg/spu/newslog/Korean+Center+For+Internet+Addiction+Prevention+And+Counselling.aspx.

Jacobs,D(1986)A general theory of addictions.Journal of Gambling studies,2(1),15–31.

Jaffe,J.H.(1990).Trivializing dependence.British journal of addiction,85(11),1425–1427.

Johansson,A. & Götestam,K.G.(2004).Internet addiction:characteristics of a questionnaire and prevalence in Norwegian youth(12–18 years).Scandinavian journal of psychology,45(3),223–229.

Kaltiala-Heino,R.,Lintonen,T. & Rimpelä,A(2004)Internet addiction?Potentially problematic use of the Internet in a population of 12-18 year-old adolescents.Addiction Research & Theory,12(1),89–96.

Kaplan,R(1996)Carrot addiction.Australian and New Zealand journal of psychiatry,30(5),698–700.

Kent,S.L.(2003).Alternate reality:The history of massively multiplayer online games. GameSpy Magazine.Septemter,23.

Kim,K.,Ryu,E.,Chon,M.Y.,Yeun,E.J.,Choi,S.Y.,Seo,J.S. & Nam,B.W(2006)Internet addiction in Korean adolescents and its relation to depression and suicidal ideation:a questionnaire survey.International journal of nursing studies,43(2),185–192.

Koch,WH & Pratarelli,ME.(2004).Effects of intro/extraversion and sex on social Internet use.North American Journal of Psychology,6(3),371–382.

Koepp,MJ,Gunn,RN,Lawrence,AD,Cunningham,VJ,Dagher,A.,Jones,T.,Grasby,PM.(1998).Evidence for striatal dopamine release during a video game.Nature,393(6682),266–267.

Kosak,D.(2003).Why is Korea the king of multiplayer gaming?Gamespy.Retrieved December 12,2006,http://archive.gamespy.com/gdc2003/korean/.

Kraut,R.,Kiesler,S.,Boneva,B.,Cummings,J.,Kraut,R.,Patterson,M.,Lundmark,V., Kiesler,S.,Mukophadhyay,T. & Scherlis, W.(1998).Internet paradox:A social technology that reduces social involvement and psychological well-being?American psychologist,53(9),1017.

Kubey,R. & Csikszentmihalyi,M.(2002).Television addiction is no mere metaphor. Scientific American,286,79–86.

Kurapati,S.N.(2004). Addiction to massively multi-player on-line games:An ethical analysis.

Ladd,G.T. & Petry,N.M.(2002).Disordered gambling among university-based medical and dental patients:A focus on Internet gambling.Psychology of Addictive Behaviors,16(1),76.

Lambert,C.(2000).Deep cravings.Harvard Magazine.Retrieved September

14,2006,http://www.harvardmagazine.com/print/0300130.html.

LaRose,R.,Lin,C.A. & Eastin,M.S(2003)Unregulated Internet usage:Addiction,habit,or deficient self-regulation?Media Psychology,5(3),225–253.

Leary,M.R. & Kowalsky,R.M.(1995a).Social Anxiety.New York:Guilford.

Leary,M.R. & Kowalski,R.M(1995)The self-presentation model of social phobia.Social phobia:Diagnosis,assessment,and treatment,94–112.

Leung,L.(2004).Net-generation attributes and seductive properties of the Internet as predictors of online activities and Internet addiction.CyberPsychology & Behavior,7(3),333–348.

Li,S.M. & Chung,T.M.(2006).Internet function and Internet addictive behavior.Computers in Human Behavior,22(6),1067–1071.

Lin-Liu,J.(2006).China's e-junkies head for rehab.Spectrum,IEEE,43(2),19.

Lin,S.S.J. & Tsai,C.C.(2002).Sensation seeking and internet dependence of Taiwanese high school adolescents.Computers in Human Behavior,18(4),411–426.

Marlatt,G.A.,Baer,J.S.,Donovan,D.M. & Kivlahan,D.R.(1988).Addictive behaviors:Etiology and treatment.Annual Review of Psychology,39(1),223–252.

Meerkerk,G.J.,Eijnden,R.J.J.M.V.D. & Garretsen,H.F.L.(2006).Predicting compulsive Internet use:it's all about sex.CyberPsychology & Behavior,9(1),95–103.

Milkman,H. & Sunderwirth,S.(1982).Addictive processes.Journal of Psychoactive Drugs,14(3),177–192.

Miller,WR & Rollnick,S.(1991).Motivational interviewing:preparing people to change addictive behaviorGuilford Press.New York.

Mitchell,K.J.,Becker-Blease,K.A. & Finkelhor,D.(2005).Inventory of Problematic Internet Experiences Encountered in Clinical Practice.Professional Psychology-:Research and Practice,36(5),498.

Moore,T.(2003).Camp Aims to Beat Web Addiction.BBC News.Retrieved January 8,2007,http://news.bbc.co.uk/2/hi/europe/3125475.stm.

Morahan-Martin,J.(1999).The relationship between loneliness and Internet use and abuse.CyberPsychology & Behavior,2(5),431–440.

Morahan-Martin,J.(2001).Impact of Internet abuse for college students.In C.Wolfe(Ed.).Learning and teaching on the World Wide Web(pp.191–219).San Diego,-CA:Academic Press.

Morahan-Martin,J.(2005).Internet abuse:Addiction?Disorder?Symptom?Alternative explanations?Social Science Computer Review,23(1),39–48.

Morahan-Martin,J. & Schumacher,P.(2000).Incidence and correlates of pathological Internet use among college students.Computers in Human Behavior,16(1),13–29.

Morahan-Martin,J. & Schumacher,P.(2003).Loneliness and social uses of the Internet. Computers in Human Behavior,19(6),659–671.

Nalwa,K. & Anand,A.P.(2003).Internet addiction in students:a cause of concern.CyberPsychology & Behavior,6(6),653–656.

Ng,B.D. & Wiemer-Hastings,P.(2005).Addiction to the internet and online gaming. CyberPsychology and Behavior,8(2),110.

Nichols,L.A. & Nicki,R.(2004).Development of a psychometrically sound internet addiction scale:a preliminary step.Psychology of Addictive Behaviors,18(4),381.

Niemz,K.,Griffiths,M. & Banyard,P.(2005).Prevalence of pathological Internet use among university students and correlations with self-esteem,the General Health Questionnaire(GHQ),and disinhibition.CyberPsychology & Behavior,8(6),562–570.

Orzack,M.H. & Orzack,D.S.(1999).Treatment of computer addicts with complex co-morbid psychiatric disorders.CyberPsychology & Behavior,2(5),465–473.

Orzack,M.H. & Ross,C.J.(2000).Should virtual sex be treated like other sex addictions?-Sexual Addiction & Compulsivity:The Journal of Treatment and Prevention,7(1–2),113–125.

Orzack,M.H.,Voluse,A.C.,Wolf,D. & Hennen,J.(2006).An ongoing study of group treatment for men involved in problematic Internet-enabled sexual behavior.CyberPsychology & Behavior,9(3),348–360.

Pallanti,S.(2006).From impulse-control disorders toward behavioral addictions.CNS spectrums,11(12),921–922.

Parsons,J.(2005).An examination of massively multiplayer online role-playing games as a facilitator of internet addiction.Doctoral thesis,University of Iowa.Retrieved from http://etd.lib.uiowa.edu/2005/jparsons.pdf.

Potenza,M.N.(2006).Should addictive disorders include non-substance-related conditions?Addiction,101,142–151.

Pratarelli,M.E.(2005).Sex,shyness,and social Internet use.Paper presented at the 113th Annual Convention of the American Psychological Association,Washington,DC.

Pratarelli,M.E. & Browne,B.L.(2002).Confirmatory factor analysis of Internet use and addiction.CyberPsychology & Behavior,5 (1),53–64.

Pratarelli,M.E.,Browne,B.L. & Johnson,K(1999)The bits and bytes of computer/Internet addiction:a factor analytic approach.Behavior research methods,31(2)305–314.

Putnam,D.E.(2000).Initiation and maintenance of online sexual compulsivity:Implications for assessment and treatment.CyberPsychology & Behavior,3 (4),553–563.

Putnam,D.E. & Maheu,M.M.(2000).Online sexual addiction and compulsivity:Integrating web resources and behavioral telehealth in treatment.Sexual Addiction & Compulsivity:The Journal of Treatment and Prevention,7 (1–2),91–112.

Satel,S.L.(1993).The diagnostic limits of "addiction".Journal of clinical psychiatry,54 (6),237–238.

Sattar,P. & Ramaswamy,S.(2004).Internet gaming addiction.Canadian journal of psychiatry,49 (12),869–870.

Scherer,K.(1997).College life online:Healthy and unhealthy Internet use.Journal of College Student Development,38,655–665.

Schwartz,M.F. & Southern,S.(2000).Compulsive cybersex:The new tea room.Sexual Addiction & Compulsivity:The Journal of Treatment and Prevention,7(1–2),127–144.

Shaffer,H.J(2006)What is addiction?A perspective.Retrieved December 18,2006,http://www.divisiononaddictions.org/html/whatisaddiction.htm.

Shaffer,H.,LaPlante,D.,LaBrie,R.,Kidman,R.,Donato,A. & Stanton,M.(2004).Toward a syndrome model of addiction:multiple expressions,common etiology.Harvard Review of Psychiatry,12 (6),367–374.

Shaffer,H.J.,Hall,M.N. & Bilt,J.V(2000)"Computer addiction":A critical consideration. American Journal of Orthopsychiatry,70 (2),162–168.

Shapira,N.A.,Goldsmith,T.D.,Keck Jr,P.E.,Khosla,U.M. & McElroy,S.L.(2000).Psychiatric features of individuals with problematic internet use.Journal of affective disorders,57 (1),267–272.

Shapira,N.A.,Lessig,M.C.,Goldsmith,T.D.,Szabo,S.T.,Lazoritz,M.,Gold,M.S. & Stein,D.J.(2003).Problematic internet use:proposed classification and diagnostic criteria.Depression and anxiety,17 (4),207–216.

Shepherd,R.M. & Edelmann,R.J.(2005).Reasons for internet use and social anxiety. Personality and individual Differences,39 (5),949–958.

Sherer,K.(1997).College life on-line:Healthy and unhealthy Internet use.Journal of

College Student Development.

Simkova,B. & Cincera,J.(2004).Internet addiction disorder and chatting in the Czech Republic.CyberPsychology & Behavior,7(5),536–539.

Singh,G.C.,Hankins,M.C.,Dulku,A. & Kelly,M.B.H.(2006).Psychosocial aspects of botox in aesthetic surgery.Aesthetic plastic surgery,30(1),71–76.

Small,D.M.,Zatorre,R.J.,Dagher,A.,Evans,A.C. & Jones-Gotman,M.(2001).Changes in brain activity related to eating chocolate.Brain,124(9),1720–1733.

Solano,C.H. & Koester,N.H.(1989).Loneliness and Communication Problems Subjective Anxiety or Objective Skills?Personality and Social Psychology Bulletin,15(1),126–133.

South Korea plans more centres to treat Internet addiction(2005)Retrieved from Lexis/Nexis database.

Spain,J.W. & Vega,G.(2005).Sony Online Entertainment:EverQuest® or EverCrack?-Journal of business ethics,58(1),3–6.

Suler,J.(2004a).Computer and cyberspace "addiction".International Journal of Applied Psychoanalytic Studies,1(4),359–362.

Suler,J.(2004b).The online disinhibition effect.CyberPsychology & Behavior,7(3),321–326.

suler,J.R.(1999).To get what you need:Healthy and pathological Internet use.CyberPsychology & Behavior,2(5),385–393.

Suler,J.R(2002)Identity management in cyberspace.Journal of Applied Psychoanalytic Studies,4(4),455–459.

Taylor,R.(2006).China wrestles with online gamers.BBC News.

Thatcher,A. & Goolam,S.(2005a-a).Defining the South African Internetaddict':Prevalence and biographical profiling of problematic Internet users in South Africa. South African Journal of Psychology,35(4),766.

Thatcher,A. & Goolam,S.(2005b).Development and psychometric properties of the Problematic Internet Use Questionnaire.South African Journal of Psychology,35,793–809.

Treuer,T.,Fábián,Z. & Füredi,J.(2001).Internet addiction associated with features of impulse control disorder:is it a real psychiatric disorder?Journal of Affective Disorders,66(2),283–283.

Turkle,S(1995)Life on the Screen:Identity in the Age of the Internet:Simon and Schuster.

Vanden Boogart,M.R.(2006).Uncovering the social impacts ofFacebook on a college campus.Master,Kansas State University.Retrieved from http://krex.k-state.edu/dspace/handle/2097/181.

Walther,J.B. & Reid,L.D.(2000).Understanding the allure of the Internet.Chronicle of Higher Education,B4–B5.

Wan,C.S. & Chiou,W.B(2006)Psychological Motives and Online Games Addiction:ATest of Flow Theory and Humanistic Needs Theory for Taiwanese Adolescents. CyberPsychology & Behavior,9(3),317–324.

Wang,W(2001)Internet dependency and psychosocial maturity among college students. International Journal of Human-Computer Studies,55(6),919–938.

Warthan,M.M.,Uchida,T. & Wagner Jr,R.F.(2005).UV light tanning as a type of substance-related disorder.Archives of dermatology,141(8),963.

Watson,J.C.(2005).Internet addiction diagnosis and assessment:Implications for counselors.TCA JOURNAL,33(2),17.

Wei,L.,Zijie,H. & Daxi,L(2004)Internet Use and Depression,Communication Anxiety of Medical Students.Chinese Mental Health Journal,18,501–503.

Weiser,E.B.(2001).The functions of Internet use and their social and psychological consequences.CyberPsychology & Behavior,4(6),723–743.

Wells,M.,Mitchell,K.J.,Finkelhor,D. & Blease,K.B.(2006).Mental health professionals' exposure to clients with problematic Internet experiences.Journal of Technology in Human Services,24(4),35–52.

Whang,L.S.M.,Lee,S. & Chang,G.(2003).Internet over-users' psychological profiles:a behavior sampling analysis on internet addiction.CyberPsychology & Behavior,6(2),143–150.

Yang,S.C. & Tung,C.J.(2007).Comparison of Internet addicts and non-addicts in Taiwanese high school.Computers in Human Behavior,23(1),79–96.

Ybarra,M.L.,Alexander,C. & Mitchell,K.J.(2005).Depressive symptomatology,youth Internet use,and online interactions:A national survey.Journal of Adolescent Health,36(1),9–18.

Yee,N.(2001a).The Norrathian Scrolls:A Study of EverQuest(version 2.5),2001.

Yee,N.(2001b).The Norrathian scrolls:A study of Everquest(version 2.5).Retrieved

October 18,2006,http://www.nickyee.com/eqt/report.html.

Yee,N.(2002a).Ariadne-Understanding MMORPG addiction.Unpublished manuscript. Retrieved March,31,2004.

Yee,N.(2002b).Ariadne-Understanding MMORPG addiction.Retrieved October 18,2006.

Yee,N.(2006a-a).The demographics,motivations and derived experiences of users of massively-multiuser online graphical environments.PRESENCE: Teleoperators and Virtual Environments,15,309–329.

Yee,N.(2006b).Motivations for play in online games.CyberPsychology & Behavior,9(6),772–775.

Yoo,H.J.,Cho,S.C.,Ha,J.,Yune,S.K.,Kim,S.J.,Hwang,J.,Lyoo,I.K(2004)Attention deficit hyperactivity symptoms and internet addiction.Psychiatry and Clinical Neurosciences,58(5),487–494.

Young,K.S.(1996).Internet addiction:The emergence of a new clinical disorder.Paper presented at the 104th annual convention of the American Psychological Association,Toronto,Canada.

Young,K.S.(1997).What makes online usage stimulating:Potential explanations for pathological Internet use.Paper presented at the 105th annual convention of the American Psychological Association,Chicago,Illinois.

Young,K.S.(1998).Internet addiction:The emergence of a new clinical disorder.CyberPsychology & Behavior,1(3),237–244.

Young,K.S.(1999).Internet addiction:symptoms,evaluation and treatment.Innovations in clinical practice:A source book,17,19–31.

Young,K.S.(2005).An empirical examination of client attitudes towards online counseling.CyberPsychology & Behavior,8(2),172–177.

Young,K.S. & Rogers,R.C.(1998).The relationship between depression and Internet addiction.CyberPsychology & Behavior,1(1),25–28.

Yuen,C.N. & Lavin,M.J.(2004).Internet dependence in the collegiate population:the role of shyness.CyberPsychology & Behavior,7(4),379–383.

Zheng,H.,Ming-Yi,Q.,Chun-Li,Y.,Jing,N.,Jing,D. & Xiao-Yun,Z.(2006).Correlated factors comparison:The trends of computer game addiction and Internet relationship addiction.Chinese Journal of Clinical Psychology,14(3),244.

Zohar,J.(2006).From obsessive-compulsive spectrum to obsessive-compulsive disorders:The Cape Town consensus statement.CNS Spectrums,12(2,Suppl.3)Retrieved October 18,2006,http://cnsspectrums.com/aspx/article-pf.aspx?articleid=997

第四章 网络空间里的沉浸体验：研究现状与展望

亚历山大·沃斯库斯基（Alexander E. Voiskounsky）

网络空间构成了一个特定的环境，有关此领域的调查研究是基于最初研究网络所使用的研究方法和理论，或者是基于与网络空间不一定有紧密关系而在其他领域中普遍应用的研究理论和方法。齐克森·米哈里 (Csikszentmihalyi, 2000/1975) 介绍了一个心理学构念（与大量的实证观点），即最佳或沉浸体验，并主要阐述了它的概念、测量方法以及普遍的研究理论和方法论背景。在网络空间中，这种传统的方法论是适用的并能够被接受的，它代表了此领域中研究者研究的发展方向。

与许多其他关于人类在网络空间里的行为研究一样，流体验的相关研究既具有实践意义又具有理论意义。实践意义源自商业需求：企业提高服务质量以吸引消费者的愿望刺激了大量沉浸体验的研究。理论意义源于一个假定，即在网络空间里，最佳体验是一个能够调节人类活动的重要结构，从而是调节心理过程的心理中介的一种特殊水平。先前调节体验的多个中介和修正机制能影响人类精神发展是众所周知的（Vygotsky，1962；Cole，1996）。

本章提出和讨论了在网络空间环境中进行的最佳或沉浸体验研究的主要研究方向。本章首先简要描述了积极心理学背景下的最佳体验，阐述了一个相对较新的术语沉浸体验的起源和意义，并举出几个案例。在本章中，沉浸体验与内部动机有确定的相关关系区别于外部动机。并举了一些例子，讨论了研究沉浸体验的多种研究方法。

齐克森·米哈里介绍并验证了沉浸体验所呈现出的一些与众不同的特点，在这个领域中，研究与网络空间有关的最佳体验的学者还介绍了一些其他特点。渐渐的，沉浸体验特点应该会在研究方法上形成一个有效的普遍的工具，以便能应用在定量测量方面。不过在许多情况下，事实并非如此，因为这些与沉浸体验有关的特点在不同的实证研究中稍有不同。在某种意义上，如果假定任务特异性会给一个普通的预定模型带来波动变化，那么这些变化就是合理的。本章中所讨论的心流特点的普遍性需要未来进一步进行研究。

本章提出了许多研究方向，发展良好的、发展不好的、未发展的以及没有出路的研究方向。取得不同程度进展的研究领域有：在线学习、网络教学和远程教育中最佳体验模式的使用；以计算机和互联网为媒介的交流，尤其是即时通讯和聊天，网络媒体的使用和网上娱乐；网络营销、电子购物和网络资源的业务应用；电脑游戏、视频游戏和网络游戏，包括在线多人游戏；网页导航，探索网上行为和网页搜索；网络空间环境的非法入侵、黑客，比如计算机的安全规则；使用高科技设备和程序的心理康复，如身临其境的虚拟现实系统；最后，测量网站对顾客的吸引力和友好性，以及可用性测试和适用于目标群体的网络资源调整。

没有出路的研究方向是寻找沉浸体验和成瘾之间的可能联系，该方向基于这样一种观点：这两类现象都可以促进重复性行为。心理学观点认为，沉浸体验和成瘾没有相似性，它们的进程是相反的。理论上应该考虑这点，并且在本章中，也会列出当前的实证研究证明这个结论的正确性。最后但仍需要注意的是，在网络空间环境中与文化相关的心流研究代表性明显不足：在这个领域中几乎没有跨文化研究项目。现有的描述，包括作者的跨文化研究项目，都证明了在众多的研究方向中这一趋势被期望会有很好的发展前景。

本章中描述了各种研究方向，并且列出了在网络空间环境中心流相关研究的观点。

一、沉浸体验是一个心理学概念

最佳体验，又称为流体验，是目前积极心理学（Seligman & Csikszentmihalyi，2000）的一个领导者——齐克森·米哈里，30多年前做出的贡献（Csikszentmihalyi，1990；Csikszentmihalyi，2000/1975）。在齐克森·米哈里和其同事发表的几十篇文章中描述了这个新范式的起源。在访谈一些专业和业余的舞蹈爱好者、棋手、攀岩队员、外科医生和许多其他热爱他们有所偏爱的活动的人，齐克森·米哈里挑选出了经常被报告的他们大多数人所共有的一种特殊感觉的特点，并且他们对这些特点的评价很高。他们相信有些东西组成了最佳的体验，而这种热爱不可否认地与那些组成他们最佳体验的东西有关。在采访期间，齐克森·米哈里发现，不管被试所偏爱的活动种类是哪一种，他们的言语描述措辞几乎相同。几乎每一个人都提到"处在一个沉浸中"，或者以一个稍微不同的方式表达，"流动从一个时刻到下一个时刻，其间它控制着活动，自己与环境之间，刺激与反应之间以及过去、现在和未来之间都有很微小的区别"（Csikszentmihalyi，2000/1975，P36）。齐克森·米哈里（Csikszentmihalyi，1990；Csikszentmihalyi，2000/1975）将这种整体性体验称为沉浸体验就不足为奇了。

被采访的被试，不管他们的年龄、性别和文化、专业能力，或者婚姻和收入状况是怎样的，他们都报告沉浸体验是一种享受：他们承认喜欢这个过程，即使做很困难的工作；他们进一步承认有时会持续很长时间，冒风险、费力、疲劳甚至有时精力耗竭，但他们还是喜欢不停地去做。他们报告说他们确实很喜欢它，因为作为回报，他们感觉能够一直最大程度地完成活动。难怪在积极心理学范式中，这种体验经常被认为是最佳的。

当人们从事他们所选择的活动，包括工作——正如齐克森·米哈里（Csikszentmihalyi，1990，P144）提到的"通常是生活中最愉快的部分"，以及在做家务或爱好时，沉浸体验会产生，但当事人从事完全放松的活动时，沉浸体验不可能产生（Csikszentmihalyi，1990；Massimini & Delle Fave，2000；Smith & Wilhelm，2007）。沉浸体验不能被认为是某人从事和参与喜爱活动的一个常规属性，相反，每一次它都是一种偶然。在体验这种特殊的乐趣之前，个体需要在喜爱的活动上获得一些能力，但不一定很高。沉浸体验的发生与喜爱活动的性质无关，不管它是创造性的还是常规的，独一无二的还是众所周知的，个体的还是与他人分享的。

没有很多记录或口述的证据证明，当个体仅仅为了一点生存的机会而筋疲力尽地做非常艰辛的工作时会感觉到乐趣。亚历山大·索尔仁尼琴（Alexander Solzhenitsyn，Solzjenitsyn & Ericson，1963；Solzhenitsyn，1974—1978）前所未有的来自古拉格劳改营的有价值的证据，古拉格囚犯体验到了最佳水平，这证明了这种罕见时刻是毫不奇怪的——在以上提及的感觉中心理学上最佳的，这与经济学角度的最佳是截然不同的。尽管索尔仁尼琴是一个作家，但是他的著作证据充分，是以一些人（有时是作者本身）直接的现场目击为基础的。他的主要著作《古拉格群岛》（“The Gulag Archipelago”）以《一个有关文学研究的实验》（“An Experiment in Literary Investigation”）是绝非偶然的。“在最悲惨的囚禁中的心流”与齐克森·米哈里报告的相反，沉浸体验大多是被“专业知识分子”“象征性世界”的精通者体验到，例如数学家或诗人（Csikszentmihalyi，2000/1975，P193），或者是像飞行员、极地探险家、设计师和建筑师（Csikszentmihalyi，1990，P90—93）这些人的“沉浸体验”，索尔仁尼琴给出的证据缺乏教育意义，当个体感觉又冷又饿时从事艰辛的体力劳动，典型的集中营服役（例如伐木或是砌一堵砖墙），个体也可能会体验到沉浸体验。

报告认为，在最佳体验情形下获得一个想要得到结果的过程比只获得的结果本身更令人愉快，并且是自我奖励（Csikszentmihalyi，1990；Csikszentmihalyi，2000/1975）的。这种乐趣与达到目标的过程的关系可以得出这样的结论，重复——通常，毕生重复——这些目标追寻的过程形成了一种身心活动的特殊混合物，并且是被期待的和欢迎的。沉浸体验或微沉浸（Csikszentmihalyi，2000/1975，P141）的感觉并不仅限于创造性的活动，比如创作音乐作品或进行最喜欢的运动：有些人在进行一般活动时，也报告出现了最佳体验，如在日常琐事中。因此，心流几乎伴随人们真正深入地参与的每一种行为。

若一个过程是自我奖励的，并且它的结果可能被认为是无关紧要的，这个行为倾向于被看做是内部激励的活动。事实上，动机的两种主要分类应该是不同的：外部动机依赖于福利，通常是金钱奖励、有吸引力的搭档、宝贵的礼物和所有其他种类的积极回馈；内部动机依赖于人类特殊的兴趣和爱好，这时，人们会因为自身而去完成任务。前种类型的动机通常被过高估计，而与之相反，后者通常被过低评价。有时，一些工业和社会从业者为达到他们的目标而不惜花费巨资，额外给他们的下属、经理或选民很高的报酬。当他们失败了，通常他们会了解到他们的竞争者花费了更少的资金却很幸运地得到了充满热情的、内在激励的、低报酬甚至没有报酬的支持者。

在本章中，我们仅仅解答有关内部动机的问题。内部动机的多种类型（Malone & Lepper，1987；Ryan & Deci，2000；Csikszentmihalyi，2000/1975）已在自我调节和自我教育实践中知晓和应用。齐克森·米哈里和Rathunde将内在激励的活动分为愉快——“对食物、性行为和放松的积极反应”，乐趣指的是我们即将在很多细节中讨论的最佳体验。

外部动机和内部动机的主要区别在于，愉快是在某种程度上有点被动和松懈的感觉，而乐趣是为做成值得努力的事情而付出不懈的努力。愉快与一个平衡相关联，“让它保持原样”，而乐趣的延伸意味着是一个长期活动。具有讽刺意味的是，由于变得疲劳的可能性，愉快是一种主动参与的可能结果，乐趣也许经常或看起来是比愉快本身更少令人愉快的。但是在生活中，人们往往会记得——并感到骄傲的——大多是他们过去的形为风格活泼的行为和伴随在其中的快乐（Csikszentmihalyi，1990）。当然，有关这个领域的任何分类都不应该被过于严肃地对待。齐克森·米哈里和 Rathunde 都没有忘记提到，我们不能期待这个非此即彼的两类动机是一个完全的分类或能互相替代：“愉快和乐趣，的确是外在动机和内在动机，并不相互排斥，他们可以同时存在于意识当中。”（Csikszentmihalyi & Rathunde，1993）在获得最佳体验和乐趣的过程中，那些使用卓越技巧（冥想、瑜伽、禅宗等）的人比那些未使用的人遇到更少的困难。

沉浸理论是阐述最详尽的两种内部动机理论之一，是在积极心理学（Seligman & Csikszentmihalyi，2000）范式中发展出来的，另外一个理论是德西（Deci）和赖安（Ryan，Deci & Ryan，1985）提出的。事实上，一个最佳或者是沉浸体验并不仅仅是激发性的。齐克森·米哈里和他的合作者以多种方式认真努力地阐释了沉浸体验：作为一个认知（起点是注意焦点）模块应用在个人发展的整体描述上（Csikszentmihalyi，1978；Csikszentmihalyi，2000/1975）；作为生物文化的进化和选择的一个主要因素（Csikszentmihalyi，1990；Massimini & Delle Fave，2000）；是有才能青少年的创造力、良好工作、发展的一个推测（Csikszentmihalyi，1993；Csikszentmihalyi，1996；Csikszentmihalyi，Rathunde et al.，1996；Gardner，Csikszentmihalyi et al.，2001）；是一个发展心理学理论（Csikszentmihalyi & Larson，1984；Csikszentmihalyi，1990）；是心理康复应用的一个依据（Delle Fave & Massimini，2004，2005；Delle Fave & Massimini，2005）；并且是应用在心理学领域内外的一个高层次的方法学结构（Csikszentmihalyi，1990；Csikszentmihalyi，1993；Csikszentmihalyi，2004）。在本章中，虽然有各种解释，但是沉浸体验仍是作为一个激励范式而展开讨论。

从理论和实证上，齐克森·米哈里（Csikszentmihalyi，1990；Csikszentmihalyi，2000/1975）提出了心流的以下主要特征：有清楚明确的目标；自我意识的短暂失去；时间意识改变；活动和意识融合；即时反馈；高度集中于任务；高水平的控制感；可用的技巧和任务挑战能够平衡（精确匹配）；最后，体验能够带来全身心满意并且为了自己的利益值得去做。后面观点的重要性可用源于希腊语的一个特殊术语表示：本身具有目的的（自我 + 目标），这意味着做某件事的唯一目标仅仅是做它的这个行为，不管其背后是否存在外部奖励。另外，做这件事也许会带来乐趣，不像那些大多数外在目的的活动：做事不是为了乐趣，而是追求某些有外部奖励的其他目标。大多数人类活动都是外部激励的、目标设定的过程，这形成了一个能够达到的完善和刺激良好的目标层次。

根据齐克森·米哈里（Csikszentmihalyi，1990）提出的观点和论证，包含有数量一定的外在目的活动和不太受自身目的类型活动限制的生活方式，是完全有理由被命名为最好的感受幸福的方式。在最近的一个网络研究项目里——接下来会更详细地讨论——接受调查的人被问及与在线有关的真实或想象的积极影响，并且形成了下面陈述中的预期的因果关系："积极影响并不仅仅只是与心流表征高度相关，还是由沉浸体验症状引起的。"仍有人提出"需要进一步的研究验证这个陈述"（Chen，2006，P231）。

二、网络空间里心理学研究的理论和实践方面的原因

"沉浸体验"理论的发起人——齐克森·米哈里，除了在几个简短的采访中，在大众报纸以外，他会尽量避免讨论网络空间环境中最佳体验的可能的应用（Kubey & Csikszentmihalyi,2002），并且有以下声明：

> 至少部分上某些技术变得成功，因为它们提供沉浸体验并激励人们使用它们。一个好的例子是因特网——这种技术已经适应了各种意想不到的用途，并使得许多各种各样出乎意料的体验变得可能。例如，它可以部分解释 Linux 开放系统软件的惊人成功，成千上万业余和专业的程序员为了能够解决问题的单纯的喜悦和能被深受尊敬的同行欣赏而努力工作开发新软件。在这个过程中，Linux 一直比更强大的竞争者微软公司取得的进展大，微软还要给他们开发软件的程序员报酬——这是自身内部奖励真正打败外部奖励的一个显而易见的例子（Csikszentmihalyi，2005）。

这个声明从心理学的角度充分解释了软件市场上这个众所周知的情况。

Luthiger 和容威尔特（Jungwirth）最近的研究表明，开放源代码的程序员报告的有趣或享受，像我们表明的那样，他们能够坚守他们的工作，并且他们提供这样的报告远远比那些商业软件的开发人员多。Luthiger 和容威尔特认为虽然如此，但从事商业软件项目的程序员参与的项目有可能是既有外部奖励又是有趣的——有趣是与内在动机和流体验紧密相关的一个特点。雇主应该意识到这个事实，因为一个程序员的兴趣有可能提高他或她的生产力（Luthiger & Jungwirth，2007）。在一个有关开放源代码程序员的动机早期研究中，研究者认为"外部和内部动机之间相互作用，而不是其中一个控制或破坏另一个"。

据作者获悉，在这个领域中，齐克森 · 米哈里的表述没有进一步的发展。最近，在齐克森 · 米哈里与亲密拥护者 Delle Fave 合著的一篇文章中，她深入探讨了一些最佳体验方法学方面的实证观点在与虚拟现实环境相关的顶级信息技术中的设计和应用（Gaggioli，Bassi et al.，2003）。网络空间中各种有关沉浸体验的研究肯定是更广泛的，我们可以提出三个主要的解释——从实践到理论——来支持这个事实。

第一，商业挑战，主要来自高科技领域：许多公司和企业一直在他们向顾客提供的服务质量方面相竞争。由于这个原因，通过运用发展良好的心理学方法至少获得最轻微的优势的愿望，或者是能应用结果来产生某些特定的服务，这些服务具有决定客户体验最佳形式的潜力，是加强这方面研究的一个很好的原因。这个挑战既刺激营销研究，又能将成果应用在沉浸体验领域里。

第二，最佳体验研究的方法论与网络空间研究框架的匹配。的确，计算机、因特网和万维网给沉浸体验相关的现场研究提供了很大的支持，没有网络时，这种研究通常是费力、费时的，而当能使用计算机和网络设备时，所耗时间和精力会更少。因此，一个精心设计的在线测量沉浸体验的研究，在短时间内也许会有效地实现，并且会有一个合理的低预算。同样重要的是，它是以数以百计的出版物和教学课程为基础的，这样的研究应该在很多群体样本中进行，例如，包括信息技术领域里的专家和学生以及多样化社会服务的使用者，即网上购物者、网络游戏玩家、聊天者、论坛、网页冲浪者和在线学习者等。

第三，在网络空间中，研究人类行为的最佳方式的理论意义源于对人类心理发展进行调整和修复的重要性。因为以维果斯基（Vygotsky，Vygotsky，1962）的观点来看，最重要的心理过程或者是更高的心理功能是可以被修正和内化的，它们的进一步发展依靠矫正机制的有效性，后者就意味着要获取新的和更新的调整方式——剩下的每一个都要在先前内化的多个符号系统之上。科尔（Cole，1996）

专门强调了矫正过程对当前心理学理论和实践的重要性。因此，研究人类使用各种网络元素同时也是一个有关人类心理发展的研究，并且是有“未来预测”的特性，例如，包括个人的意义和内涵、循序渐进的目标、动机行为和最佳体验（Cole，1996；Voiskounskyy，1998；Arestova，Babanin et al.，1999）。在适当的时候，许多矫正进程的新奇维度将会变成后代人的共同属性。

三、沉浸体验在实证研究中的应用

本节内容中我们讨论的特点是指最佳体验。之前已经从齐克森·米哈里文章中了解到的一系列特点在网络空间中经常被实证验证和深入讨论，虽然一些学者考虑到这些特点是齐克森•米哈里和他的支持者介绍描述的，不具有预测性，还缺乏严格的可操作性，但还是有其他研究者在经常访问网络的群体中进行调查和半结构式访谈。他们编码、分类并分析了被试的叙述以后，证实齐克森·米哈里描述的沉浸特点与有能力的调查者所表达的接近（Chen，Wigand et al.，1999；Novak，Hoffman et al.，2003；Pace，2004；Chen，2006）。因此，“沉浸体验模型”的多样性是基于一系列稍有不同的特点，有时是定义的不同。现已提出并验证了其他一些任务决定的特点，例如“意图返回”（到一个电子商城网站，Koufaris，2002）。几个学者已经开始讨论许多研究者提出的各种的特点，包括齐克森·米哈里在内，并且将它们以表格的形式呈现出来（Novak & Hoffman，1997；Finneran & Zhang，2005；Siekpe，2005）。

在一个有影响力的研究（Hoffman & Novak，1996；Novak & Hoffman，1997）中，研究者提出了一个网络空间沉浸体验模型，它包含的特点比较生动并且具有互动性，逐渐引出“在场”或“临场感”，表述为“一个环境的中介知觉”（Hoffman & Novak，1996，P61）。在随后发表的论文中（Novak,，Hoffman et al.，2000；Novak，Hoffman et al.，2003），学者通过实证验证了这个模型中的一些特征（例如在场和互动性），随后他们将其完善并修正。列入媒体的具体特点指的是调节环境似乎是一个合理的事情可以去做，此外，“在场”或有一种处在稍有差异的地方的一种感觉，在采访或调查中被试不能立刻报告出可能与其他人分享的地方，和与其他特点的不同（Chen，Wigand et al.，1999；Pace，2004；Skadberg & Kimmel，2004）。

与网络空间相关的许多术语的含义更新很快，有一些术语的内涵会改变，并且也会获得一些新的内涵。术语“在场”就是一个例子，这是一个一直获得新含义且具有多层意思不断发展变化的术语。我们能很容易地用这种方式表述它，因为在国际社会存在研究放置的“关于在场”（http://ispr.info）网页上，这个术语被解释了 12 点，还有几个分点。最近提出了一个生物文化观点，是关于在不同环境中存在的多层次进化的，包括调节部分，尤其是在网络空间中（Riva，Waterworth et al.，2004）。

术语“互动性”经常被用来区分新媒体与传统媒体。几个学者包括拉菲莉（Rafaeli，1988）第一次提出了对它们的分析，从那以后，互动性概念的研究不仅在社会学、通讯科学和心理学背景下（Chung & Zhao，2004；Sohn & Lee，2005），还在网络空间中的沉浸体验背景下被讨论（Novak & Hoffman，1997；Chen，Wigand et al.，1999；Novak，Hoffman et al.，2000；Finneran & Zhang，2005；Voiskounsky，Mitina et al.，2005；Liao，2006）。在场和互动性两个词也许是用来描述网络空间环境中沉浸体验特征的最好术语。

学者通常接受沉浸体验的维度或多或少是变化的，会依赖于人类参与的特定类型的网络空间的相关体验。“并不是所有的都需要……带给用户沉浸体验”（Chen，2007，P32），这是一个合理的争论。为鉴定体验是否最佳，并不一定要个体拥有齐克森·米哈里和他的拥护者所提出的每一个特定的特性。在一篇评析论文中，有一个合理的表述：“这些因素可能不仅仅导致沉浸体验，只是齐克森·米哈里认为他们是最经常被展现出来的。”（Finneran & Zhang，2005，P83）。

的确，在与网络空间相关类型的行为中，原有的沉浸体验模式也许存在许多不同：在网上购物时体验到的沉浸体验感觉可能被描述的一系列特点中，仅仅只有部分与在线玩游戏或浏览网页时的沉浸体验特性相匹配。Rettie 认为，“当调查者认识到齐克森·米哈里大多数分类维度时，行动和意识的合并与自我意识的丧失并不完全相关”（Rettie，2001，P111）。陈（Chen）等人（Chen，Wigand et al.，1999）也报告出他们面临的一些问题，因为参数“行为和意识融在一起”也许可能在某些部分上会落入几个组，而现在只将其放进了“沉浸体验的前因变量”组。一个人会很容易总结出这样一个结论：关于这个领域的可能分类应该不会被认为是完全可预测的。

承认这一系列特点的不同是诱人的，以能力不足的（在一个特定类型的活动中）和能力较强的（在同个类型的活动中）调查者为例，随着活动的变化，对同样的调查者来说，个人能力的水平可能是相反的，这是常有的事情。考虑到所有的参数，就会存在许多系列的沉浸体验特征（有时叫做维度或参数），也可不正式地称作沉浸体验语言学，并且这些“语言学”很强地依赖于任务的特殊性，在这个或那个任务中的个人能力，情绪状态、计算机或网络接口的质量，尤其是软件的应用、先前指导语的类型以及很多还没有变得明显的其他参数。

在齐克森·米哈里发现的结论中，最有用的一个是，如果任务与可用的技能相平衡——或者更好的、紧密的匹配时，沉浸体验也许会被预测并且真的会发生——当然，如果挑战与任务难度足够高并且和个人能力最大限度接近时，任务会改变一个人在他或她的活动中的选择。心流位于个人技能的前沿，它还是一个移动的目标。已获得的技能的增加会使挑战适当地扩展，以保证精确匹配——也伴随着享受。相应的，更大挑战的任何选择都需要一个不断更新的可用技能。

因此，技能和任务挑战的一致或平衡经常被认为是沉浸体验的一个主要前因变量（Hoffman & Novak，1996；Pearce & Howard，2004），但是，一些学者提出将这个比例作为一个重要参数的尝试（Skadberg & Kimmel，2004）却失败了。在这些实证研究中，当要求被试区分他们拥有技能的标准或他们所选择任务挑战的水平时，他们常常是困惑的（Chen，Wigand et al.，1999；Shin，2006）。所选用活动（与计算机和网络资源使用相关）表述的越模糊，被试就会越困惑，也许这就是这个领域中大多数研究项目只适用于专业的即在网络空间中进行的非比寻常的任务的原因。

经验证明，如果任务挑战与技能相匹配时，沉浸体验（和乐趣）就会发生，这就意味着存在一个好的可以正面评估个人成长的观点。在网络空间领域外进行的许多研究都可以证明这是真的。任务挑战和技能的平衡 / 匹配机制很容易得到调查和验证。的确，在研究网络空间环境中，最佳体验的研究者都很愿意使用任务 / 挑战比。

四、网络空间中最佳体验研究使用的数据收集方法

网络空间中收集沉浸体验相关数据的方法与应用在网络空间外的方法并不存在很大的不同。一般来讲，数据收集方法包括很多调查，尤其是在线调查越来越强烈地被经常使用，还有访谈和半结构式访谈、某些沉浸体验相关案例故事描述、开放式问卷、分组讨论、主观估计所选择的最佳体验参数发生的频率（Chen，Wigand et al., 1999 ;Novak, Hoffman et al., 2000 ;Rettie, 2001 ;Manssour, 2003 ;Pace, 2004 ; Pilke, 2004 ; Shoham, 2004 ; Pearce, Ainley et al., 2005)。

一个研究只有使用了常规测量最佳体验的方法,通常才被认为合格。调查通常在特殊的群体中展开,例如一群特殊的在线服务用户、一些网站的访问者、特定软件产品的学习者(Trevino & Webster, 1992 ;Ghani & Deshpande, 1994 ;Webster, Trevino et al., 1994 ;Harvey, Loomis et al., 1998 ;Koufaris, 2002 ;Konradt, Filip et al., 2003 ;Hedman & Sharafi, 2004 ;Skadberg & Kimmel, 2004)。这种调查被称作可追溯的,因为它指的是一种习惯性行为,并且与网络空间、最喜欢类型的网络资源或一个知名的软件产品相关(Korzaan, 2003 ; Montgomery, Sharafi et al., 2004 ;Huang, 2006 ;Sharafi, Hedman et al., 2006)。很多时候,问卷测量心流和非心流参数的同时也是在从更传统的行为模式中分离出沉浸体验特征的过程。

在自然环境中,经验取样法(ESM)被认为是最精准的收集数据的方法。自从 ESM 被提出和验证后(Csikszentmihalyi & Larson, 1984),它就一直被广泛应用在积极心理学研究中以及其他领域,比如在幸福、压力、时间管理应对和情感体验的研究。起初,在 ESM 程序中,一天有几次会在随机选择的时刻传呼机发出响声,经常几周后结束 :每次信号是提醒被试要填写一份经验取样表。这种方法的优点是,被试可以自我报告最真实体验的特征。因此,它是一个动态的工具,适合在自然环境中的应用,自我报告可以精确地收集到日常体验发生时或不久之后的数据。ESM 程序不受电话和电子邮件、传呼机使用的限制 :设定的电子手表,随机发送短信服务(SMS)的留言板,掌上电脑,以及多样化的商业或资源开放的软件包,包括能动态回应先前发出的反应的程序,都广泛应用在这个领域中(Barrett & Barrett, 2001 ; Christensen, Barrett et al., 2003 ; Scollon, Diener et al., 2005)。

在网络新环境中应用 ESM 方法的最新进展由陈奇相(Hsiang Chen)取得,他在 20 世纪 90 年代就开始在线调查被试(Chen, Wigand et al., 1999),最近他提出他已经建立、验证和应用了网页版本的,可以代替随机时间发出信号的传呼机和要填写的 ESM 小册子。可以确定的是,在任一随机时刻,在被试电脑屏幕的左上角一个窗口会突然出现,激活问卷项目。问卷被填写完后,记录就会立刻被送到研究者的远程数据库中。为了获得属于一个被试在线时心流相关特征的合理总量(例如不少于三份填写过的抽样表格),陈(2006)提出,随机时刻的间隔应被设置在一个短时期内,只有 5—10 分钟,以便使短时期的网络空间访问者能至少得到三个信号，接着能够填写三份抽样表格。这种考虑似乎是合理的：一些调查者如小学生，他们报告在游戏期间在极短的时期沉浸体验会发生（Inal & Cagiltay，2007）。因此，这“证明了在线 ESM 工具是可靠的和有效的”（Chen，2006，P232）。这种方法会促进更多网络空间相关的最佳体验研究的发展。

虽然与体验最佳方式相关的一系列特征和问题的内容仅仅稍有不同，但是研究的程序组成，包括硬件和软件模块的使用，很有可能会成为未来研究方法创新的主体。

五、不同网络空间环境相关活动的沉浸体验

网络空间领域中关于最佳体验的最初研究，可以追溯到术语网络空间还未在学术术语表上被完全接受的时候。早期研究中的被试擅长“人机交互”、“网络沟通”或“电脑化的探索行为”（Trevino & Webster，1992；Ghani & Deshpande，1994；Webster，Trevino et al.，1994），这是相当常见的。被试在使用一些特殊类型的信息技术方面也很精通，例如“在线游戏”或“营销网络”（McKenna & Lee，1995；Hoffman & Novak，1996）。当前发表的刊物中提出了两个研究方向，前者（“涉及信息技术的活动”、“因特网 / 网络使用”或“电脑中介环境”）占较小的比例（Rettie，2001；Montgomery，Sharafi et al.，2004；Pace，2004；Finneran & Zhang，2005；Siekpe，2005；Sharafi，Hedman et al.，2006），而后者占较大的比例——在本节中将会简短地描述一下这些研究。

关于网络消费者和最佳体验理论和实践在网络营销中的应用的研究有很多，并且还在逐渐增多。该领域中的研究者正尽最大努力寻找在沉浸体验特征、行为和市场营销方面的参数，与可以开发第一阶层和更高阶层维度相分离的计算机 / 网络技能的指标之间的某些相关性（Hoffman & Novak，1996；Rettie，2001；Koufaris，2002；Korzaan，2003；Smith & Sivakumar，2004；Siekpe，2005；Huang，2006），尤其随着电子购物应用的增加，这个方向的研究和应用似乎正在加速发展。根据当前已获得的经验可以提出有用的建议，目的在于避免一些可能受限制的决定，以及减少对现有的电子商店的访问者和消费者产生的负面影响，还有完善想成为网络营销网站的设计和使用（Rettie，2001；Pace，2004；Siekpe，2005）。

最佳体验方式的教育应用已被深入地研究，当然网络领域的也不例外（Chan

& Ahern，1999；Konradt & Sulz，2001；Konradt，Filip et al.，2003；Pearce，Ainley et al.，2005；Shin，2006）。沉浸体验是学习者对教学课程满意的重要预测指标（Shin，2006），但是皮尔斯（Pearce）和霍华德（Howard）声称，沉浸体验对学习者任务的积极影响应该与来自网络的相关元素的使用所产生可能的效应区分开来，这些元素争取到了学习者的注意（如网页、仿真模型等，Pearce & Howard，2004）。研究者对在远程教育、个性化学习和教学实践中的沉浸体验的兴趣正在增加。例如，廖（Liao）研究了以上类型中的远程学习者（例如学习者—学习者、学习者—指导者、学习者—界面）的交流对他们报告的沉浸体验产生的可能影响（Liao，2006）。O' Broin 和克拉克（Clarke）开发了一种可移动的教学辅助工具，能帮助学生个人计划学习课程：当一个或更多个产生沉浸体验的条件缺失，这个工具可以提示修改课程，以便使那些条件能再次出现（O' Broin & Clarke，2006）。随着在教育实践中超媒体的使用，越来越多最佳体验理论的先进应用被期待着跟进（Konradt & Sulz，2001；Konradt，Filip et al.，2003）。

计算机、视频和在线游戏的应用也是沉浸体验相关研究的一个增长领域（McKenna & Lee，1995；Chou & Ting，2003；Choi & Kim，2004；Hsu & Lu，2004；Voiskounsky，Mitina et al.，2004；Chen & Park，2005；Kim，Oh et al.，2005；Sweetser & Wyeth，2005；Voiskounsky，Mitina et al.，2005；Chiou & Wan，2006；Wan & Chiou，2006；Chen，2007；Inal & Cagiltay，2007）。适用于中小学生，在计算机学习课程的游戏环境中的沉浸体验特征已经被发现，并能够有效地实现（Andersen & Witfelt，2005）。像这样的参数是为游戏设计，包括有条理的反馈并适应玩家目标，已经发现这些对沉浸体验的出现是很重要的（Choi & Kim，2004）。一种与沉浸体验相关的乐趣被提出，用来解释为什么几十年来一些纯文字游戏一直吸引着玩家（Voiskounsky，Mitina et al.，2004；Voiskounsky，Mitina et al.，2005）。沉浸体验是一个玩家接受一个新的在线游戏的可靠的预测指标（Hsu & Lu，2004）。陈星汉（Jenova Chen）提出了一个游戏设计的调整策略，会让不同的玩家以他们自己的个人方式体验到沉浸体验，并因此会喜欢这个游戏（Chen，2007）。许多研究会使用多用户游戏，比如以 MMORPGs（大型多人网络角色扮演游戏）和 MUDs（多人历险游戏）为研究对象，发现沉浸体验与玩游戏期间发生的社会交往存在固有的相关（McKenna & Lee，1995；Voiskounsky，Mitina et al.，2004；Chen & Park，2005；Kim，Oh et al.，2005；Voiskounsky，Mitina et al.，2005）。斯威彻尔（Sweetser）、怀斯（Wyeth）和 Jegers 提出了一个比赛流程。

这个计算机游戏的模型可假定是以沉浸体验的特征为基础的，并且包含有像“社会交往”和“专心”这样的结构——后者是上面提到的参数“在场”的一个高级版本（Sweetser & Wyeth，2005；Jegers，2007）。温（Wan）和邱（Chiou）发现，沉浸体验理论对未来进行的关于 MMORPG 玩家的内在和外在动机的进一步深入研究很有用（Wan & Chiou，2007）。一般来说，对于身临其境方式的玩法，沉浸体验是至关重要的，通过用与心流相关的来研究玩家的行为，这些表述是恰当的，并且已被证明是重要和富有成果的。

网络空间里以交流和互动为中介形式的最佳体验研究并不多，少数研究涉及到聊天的应用、新闻工作和网络媒体娱乐（Luna，Peracchio et al.，2002；Manssour，2003；Sherry，2004；Shoham，2004；Nakatsu，Rauterberg et al.，2005）。学者对这个领域缺乏兴趣没有明确的原因，尤其是考虑到在网络空间里的交互式服务（例如 Fido、电子邮件或 Usenet）是最早的并且发展很好（例如博客、即时通讯、网络电话或网络广播）。此外，媒体消费或以媒体为中介的交流中常伴随着乐趣，心流与乐趣紧密相关是众所周知的（Sherry，2004）。问题是，当进行媒体消费时感觉到的乐趣经常是消极的和成瘾的，因此，需要将它和体验的最佳形式区分开来（Kubey & Csikszentmihalyi，2002）。“看电视能产生沉浸体验的情形很少”（Csikszentmihalyi，1990，P83）。有相当多的研究分析——在流体验的背景下——在线游戏玩家之间是以社会交往为中介模式。当在网络空间互动时，这些研究也许会被认为是流体验相关研究缺点的对应说法。

与信息技术非法使用相关的沉浸体验的发表刊物很少，尤其是关于黑客（例如，可能并不十分正确，是结合变声、记分卡和电话控制系统来传播病毒和木马的通用术语，并且有时会发送垃圾邮件或进行网络欺诈）。虽然目前普遍认为各种各样的计算机安全方案是至关重要的，但是在这个领域中有理论价值的分类（Beveren，2001）或实证研究 2003b（Voiskounsky，Babaeva et al.，2000；Lakhani & Wolf，2003；Voiskounsky & Smyslova，2003；Voiskounsky & Smyslova，2003）相当少，这可能是因为很难收集到相关数据。计算机程序员有时会被称为黑客（也许并不十分准确，对一个非法表现没有任何想法），如果他们自愿开发一个源代码开放的软件，他们报告他们会感受到乐趣并有沉浸体验（Luthiger & Jungwirth，2007）。最近它已经被提出用来教导青少年基本的计算机伦理，以便能够帮助年轻的下一代，包括有才华的年轻的计算机极客 / 网虫（Babaeva & Voiskounsky，2002），希望他们能抵制参加计算机犯罪群体的诱惑。这个提议取决于现有的关于黑客群体沉浸体验模式的研究和人类道德发展的心理学理论。

在网络空间，非常人性化的一个研究方向是沉浸体验方法在残疾人和受过心理创伤的人的心理康复中的应用（Gaggioli，Bassi et al.，2003；Miller & Reid，2003；Reid，2004；Riva，Castelnuovo et al.，2006）。虽然这种康复的理论和方法仍然在讨论中（Gaggioli，Bassi et al.，2003），远不能被完全认证——目前也没有可用的完整的临床记录——但这些研究是可以提出一些有价值的建议，尤其是使用虚拟现实系统为脑瘫儿童提供帮助的方法（Miller & Reid，2003；Reid，2004）。而且，虚拟现实游戏干预计划已经被证明在帮助残疾儿童获取愉快经历方面是有用的，从而也会使他们的生活质量变得更好（Miller & Reid，2003）。正像最近被提到的，虚拟现实相关的研究方法和康复似乎是同时进行的（Gaggioli，2005；Riva，Castelnuovo et al.，2006）这成为外界的智能解决方法——在这两个研究领域中，研究者将行为的认知（指注意资源）和情感（指乐趣）因素结合成一个统一的概念。一些专家正计划在其他方面更广泛地应用"沉浸体验转换"的心理机制，这就意味着"利用最佳体验可以识别开发新的意想不到的资源，并且这些资源会有利于发展的"（Riva，Castelnuovo et al.，2006，P240）。

最后，我们应提到的研究视角是，最佳体验特点在开发可用性网站的方法与界面设计和测试中的应用（Johnson & Wiles，2003；Bederson，2004；Mistry & Agrawal，2004；Smyslova，2005，July）。对一项技术的"感知易用性"被认为是一个影响流体验的因素（Phau & Gan，2000）。一些技术上和动机上的实际方法已经被提出，目的是在确保设计和维护一个用户友好的技术，一般可以促进各种计算机应用的使用，引领一个特定网站和整个万维网的发展。"希望我们对沉浸体验现象的理解可以指导设计师设计出一种能够使用户产生沉浸体验的产品"（Finneran & Zhang，2005，P83）。这是一个极具竞争力的研究方向。在完善游戏界面设计和网站或软件可用性的检验程序方面，任何有针对性的合理的建议对学术研究者和实践者来说一样，都是非常好的发展机会。

六、 最佳体验和心理成瘾：二者对立

最佳体验方式大部分上是一种积极心理学现象。在积极心理学流派里，沉浸体验被普遍理解为一种愉快的经历，对生活方式和生活质量有很强的积极影响。与之相反的是，在网络空间研究领域中存在一种倾向，将沉浸体验与上瘾类型的

行为联系在一起，并且还研究这种预期连结的维度和参数（Tzanetakis & Vitouch，2002；Chou & Ting，2003；Chen & Park，2005；Chiou & Wan，2006；Wan & Chiou，2006）。在本章中，我们不会讨论与网络空间相关的成瘾与依赖的性质、现象、起源和状态，这种依赖又被称为有问题的 / 病理的 / 严重的 / 网络使用过度 / 滥用 / 过度使用或障碍。关于这个主题的发表刊物在这里将也不会再做概述，因为在本部分中，我们认为成瘾只是一个通用术语，涵盖了大多数因特网作为整体或它的特定服务可能的或已经报告的误用，比如网络游戏、网络色情、网络通信、网恋、网上冲浪、网络探险行为或网上购物。

上瘾是一种逃避个人问题的行为并使生活质量下降，是与积极心理学现象相关感觉相对立的，包括沉浸体验。因此，沉浸体验和成瘾之间的任何类比都是不恰当的，并且将最佳体验表现与网络成瘾相关联似乎看起来是不合理的。通常，会通过网络 / 视频 / 计算机游戏体验的参数来试图建立这样的相关。确实，游戏可能是各种网络空间相关行为中最容易上瘾的，部分是因为游戏开发商和供应商努力使上瘾的人专注于他们最新产品以及使用，例如，“行为调节的原则”（Yee，2006，P70）。

在他们发表的理论性文章中，陈和 Park 区分了两种类型相近的网络游戏——多用户层面 MUDs 和多人角色线上扮演游戏 MMORPGs（Chen & Park，2005），后者是源于对纯文本模式的 MUDs 的改进，富有视觉刺激（Castronova，2005）。陈和 Park 认为，MUDs（冒险的和社交的）最适用于社会互动，而 MMORPGs 可能会提供给玩家更多匹配他们任务与他们技巧的机会，最适用于沉浸体验（Chen & Park，2005）。虽然这个争论听起来是合理的，不过有两个主要的理由认为他们是不正确的。

第一，最近的研究表明，人们玩 MUDs 能够体验到沉浸体验，并且也能达到、互动，同源的，在一个有俄罗斯和法国玩家的样本中，被试也分享了这些因素（Voiskounsky，2004；Voiskounsky，Mitina et al.，2005；Voiskounsky，Mitina et al.，2006）。第二，巴特尔（Bartle）、卡斯特诺娃（Castronova）以及其他人很有说服力地描述了为强化社会互动，在 MMORPGs 中熟练使用了众多完整的游戏内外通道（Bartle，2004；Castronova，2005）。因此，这对陈和 Park（2005）来说是很重要的区别但事实上也并不是很强烈的差别。他们认为，MMORPG 的成瘾者寻求沉浸体验，而 MUD 的成瘾者寻求社会互动，但是考虑到上面提到沉浸体验内在的乐趣和成瘾类型行为的乐趣在心理上是不相等的，因此前面的陈述是不能被接受的。上瘾者也许努力寻求沉浸体验，但是除非他们从成瘾中走出来，否则他们很难得到它。

周（Chou）和 Ting 在一篇实证文章中提出一个相反的想法——沉浸体验引起成瘾（Chou & Ting，2003）。他们提出了一系列逻辑上合理但是心理学上不充分的争论，也就是说："在一个活动中享有沉浸体验的人也许会发展出重复活动的倾向——一个特定活动的重复也许最终会发展成上瘾的倾向——沉浸体验实际上是激活上瘾的前提条件。"（Chou & Ting，2003，P665）。此外，他们在实证上验证了这个表述的顺序。周和 Ting (2003) 已经证实了，能够激活上瘾的活动是重复性的行为而不是流体验。

行为的重复性与沉浸体验紧密相连，通常终生都会重复所选择的活动，并且一定是令人愉快的，这也的确是最佳体验形式的特点。不过，重复和复制都是外在的,可见的行为与这种行为内在的意义相分离。对于重复行为来说,沉浸体验会减少，这在心理学上是不恰当的，并且与积极心理学的本质不同。从生物文化角度来看，重复令人愉快的活动是一个众所周知的倾向，它的心理学意义与所有形式的成瘾行为完全对立。马西米尼（Massimini）和 Delle Fave 提出一个术语"模拟沉浸体验"（Massimini & Delle Fave，2000），因为"活动具有很弱的潜在复杂性，是真实沉浸体验活动的一个基本的特性并且是个人发展的先决条件。而且，这样的活动不会培养被试在文化方面的构造性融合"（P28）。反之，它们培养一个人的边缘化。模拟心流的例子包括药物和精神药品的摄入，消极的休闲活动比如看电视，科技工具的滥用（车、电脑、手枪等），"在大多数情形下，会将挑战性行为误认为风险行为，在这些应用中没有发现与社会环境下的个人发展和融合存在相关"（Massimini & Delle Fave，2000，P29）。

在积极心理学领域中，为维持享受，重复性行为应该在技能和挑战方面进行持续不断的更新，以便达到他们最高可能（极度的）的匹配水平。在对黑客的沉浸体验相关体验的特征的研究中，描述了技能和挑战不相匹配的心理学机制（Voiskounsky & Smyslova，2003b；Voiskounsky & Smyslova，2003）。这样的不匹配，当一个不断更新的技能没有紧随一个增加的挑战，或反之亦然时，意味着真的会失去体验的最佳性的风险。因此，一个人可能会致力于重复的和可能上瘾的行为。除了技能和挑战同时逐步的增加过程以外，尽管做黑客时不容易达到，玩游戏时不好提出问题：流行的精心设计的游戏的结构水平和追寻丰富的目标，保证了玩家有好的连续不断的机会体验沉浸体验。

一个重要的并有理论价值的实证研究表明，沉浸体验与网络成瘾负相关。学者进一步的分析区分了网络游戏体验中内在的满意和不满意，并提出一个理由充分的证据，即成瘾者在游戏过程中寻求一种减轻他们不满的方法。因此，流体验和上瘾状态很少有共同点，虽然某些行为确实重复发生，但是他们的心理本质是完全不相容和不同的。我们相信，这个结果会阻碍试图验证网络空间相关的瘾症与体验的最佳形式有相同的心理学背景研究的进一步发展。

七、沉浸体验的跨文化研究

最佳体验研究领域已经包含有传统上的跨文化对比研究。齐克森·米哈里和他同事的书中经常出现文化相关的章节。有用的例子有《幸福研究杂志》（“the Journal of Happiness Studies”）中发表的专题研究，莫内塔（Moneta）介绍了一篇文章《跨文化的沉浸体验》（“The Flow Experience across Cultures”，Moneta，2004），还有塞里格曼（Seligman）和齐克森·米哈里在《美国心理学家》（“the American Psychologist”）上介绍的专题研究（Seligman & Csikszentmihalyi，2000）。

在网络空间环境中，沉浸体验相关的研究情况是不同的。经常访问网络空间的群体很少会说除了英语或汉语以外的语言（特定的研究大部分是在台湾完成）。一些研究也已经在其他群体中开展，有讲德语的学生（Konradt & Sulz，2001；Tzanetakis & Vitouch，2002；Konradt，Filip et al.，2003；Voiskounsky，Mitina et al.，2006；Vollmeyer & Rheinberg，2006），俄罗斯游戏者（Voiskounsky，Mitina et al.，2004；Voiskounsky，Mitina et al.，2005）和黑客（Voiskounsky & Smyslova，2003），韩国网络游戏玩家（Choi & Kim，2004），还有信息技术使用者的北欧群体——讲挪威语（Hedman & Sharafi，2004）、瑞典语（Montgomery，Sharafi et al.，2004；Sharafi，Hedman et al.，2006）和法语（Pilke，2004）的人。在以色列用希伯来语聊天的群体中（Shoham，2004）、在积极使用信息技术的巴西记者群体中（Manssour，2003）、在玩社交游戏的土耳其儿童中（Inal & Cagiltay，2007）也进行了开拓性研究。

在许多国家所做的这一系列的实证研究可能听起来是令人印象深刻的，但问题是这些研究没有做过比较，并且没有一个被认为是合格的跨文化研究。这种情况绝不会令人满意，因为网络空间在本质上是全球化和跨文化的。一个人可能会很容易想到与许多其他网络空间相关的研究领域（例如数字鸿沟、网络购物的性别问题、对待信息技术的态度、计算机焦虑等），在这些研究中首要兴趣是做跨文化比较。

因此，不论是在最佳体验研究领域中还是在网络空间研究领域中，都存在进行跨文化研究的趋势。正因为如此，我们强调在与网络空间相关的沉浸体验研究的领域中进行跨文化研究项目的必要性和现实性。这样的研究非常有可能被国际上接受。在本部分，我们描述的研究项目就是伴随上面提及的趋势而进行的。

首先，我们提到的是一个浏览营销网站时出现沉浸体验模式的对比性研究；讲西班牙语和英语的双语者参与了研究（Luna，Peracchio et al.，2002）。研究者的目标之一是建立一个与网络相关的沉浸体验的跨文化模型，在对网站态度方面和被试真实的认知图式方面，回溯几个文化因素（包括，在浏览网页时是使用母语技能还是第二语言技能）对其产生的影响。除此之外，研究者对一些营销参数也特别感兴趣，即从网上商城购物以及再次访问它的意图。这个研究正是在心理语言学和社会语言学的背景下完成，并且是正在进行的研究中的一部分。

第二个项目将会描述更多的细节，作者与他的合作者奥尔加·米提娜（Olga Mitina）博士和 Anastasiya Avetisova 博士生（都属于莫斯科州立大学心理学系）正在进行这个研究，其目标是研究在俄罗斯和法国网络游戏玩家群体中，影响沉浸体验的特定文化因素。这个项目最初是被设计为跨文化的，它包括在相同方法和程序下进行的两个实证在线研究和一个比较性研究，发表的报告包括对讲俄罗斯语的玩家（Voiskounsky，Mitina et al.，2004；Voiskounsky，Mitina et al.，2005）和讲法语的玩家（Voiskounsky，Mitina et al.，2006a）的分析以及比较性分析 (Voiskounsky, Mitina et al. 2006b)。自从这个项目发表以后，我们就不再深入探讨方法上的细节问题，也不再讨论完整的结果，而是揭示进行此项目的原因。在发表刊物上，结果是以一种简短的形式呈现，并被放在了一个不被重点强调又相对较新的背景里。

在 MUD 玩家群体中进行了此研究——MUDs 是指一种纯文本版本的网络游戏称为多人角色线上扮演游戏（MMORPG）。自从 1978 年以来，MUDs 就一直被玩家所使用（Bartle，2004），它是一个全球化的活动。当除了英语没有其他语言可选择时，没有人知道有多少英语并非母语的人在玩 MUD。经过多年后，各种国家语言的脚本才变得可用。根据这个计划，有两个相对较新的群体即讲法语和俄罗斯语的 MUD 玩家已经被作为一个整体进行比较，也就是说，任何一个玩家都有可能被提问到，不管他或她过去常玩哪种特定类型的 MUD 游戏。对讲法语和俄罗斯语的 MUD 玩家做比较的理由如下（Voiskounsky，Mitina et al.，2006a）。

第一，无论是在俄罗斯还是在法国，都存在 MUD 服务器和 MUD 玩家，这两种文化没有对网络游戏表现出偏见或同情，也就是说，对于这两种文化来说，这两个敌对进程所占的比例是相等的。在这两个国家中的任何一个，都没有做过玩 MUDs 游戏时产生沉浸体验的先前研究。

第二，讲法语的网络玩家和讲俄罗斯语的网络玩家来自除了两个都市国家以外的其他国家的部分市民。除了法国以外，讲法语的人（francophones）也分布在加拿大的魁北克市，与法国邻近的欧洲国家和讲法语的非洲国家。除了俄罗斯以外，讲俄罗斯语的人还分布在前苏联国家（包括乌克兰，这个群体与法国也很接近），以及美国、以色列、德国、澳大利亚和许多其他国家。因为讲这两种语言的人分布全世界，所以设想各自的 MUD 游戏在线玩家群体也分布于全世界是合理的。不过，假定分布不均匀才是合理的：相当少讲法语的非洲人和相当少来自前苏联中亚国家讲俄罗斯语的人会被期望是 MUD 服务器的定期的、频繁的访问者。

第三，我们发现一些相似之处，这两个城市国家在获得访问全球互联网方面都比较晚：俄罗斯是由于苏联的集权主义导致自由交换观点的思想一直是完全不相容的（Voiskounsky，Babaeva et al.，2000；Voiskounsky，2001），而法国是因为可视图文系统 Minitel 的先锋发展，所以一直比它的同类产品（英国的 Prestel 系统，德国的 Bildschirmtext 系统和日本的 CAPTAIN 系统等）应用更广泛。随着时间的流逝，Minitel 系统的广泛侵入似乎成了一种阻碍互联网更高发展的障碍物："法国是第一个开发公共远程信息处理系统……Minitel 是法国的一个标志"，但是"现在法国的远程信息处理系统好像过时了"（Lemos，1996，P37）。

第四，因为网络空间访问者在数量上接近，所以这两个网络受众群体似乎是可以进行比较的。由于没有 MUD 玩家的直接统计数据，我们假设这两个假定的可进行比较的网络受众群体同样拥有可进行比较的网络游戏玩家人数，最终形成一个假定的可比较的 MUD 玩家人数。我们比较了受众以后，就在 2003 年（俄罗斯部分）和 2004 年（法国部分）开展了研究，我们估计（Voiskounsky，Mitina et al.，2006a），讲法语的受众大约比讲俄罗斯语的人多 10%。我们假定在这两个国家里 MUD 游戏玩家人数占大约同样的比例可进行比较。

跨文化研究方法包括对先前（俄罗斯）40 道题目（包括 8 个人口统计学问题，关于玩游戏的时间长度和频率）的问卷的改编，以便能使法语问卷在文化方面和语言方面和先前的一样，在其他地方对过程进行描述（Voiskounsky，Mitina et al.，2006a）。结果分析包括问卷项目的探索性和验证性因素分析与对比性分析，以及对在俄罗斯人和法国人样本里总结出的因素模型的定量分析。因为当前章节不是一份对比性研究的完整报告，所以我们将继续描述这两个结果因素模型，以及因素与特定问卷项目的相关性。

研究中的全部被试包括 347 个讲俄罗斯语的人和 203 个讲法语的人。正如我们预期的那样，两个样本中分别包含非俄罗斯和法国的公民。探索性因素分析在将俄罗斯语的样本中提出了一个六因素模型（Voiskounsky，Mitina et al.，2004；Voiskounsky，2005；Voiskounsky，Mitina et al.，2005），而在讲法语的样本中提出了一个三因素模型（Voiskounsky，Mitina et al.，2006a）。在图 4.1 中可以看到这些因素，以及这些因素与问卷项目（非人口统计学问题）之间的相关性——已经放宽被翻译成英文的。这两个模型在统计上很重要，因素之间的交互相关也是很合理的（Voiskounsky，2004；Voiskounsky，Mitina et al.，2006），我们对因素模型进行了一个简单的比较性讨论（Voiskounsky，Mitina et al.，2006b）。

图 4.1 中，右边部分的六个因素描述了讲俄罗斯语的样本，左边部分的三个因素——讲法语的样本。前者包括描述后者的全部因素：沉浸体验、成就、认知和互动。后者是指社会（用户 - 对 - 用户）互动，而不是用户和系统之间的个人互动——催（Choi）和金姆（Kim）提出了在游戏环境中这两种类型的互动之间的区别（Choi & Kim，2004），因此，描述讲俄罗斯语样本和讲法语样本的因素模型在某些部分上是相似的。因素模型中描述讲俄罗斯语样本而不描述讲法语样本的因素有两个，即主动 / 被动和思虑 / 自发。在讲法语样本中，互动和认知两个因素合并，而对于讲俄罗斯语的人来说是两个独立的因素。在某种程度上，对俄罗斯语样本里的因素结构的描述十分合理：两个样本中一样的四个因素描述了当前盛行的游戏风格故而没有合并，与讲法语样本中的因素结构不一样。另一方面，后者也可能被认为是合理的，因为在多玩家游戏里，认知以社交感知的形式决定了互动，也就是说，对其他玩家获得了解，因此，两个因素的合并能够得到合理的解释。图 4.1 中的信息还指出了一个不同的视角，维果斯基等人（2006b）并没有提出。（P91）

描述讲法语样本的主要因素成就，包括了俄罗斯语样本中成就因素相关的所有问卷题目加上描述沉浸体验因素的几个题目（在某些部分上为俄罗斯语样本和法语样本所共有）。因此，对于讲法语的人，成就因素包括沉浸体验因素中的某些元素："集中的注意力"，"压力和动员" 和 "对游戏情形下的现实的感知"（后者与 "在场" 相近）——所有的都有很大的负荷。换句话说，讲法语的样本特征中，对成就的欲望，包含一些沉浸体验的标准的特性。而在讲俄罗斯语的样本中，成就不包括与此欲望不容的任何特性。对于讲俄罗斯语的人来说，成就不是第一个因素，这与讲法语的人不一样。

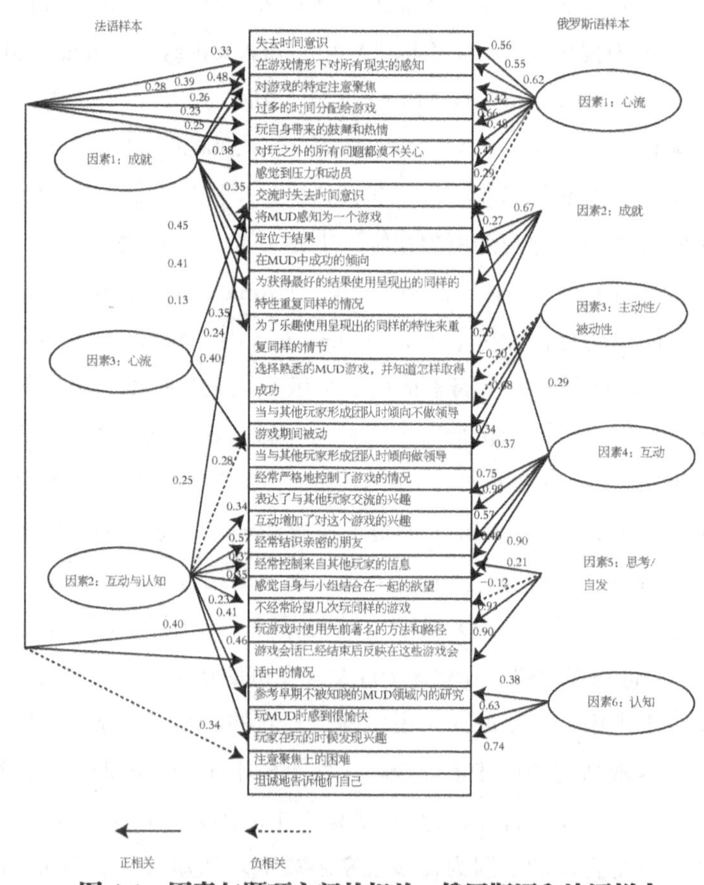

图 4.1　因素与题项之间的相关：俄罗斯语和法语样本

总而言之，流体验确实是网络多人游戏的一个重要成分，要么是一个主要因素（讲俄罗斯语的样本），要么是几个沉浸体验特征参与了这个主要因素结构中的一个因素（如在讲法语的样本中）。在跨文化背景下，这个结果似乎是重要的。当然，对因素模型的定量比较不是解释和讨论的最后一点，需要进行新的文化和跨文化的研究，以及对实证结果的进一步分析，这会促使我们了解在游戏行为和网络空间相关的行为中沉浸体验的作用。我们相信，在这个领域中的跨文化研究的重要性会连续不断的增加，本部分描述的项目是积极预测的合理根据。

八、总结

在网络空间环境中人类行为模式的全部研究范围内，最佳体验研究占据了一小部分，这些研究依赖于已发展好的流体验理论和方法。相互的，网络空间相关的研究提出了一些与沉浸体验相关的有价值的特征，扩大了最佳体验的研究领域，例如“在场”。同样重要的是，在学术方面和应用方面，网络空间为最佳体验范式指出了新的研究方向。随着时间的推移和进一步有影响的研究的进行，这部分很有可能会在灵活的不那么僵化的网络空间心理学领域中占据特殊的位置，这个领域中进一步的研究会具有很大的理论和实践意义。

在沉浸体验研究的程序组成中，各种网络空间环境的作用也许是最重要的。沉浸体验研究从未依赖于特殊的硬件部分，比如寻呼机、可预先设定的电子手表、普遍使用的个人计算机以及为了实现这种体验提供了极好选择的取样方法。随着信息技术的进步，硬件的阻碍可能会逐渐从最佳体验研究的程序设计中消失。随着时间的推移，软件部分将会成为它的替代品，数据收集将会更经常在网上进行，也就是说在网络空间里进行。程序上的创新是网络空间相关技术对最佳体验范式的主要贡献。

在网络空间环境里的沉浸体验研究的多样性，包括人机交互和计算机中介传传播的特定问题领域，例如网上购物、网络资源与网络营销的业务应用、网络教学、在线学习和远程教育、计算机 / 视频 / 网络游戏和网上娱乐、中介互动和网络媒体消费、网页设计和网站的可用性、在线导航和网络探索行为、计算机安全和非法网络行为、使用虚拟仿真系统支持心理康复以及更多特殊的领域。其中，存在一个认为沉浸体验的参数与上瘾是相关的倾向，争论他们都能促使重复性行为发生。这个倾向在理论上是错误的：沉浸体验是积极的，意味着乐趣，意味着是一个最大限度的行为，而上瘾意味着逃避个人问题，自私的边缘化，还是一个完全消极的心理状态。因此，沉浸体验和上瘾是对立的，当前的实证研究证明了这个结论。

最佳体验领域和网络空间领域都是完全全球化的活动，并且在这两个领域中都有很多与文化相关的研究项目。但是在网络空间环境中的最佳体验领域的研究几乎是一个例外，需要认真努力改变这个情况，并且本章中描述的两个正在进行的跨文化项目（即双语者浏览营销网站时体验到的沉浸体验，另一个是在讲法语和讲俄罗斯语玩家的游戏活动中沉浸体验的作用）为这方面的积极发展奠定了基础。在上面提到的所有研究方向上都期望有进一步的研究，尤其是在跨文化方向上。

【致谢】

研究源于俄罗斯人文社科基础 06-06-00342a 项目的支持。作者感谢 Sheizaf Rafaeli 教授对本章节较早版本内容的有益评论，以及戴安·哈普恩（Diane Halpern）教授和 Patrick Williams 先生友好支持本文的编辑。

【参考文献】

Andersen,K., C.Witfelt (2005).Educational design: bridging the gap between computer-based learning and experimental learning environments.International Journal of Continuing Engineering Education and Life Long Learning,15 (1):5–18.

Arestova,O.,L .Babanin,et al. (1999).Psychological research of computer-mediated communication in Russia.Behaviour & Information Technology,18 (2):141–147.

Babaeva,J.D.,A.E.Voiskounsky (2002).IT-giftedness in children and adolescents.Educational Technology & Society,5 (1):154–162.

Barrett,L.F.,D.J.Barrett (2001).An introduction to computerized experience sampling in psychology.Social Science Computer Review,19 (2):175–185.

Bartle,R.A. (2004).Designing virtual worlds,New Riders Pub.

Bederson,B.B.(2004).Interfaces for staying in the flow.Ubiquity,2004(September):1–1.

Beveren,J.V. (2001).A conceptual model for Hacker development and motivations. Journal of E-Business,1 (2):1–9.

Castronova,E. (2005).Synthetic worlds:The business and culture of online games,University of Chicago Press.

Chan,T.S.,T.C.Ahern(1999).Targeting motivation-adapting flow theory to instructional design.Journal of Educational computing research,21(2):151–164.

Chen,H.(2006).Flow on the net–detecting Web users' positive affects and their flow states.Computers in Human Behavior,22(2):221–233.

Chen,H.,R.T.Wigand,et al.(1999).Optimal experience of Web activities.Computers in Human Behavior,15(5):585–608.

Chen,J.(2007).Flow in games(and everything els).Communications of the ACM,50(4):31–34.

Chen,J.V.,Y.Park(2005).The differences of addiction causes between massive multi-player online game and multi user domain.International Review of Information Ethics,4(5):53–60.

Chiou,W.B.,C.S.Wan(2006).A further investigation on the motives of online games addiction.National Educational Computing Conference,San Diego,USA,Accessed.

Choi,D.,J .Kim(2004).Why people continue to play online games:In search of critical design factors to increase customer loyalty to online contents.CyberPsychology & Behavior,7(1):11–24.

Chou,T.J.,C.C.Ting(2003).The role of flow experience in cyber-game addiction.CyberPsychology & Behavior,6(6):663–675.

Christensen,T.C.,L.F.Barrett,et al.(2003).A practical guide to experience-sampling procedures.Journal of Happiness Studies,4(1):53–78.

Chung,H.,X.Zhao(2004).Effects of perceived interactivity on Web site preference and memory:Role of personal motivation.Journal of Computer-Mediated Communication,10(1):00–00.

Cole,M.(1996).Cultural psychology:A once and future discipline,Belknap Press.

Csikszentmihalyi,M.(1978).Attention and the holistic approach to behavior.The stream of consciousness:335–358.

Csikszentmihalyi,M.(1990).Flow:the psychology of optimal experience Harper and Row.New York.

Csikszentmihalyi,M.(1993).A psychology for the third millennium:The evolving self. NY:Harper Collins.

Csikszentmihalyi,M.(1996).Creativity:Flow and the psychology of discovery and invention,Harper Collins Publishers (New York).

Csikszentmihalyi,M. (2000/1975).Beyond boredom and anxiety,Jossey-Bass.

Csikszentmihalyi,M(2004)Materialism and the evolution of consciousness.Psychology and consumer culture:The struggle for a good life in a materialistic world:91–106.

Csikszentmihalyi,M.,Abuhamdeh,S. & Nakamura,J.(2005).Flow.Handbook of competence and motivation:598–608.

Csikszentmihalyi,M.,R.Larson (1984).Being adolescent:Conflict and growth in the teenage years,Basic Books.

Csikszentmihalyi,M.,R.Larson (1984).Being adolescent:Conflict and growth in the teenage years,Basic Books (New York).

Csikszentmihalyi,M.,K.Rathunde(1993).The measurement of flow in everyday life:Toward a theory of emergent motivation.Nebraska symposium on motivation.

Csikszentmihalyi,M.,K.Rathunde,et al. (1996).Talented teenagers:The roots of success and failure,Cambridge University Press.

Deci,E.L.,R.M.Ryan (1985).Intrinsic motivation and self-determination in human behavior,Springer.

Delle Fave,A.,F.Massimini (2004).Bringing Subjectivity into Focus:Optimal Experiences,Life Themes,and Person-Centered Rehabilitation.

Delle Fave,A.,F.Massimini (2005).The relevance of subjective wellbeing to social policies:Optimal experience and tailored intervention.The science of wellbeing:379–404.

Finneran,C.M.,P.Zhang(2005).Flow in computer-mediated environments:promises and challenges.Communications of the Association for Information Systems (Volume 15,2005),82 (101):101.

Gaggioli,A. (2005).Optimal experience in ambient intelligence,Citeseer.

Gaggioli,A.,M.Bassi,et al. (2003).Quality of experience in virtual environments. EMERGING COMMUNICATION,5:121–136.

Gardner,H.,M.Csikszentmihalyi,et al. (2001).Good work:When ethics and excellence meet,New York:Basic Books.

Ghani,J.A.,S.P.Deshpande (1994).Task characteristics and the experience of optimal flow in human-computer interaction.The Journal of psychology,128 (4):381–391.

Harvey,M.L.,R.J.Loomis,et al. (1998).The influence of museum exhibit design on immersion and psychological flow.Environment and behavior,30 (5) :601–627.

Hedman,L.,P.Sharafi (2004) .Early use of internet-based educational resources:Effects on students' engagement modes and flow experience.Behaviour & Information Technology,23 (2) :137–146.

Hoffman,D.L.,T.P.Novak(1996).Marketing in hypermedia computer-mediated environments:conceptual foundations.The Journal of Marketing:50–68.

Hsu,C.L.,H.P.Lu (2004) .Why do people play on-line games?An extended TAM with social influences and flow experience.Information & Management,41(7):853–868.

Huang,M.H. (2006) .Flow,enduring,and situational involvement in the Web environment:A tripartite second-order examination.Psychology & Marketing,23 (5) :383–411.

Inal,Y.,K.Cagiltay (2007) .Flow experiences of children in an interactive social game environment.British Journal of Educational Technology,38 (3) :455–464.

Jegers,K. (2007) .Pervasive game flow:understanding player enjoyment in pervasive gaming.Computers in Entertainment (CIE) ,5 (1) :9.

Johnson,D.,J.Wiles(2003).Effective affective user interface design in games.Ergonomics,46 (13–14) :1332–1345.

Kim,Y.Y.,S.Oh,et al. (2005) .What makes people experience flow?Social characteristics of online games.International Journal of Advanced Media and Communication,1 (1) :76–92.

Konradt,U.,R.Filip,et al.(2003).Flow experience and positive affect during hypermedia learning.British Journal of Educational Technology,34 (3) :309–327.

Konradt,U.,K.Sulz(2001)The experience of flow in interacting with a hypermedia learning environment.Journal of educational multimedia and hypermedia,10(1):69–84.

Korzaan,M.L(2003)Going with the flow: Predicting online purchase intentions.Journal of Computer Information Systems,43 (4) :25–31.

Koufaris,M(2002)Applying the technology acceptance model and flow theory to online consumer behavior.Information systems research,13 (2) :205–223.

Kubey,R.,M.Csikszentmihalyi (2002) .Television addiction.Scientific American,286 (2) :74–81.

Lakhani,K.,R.Wolf(2003).Why hackers do what they do:Understanding motivation and effort in free/open source software projects.

Lemos,A.(1996).The labyrinth of Mintel.Cultures of Internet: Virtual spaces,real histories,living bodies:33–48.

Liao,L.F.(2006).A flow theory perspective on learner motivation and behavior in distance education.Distance Education,27(1):45–62.

Luna,D.,L.A.Peracchio,et al.(2002).Cross-cultural and cognitive aspects of web site navigation.Journal of the Academy of Marketing Science,30(4):397–410.

Luthiger,B.,C.Jungwirth(2007).Pervasive fun.First Monday,12(1).

Malone,T.W.,M.R.Lepper(1987).Making learning fun:A taxonomy of intrinsic motivations for learning.Aptitude,learning,and instruction,3:223–253.

Manssour,A.B.B.(2003).Flow in journalistic telework.CyberPsychology & Behavior,6(1):31–39.

Massimini,F.,A.Delle Fave(2000)Individual development in a bio-cultural perspective.American Psychologist,55(1):24.

McKenna,K.,S.Lee(1995).A love affair with MUDs:Flow and social interaction in multi-user dungeons.Retrieved March,10:2006.

Miller,S.,D.Reid(2003).Doing play:competency,control,and expression.CyberPsychology & Behavior,6(6):623–632.

Mistry,P.,G.Agrawal(2004).Functional metaphoric approach to be "in the flow" with computer interfaces.Indian Human Computer Interaction(IHCI),Bangalore,India.Last retrieved December 1st.

Moneta,G.B(2004)The flow experience across cultures.Journal of Happiness Studies,5(2):115–121.

Montgomery,H.,P.Sharafi,et al.(2004).Engaging in activities involving information technology:Dimensions,modes,and flow.Human Factors: The Journal of the Human Factors and Ergonomics Society,46(2):334–348.

Nakatsu,R.,M.Rauterberg,et al.(2005).A new framework for entertainment computing:from passive to active experience.Entertainment Computing-ICEC 2005:1–12.

Novak,T.P.,D.L.Hoffman(1997).Measuring the flow experience among web users.Interval Research Corporation,31.

Novak,T.P.,D.L.Hoffman,et al.(2003).The influence of goal-directed and experiential activities on online flow experiences.Journal of Consumer Psychology,13(1):3–16.

Novak,T.P.,D.L.Hoffman,et al.(2000).Measuring the customer experience in online environments:A structural modeling approach.Marketing Science,19 (1) :22–42.

O' Broin,D.,S.Clarke (2006) .INKA:Using flow to enhance the mobile learning experience.IADIS International Conference on Mobile Learning.

Pace,S. (2004) .A grounded theory of the flow experiences of Web users.International journal of human-computer studies,60 (3) :327–363.

Pearce,J.,S.Howard (2004) .Designing for flow in a complex activity.Computer Human Interaction,Springer.

Pearce,J.M.,M.Ainley,et al. (2005) .The ebb and flow of online learning.Computers in Human Behavior,21 (5) :745–771.

Phau,I.,J.Gan (2000) .Effects of technological and individual characteristics on flow experience.An Agenda of Hypotheses.Visionary marketing for the 21st century:-Facing the challenge.Proc.,ANZMAC 2000 Conference.

Pilke,E. (2004) .Flow experiences in information technology use.International journal of human-computer studies,61 (3) :347–357.

Rafaeli,S.(1988).Interactivity:From new media to communication.Advancing communication science:Merging mass and interpersonal processes,16:110–134.

Reid,D. (2004) .A model of playfulness and flow in virtual reality interactions.Presence:Teleoperators & Virtual Environments,13 (4) :451–462.

Rettie,R(2001).An exploration of flow during Internet use.Internet research,11(2):103–113.

Riva,G.,G.Castelnuovo,et al.(2006).Transformation of flow in rehabilitation:the role of advanced communication technologies.Behavior research methods,38(2):237–244.

Riva,G.,J.A.Waterworth,et al.(2004).The layers of presence:a bio-cultural approach to understanding presence in natural and mediated environments.CyberPsychology & Behavior,7 (4) :402–416.

Ryan,R.M.,E.L.Deci (2000) .Self-determination theory and the facilitation of intrinsic motivation,social development,and well-being.American Psychologist,55 (1) :68.

Scollon,C.N.,E.Diener,et al. (2005) .An experience sampling and cross-cultural investigation of the relation between pleasant and unpleasant affect.Cognition & Emotion,19 (1) :27–52.

Seligman,M.E.P.,M.Csikszentmihalyi (2000) .Positive psychology:an introduction. American Psychologist;American Psychologist,55 (1) :5.

Sharafi,P.,L.Hedman,et al. (2006) .Using information technology:engagement modes,-flow experience,and personality orientations.Computers in Human Behavior,22 (5) :899–916.

Sherry,J.L.(2004).Flow and media enjoyment.Communication Theory,14(4):328–347.

Shin,N.(2006).Online learner's "flow" experience:an empirical study.British Journal of Educational Technology,37 (5) :705–720.

Shoham,A. (2004) .Flow experiences and image making:An online chat-room ethnography.Psychology and marketing,21 (10) :855–882.

Siekpe,J.S. (2005) .An examination of the multidimensionality of flow construct in a computer-mediated environment.Journal of Electronic Commerce Research,6 (1) :31–43.

Skadberg,Y.X.,J.R.Kimmel (2004) .Visitors' flow experience while browsing a Web site:its measurement,contributing factors and consequences.Computers in Human Behavior,20 (3) :403–422.

Smith,D.N.,K.Sivakumar (2004) .Flow and internet shopping behavior:a conceptual model and research propositions.Journal of Business Research,57(10):1199–1208.

Smith,M.W.,J.D.Wilhelm (2007) .Going with the Flow.Literacies in context:134.

Smyslova,O.V. & Voiskounsky,A.E.(2005,July).The importantance of intrinsic motivation in usability testing.Paper presented at the HCI International Conference,Las Vegas,Nevada.

Sohn,D.,B.K.Lee (2005) .Dimensions of interactivity:Differential effects of social and psychological factors.Journal of Computer-Mediated Communication,10 (3) :00–00.

Solzhenitsyn,A.(1974 –1978).One day in the life of Ivan Denisovich,Bantam Classics.

Solzjenitsyn,A.,E.E.Ericson(1963).The GULAG archipelago:1918–1956:an experiment in literary investigation,Collins Harvill.

Sweetser,P.,P.Wyeth (2005) .GameFlow:a model for evaluating player enjoyment in games.Computers in Entertainment (CIE) ,3 (3) :3–3.

Trevino,L.K.,J.Webster (1992) .Flow in Computer-Mediated Communication Electronic Mail and Voice Mail Evaluation and Impacts.Communication research,19 (5) :539–573.

Tzanetakis,R.,P.Vitouch (2002) .Flow-experience,the Internet and its relationship to situation and personality.Abstract of a paper presented at the Internet Research,3.

Voiskounsky,A(2001)Internet Culture in Russia.Internet-based Teaching and Learning (IN-TELE),99.

Voiskounsky,A.(2004).Current problems of moral research and education in the IT environment.Human perspectives in the Internet society.Culture,psychology and gender,4:33–41.

Voiskounsky,A.(2005).Virtual Environments:the need of advanced moral education/ Voiskounsky AE.Ethics of New Information Technology.Proceedings of the 6th International Conference of Computer Ethics:Philosophical Enquiry(CEPE2005). Ed.by Ph.Brey,F.Grodzinsky, L.Introna.Enshede,the Netherlands:CTIT Publ.

Voiskounsky,A.,O.Mitina,et al(2006)Flow experience and interaction:Investigation of Francophone online gamers.Proceedings of Cultural Attitudes Towards Communication and Technology.

Voiskounsky,A.,O.Smyslova(2003).Flow in computer hacking.A model.Web and Communication Technologies and Internet-Related Social Issues-HSI 2003:171–171.

Voiskounsky,A.E.,J.D.Babaeva,et al.(2000).Attitudes towards computer hacking in Russia.Cybercrime:Law enforcement,security and surveillance in the Information Age:56–84.

Voiskounsky,A.E.,O.V.Mitina,et al.(2004).Playing online games:Flow experience. PsychNology journal,2(3):259–281.

Voiskounsky,A.E.,O.V.Mitina,et al(2005)Communicative patterns and flow experience of MUD players.International Journal of Advanced Media and Communication,1 (1):5–25.

Voiskounsky,A.E.,O.V.Smyslova(2003).Flow-based model of computer hackers' motivation.CyberPsychology & Behavior,6(2):171–180.

Voiskounskyy,A.E.(1998).Telelogue speech.Network and Netplay,MIT Press.

Vollmeyer,R.,F.Rheinberg(2006).Motivational effects on self-regulated learning with different tasks.Educational Psychology Review,18(3):239–253.

Vygotsky,L.S.(1962).Thought and language,Cambridge,MA:MIT Press,chs.

Wan,C.,W.Chiou(2007).The motivations of adolescents who are addicted to online games:A cognitive perspective.ADOLESCENCE-SAN DIEGO,42(165):179.

Wan,C.S.,W.B.Chiou(2006).Psychological Motives and Online Games Addiction:ATest of Flow Theory and Humanistic Needs Theory for Taiwanese Adolescents. CyberPsychology & Behavior,9(3):317–324.

Webster,J.,L.K.Trevino,et al.（1994）.The dimensionality and correlates of flow in human-computer interactions.Computers in Human Behavior,9（4）:411–426.

Yee,N.（2006）.The Labor of Fun How Video Games Blur the Boundaries of Work and Play.Games and Culture,1（1）:68–71.

第五章 网络心理治疗的理论与技术

约翰·舒勒（John Suler）

计算机与互联网的普及为心理健康领域打开了一扇令人惊奇而又兴奋的大门，心理学专业人员开始探索利用网络在线环境来帮助他人的方法。那么，这些方法与传统的面对面干预相比，又有什么优势呢？尽管面对面的方式在很多情况中更加有效，但是网络在线干预却有其独特且不可替代的优点，尤其是当来访者因地域、身体状况、心理顾虑等因素而无法，或是不愿寻求专业人员的面对面干预时，其优势尽显。另外，它还可以为后期的面对面干预做前期准备工作，如与来访者建立良好咨询关系、收集来访者资料等。至于其他优点，特别是网络在线干预的特殊类型的优点，将在后面逐一讨论。

在这一章中，内容不会围绕心理治疗的概念展开，毕竟，这个术语的含义是什么呢？我们还没有明确的定义。如果我们召集一群心理治疗师来讨论这个问题，他们除了在心理治疗的一般定义上，即心理治疗是指一个专业人员帮助一个心理有困惑或是障碍的人，达成一致观点外，要是还能在这个问题的其他方面达成一致态度或是观点，那我们可就真是幸运了！可以说，不同学者在心理治疗这个问题上的矛盾，比我们争论网络问题的时间还要早。无论我们是否使用心理治疗这一术语，在过去的100年里，确实产生了很多将心理学的原理运用到心理健康服务中的方法。现在，网络提供了更多可能性，很多在过去看来甚至是不可思议的。由于在网络中，更容易接触人、信息或是活动，这使得一些临床可能性更易产生，如个体与群体心理治疗、社区心理学、各种教育活动和个人成长活动等产生交叉。因此，未来我们可能会选择不将这些临床工作形式定义为“心理治疗”，或是修改“心理治疗”的概念。

网络环境中的心理治疗方法至少能够概念化为三个。第一种方法，仅将电脑视为一种便利的工具，将网络心理治疗整合到已有的临床心理治疗理论中去。也就是说，已有的理念保持基本不变，我们只是简单地将它们移植到网络环境中来。第二种方法，我们可以定义和发展各种各样的网络在线干预方法，例如“电子邮件疗法”、“在线聊天疗法”等，也就是开发网络中各种交流方式的独特心理治疗方面的作用，各种方法之间互不影响。第三种方法，也是这一章要强调的内容，可以根据在线交流的基本方式这一框架，来总结网络在线心理治疗活动（J. Suler，2006a；J. R. Suler，2000）。这些方式可以按不同的人的需要进行调控、联合和修改，或是改变一个特殊的人的需要。每种方式都能够促进某些特定心理治疗方法的改变，其中的一些心理治疗方式也许是长期被传统的临床工作所忽视的，或是很少采用的方法。在这个意义上，在线交流可以解构心理治疗过程（类似于解构人类的“人际关系”），它们不仅可以揭露自己的基本方式，还可以提供理解和发展它们在改变心理治疗方面的潜力。

在这一章，我将会概述这个框架，也就是网络心理治疗理论，这些理论会以各种网络在线心理疗法个案为背景来阐述，以便读者更好地理解这些理论。其中有些网络在线心理疗法是目前流行的，有些则是将来可能会尝试的。同时也会用这些理论去解释网络中的群体和社区工作。最后，我会以这些理论为基础，提出一种新的临床工作类型，即专业人员为个人的网络在线心理治疗活动担当顾问，而不是担任个体的私人治疗师。这种临床工作类型我已经在“eQuest 计划”中描述过了（J. Suler，2005，2006a）。

一、网络心理治疗的理论

一些人认为，心理治疗是专业人员与来访者在治愈过程中的关系互动。如果这是对的，那么根据网络中的不同交流方式，那不是有不同的治疗关系类型？与面对面心理治疗法相比，网络在线临床工作在这方面是独特的，就是网络通过不同的途径，为专业人员与来访者提供互动的机会，其中，每种途径都有其独特的优缺点，每种途径之间在治疗关系类型上也有着轻微的不同。

在这一节里，我们将会探索在网络环境中心理健康专业人员与来访者的六种基本交流方式。六种基本交流方式就是六个维度，每个维度在特性上是不同的，维度与维度之间存在阶梯关系。其中的五个维度存在一定程度上的重叠与交互作用。另外，任何一种给定的交流形式都可以归入到六个维度中的一种。

（一）同步 / 异步

不同于面对面交流的同时性，网络为同时或是异时交流提供了可能性。在同时交流中，专业人员与来访者在同一时间坐在他们的电脑前，在同一时间段相互交流，如文本形式的聊天、视频聊天、语音聊天、可视会议等。技术因素，尤其是网络传输速度，决定着这种同时性是否等同于面对面交流的同时性。网速会造成交流速度减慢，这种迟滞，也许是几秒，也许是几分钟。

在异时性交流中，专业人员与来访者不需要在同一时间坐在他们的电脑前，通常，这种交流方式在时间上是不连续的。典型的异时性交流方式包括电子邮件、论坛发帖、VCR、语音留言。然而，一些典型的异时性交流方式修改后，也可以是同时性交流方式，例如电子邮件、论坛发帖。同时性交流与异时性交流的区别不应该根据它们的软件类型，或是计算机硬件工具来区分，而是根据人与人的交流在时间上是否连续来区分。尤其是在同时性交流中，互动有着明显的开始时间与结束时间。

同时性与异时性交流因时间是否连续而区分，此外，这两种交流的优缺点也是围绕这个时间是否连续而产生。在异时性交流中，约定交流时间或是制作计划是没有困难的，时区上的差异也可以忽视。然而，除去这些便利因素，异时性交流也有其缺点，这些缺点与没有时间界限有关，因为在心理治疗中，每次咨询或治疗的时间安排与限定，都是有着重要的心理学与治疗意义的。由于在我们的文化里，对于与一个心理健康专业人员进行异时性的交流这个事情上，还没有大家都接受的标准与规范，因而专业人员必须探索和创建这些标准与规范，并且所创建的标准和规范要从实际出发，还要有治疗效果。专业人员在一个约定的时间段里与来访者进行专业化的、努力的交流是对承诺的兑现，是一种奉献。异时性交流在某种程度上，会降低这种承诺感。承诺感的降低，对专业人员和来访者都不利，其中，来访者不知道还有没有下次的专业化帮助，即便有，也不知道是在什么时候，专业人员则面临来访者的回应延迟，或是咨询关系不知缘由地中断，简言之，就是存在遵守约定的问题。尽管在异时性交流中，回应的步调与长度可以作为有意义的指标，但是通常遵守约定被作为心理治疗的重要指标。不过，一些研究者则试图去反驳这个观点，他们认为，在来访者的观念里，心理治疗就是与约定联系在一起的，而不是把它视为每天都进行的一个事件，因而不存在不遵守约定的问题。

在比较同时性与异时性交流时，必须要考虑“出席”的心理学意义。当专业人员与来访者在网络在线咨询与治疗过程中都出席，如视频聊天，一些来访者也许会感觉到自己与专业人员是连接在一起的，这种心理上的感觉与不出席情况下的心理感觉完全不一样。这在心理咨询或治疗中是很关键的，它强调了专业人员与来访者的良好人际关系，特别是彼此在心理上的连接，对咨询或治疗质量的重要性，人本主义理论与精神分析中的自我心理学流派是非常重视这个因素的。同时性交流也许更加具有无意识性，结果是能够更加了解来访者内心世界，特别是来访者有意识隐瞒的，或是保留的心理内容。在异时性交流过程中，交换信息的节奏的改变，也许是具有心理意义的，但是无法发现交流中的微妙暂停，这不同于同时性交流。对于在交流中存在情绪与口头言语障碍的人来说，如患有严重的社交焦虑症者，影响口头言语的认知失调者，异时性交流也许是最好的方式。

异时性交流的一个明显优势在于反应的时间自由度比较大(J. R. Suler，2000)，专业人员或是来访者选择自己可以方便的时间进行回应，这尤其适合那些生活很繁忙的人。此外，它还使得专业人员或是来访者都有足够的时间来思考所接收的信息，以更好地组织他们的回复。对于来访者，当问题涉及冲动、自我刺激与消解时，这也许有着重要的作用与意义。对于专业人员，他可以有足够的时间制订更详细更有效的咨询或治疗计划，包括可以去请教他的同事、收集更多关于来访者的信息、进行换位思考（移情）等。根据文本交流（异时性交流主要是文本交流），如电子邮件中的“24 小时规则”，个体可以立即组织一个回复，作为自发性反应与宣泄的练习，24 小时后，在发送邮件前再浏览和修改这个回复（J. R. Suler，2000）。这种“写—等—修”练习，也许会刺激来访者的认知与情绪的改变。

（二）文本 / 感知觉

网络中人与人之间的交流大多是文本形式的，例如即时信息、聊天、电子邮件、论坛讨论板、博客等。目前，电子邮件与聊天是心理健康专家普遍采用的网络心理治疗方式，许多文献也都聚焦于文本方式的临床干预。尽管其中一些文献使用了“在线咨询服务”与“网络心理治疗”术语，而没有使用文本方式的心理治疗这一表述，而另一些文献则明确提出了文本方式的心理临床工作的独特方面，与书写的治疗意义（Anthony，2004；Chechele & Stofle，2003；Childress，1999；Goss & Anthony，2004；Murphy & Mitchell，1998；Stofle，2002；J. Suler，2004b；Wright，2002）。

由于缺乏声音与图像，网络中的文本交流所产生的感知觉与真实环境中所产生的差别很大。网络电话与可视会议则试图创造一个感知觉丰富且真实的会话环境，现在一些研究在积极地探索如何将这种在线视听方式运用至临床干预中（Glueckauf et al.，2002；Manchanda & McLaren，1998；Rees & Stone，2005；Simpson，2003；X.Day & Schneider，2002）。在这类感知觉丰富的交流方式中，我们也许还可以创造更加虚拟化的多媒体环境，在这个人造的“虚拟真实”环境中开展心理治疗与咨询活动——有时候，还可以在这种虚拟环境中用视觉肖像来代表来访者（Gaggioli，Mantovani，Castelnuovo，Wiederhold & Riva，2003；Glanz，Rizzo & Graap，2003；Riva，2000，2003；Schuemie，Van Der Straaten，Krijn & Van Der Mast，2001；Wiederhold & Wiederhold，1998）。这些多媒体环境可以模拟真实情境，如在网络多媒体环境中模拟真实环境对恐惧症进行治疗，或是只是纯粹地虚构，甚至创造完全想象的情境。

尽管我将文本交流从感知交流中区分出来，但是并不代表文本交流就完全没有视觉成分了。其实文本交流中也有视觉成分，如创造性地使用笑脸符号、间隔符号、大写字母、标点符号、字符艺术等。此外，将图像与声音嵌入到电子邮件、论坛讨论板中正在越来越普遍。

文本干预的一些优势是由技术因素所决定的。多媒体交流如可视会议，则需要额外的设备，需要掌握更多的技术，并且需要快速连接器以确保机器工作平稳。由于文本文件很小，因而它更适合治疗记录的永久性保存，以便于专家、来访者在日后有需要时进行回顾、检阅、评估等。同时，它还可以做到对整个治疗过程以及专家与来访者之间的关系保密。相较于语音或是影像记录，尽管文本交流的记录更容易量化与标准化地分析，但是随着多媒体工具的广泛使用，及其连接速度的增加，以及计算机、移动硬盘等设备储存空间的增大，文本交流的记录优势将会逐渐消失。

读与写、听与说之间的差异，以及不同个体在这些交流方式上的认知技能差异，是一个长期争论与研究的问题。相较于读与写，听与说通常更快，也更有效。由于一些人有读写障碍，他们用文本方式表达自己或是理解他人时存在严重困难。然而还有一些人，由于认知或是个人人际交往风格的差别，可能很自然地更擅长读与写的交流方式。正如日记疗法与阅读疗法一样，书写过程也许是一个认知治疗过程，一个鼓励观察本我、自我反省、自我洞悉过程，一个个人叙述式的治疗过程。这些治疗法的某些效果在异时性文本交流情境下常常更加显著。

文本交流的另一些优势可以归因于非面对面交流的匿名性与距离感，以及网络的去抑制效应（J. Suler，2004a）。一些患者由于自我揭露的焦虑，以及作为“心理疾病患者”的耻辱感等，面对心理治疗专家时会有心理障碍，他们也许更愿意寻求文本形式的心理治疗帮助，这主要是因为文本交流的匿名性。当来访者与心理治疗专家面对面或是在多媒体环境中时，他们可能倾向于更少的表达自己，脱离面对面环境也许能够鼓励他们更诚实与自我揭露。

然而，面对面交流也有其明显的优势。在非面对面环境中，个体的身份容易隐瞒，或是对其产生混乱、错误的认识。多感官线索则会为心理治疗专家了解来访者提供很多有价值的信息，如来访者的外貌、身体语言、说话语气等。

对于另一些来访者而言，他们更喜欢面对面的感觉，这种环境能够提高心理治疗专家的干预效果、心理治疗专家的自我客体效应、心理治疗专家与来访者之间的亲近感以及来访者对治疗的配合度。文本交流会让人感觉“正式”，但是缺乏支持与移情语气。对于某些来访者而言，网络的去抑制效应与匿名性反而有可能会导致他们不愿意自我揭露、行为退化，或是以各种方式干扰治疗过程。由于缺乏视觉与听觉线索，文本交流更容易引发歧义，进而导致更多的误解、推测与行为反应转移。尽管这种行为反应转移对精神分析临床医生非常有用，但是对其他学派的心理治疗专家可能就没有什么用了，有时甚至会给他们造成困扰。

了解人们对语音、视频和文本交流方式的个体偏好，这些偏好与个人认知风格和人格有什么联系，这些方式的哪些组合适用于哪些人与问题，是在网络环境中开展心理治疗工作的重要挑战之一。为了回答这些问题，我们会吸收与利用心理疗法中关于言语与意象方法之间差异问题的临床与经验研究成果（J. R. Suler，1989）。

（三）虚构/现实

网络空间最令人着迷和最有潜力的一面在于，其创造真实体验和极富想象力体验的灵活性。网络空间充满了基于幻想的交流，其中一些是纯粹的文字，另一些则有更多图像。尽管在角色扮演场景中，有些人更倾向能激起想象的仅有文字的交流方式，另一些人则更喜欢虚幻的视觉或多媒体环境。当设计网络心理健康干预计划时，专家们可以考虑客户对于逼真或虚构类型疗法的潜在体验。

富有想象力的环境可以由专家们来提供，或者也可以鼓励客户在线寻找已经存在的环境。

目前虚构环境可以应用于各种各样的治疗中，客户在虚构的网络社会中的人际交往实验，可能为精神健康专家讨论客户的问题提供十分有价值的材料。一些众所周知的治疗技术——例如人际角色扮演、心理剧、爆炸疗法、放松场景、开展丰富联想，和对梦、幻想和儿时记忆的探索——都可能在由心理健康专家帮助下设计的虚构环境中繁荣兴旺。在多媒体场景的例子中，治疗体验可能包括在虚构的可视化场景中使用替身，这是自我虚构的可视化表现。替身心理疗法可能既涉及到客户，也涉及到心理治疗师，这些治疗师不断试验自己的各种可视化表现，以帮助他们的客户探索自己的自我概念，同时也帮客户们理解移情和处理动态移情。

在为客户设计治疗体验时，也必须考虑到虚构场景技术的缺点。比如就精神疾病而言，某些形式的精神病理可能使患者不能很好的回应虚构环境，或可能会在虚构环境中加剧，对虚构冲突和虚构身份的过分关注可能演变为一种心理防御，并致使患者分散对真正的治疗作业的注意力，或者破坏性的放大投射和移情的反映。尽管有些客户在面对真实的面对面情景时会更焦虑，更少地表现自己，其他人却在真实面对面情景中更自在，并乐于表现真实的自己。当治疗师表现得更真实的时候，客户对治疗师的感觉更好，这可以增加治疗干预的效果、治疗师自我客体功能、亲密感以及客户对治疗的承诺。

（四）自动化 / 人际

计算机的基本目的是自动化地完成我们不能、不愿或需要很长时间完成的任务。在心理健康干预中，计算机可以自动化完成特定任务，或甚至在人类不同程度的监督下自动进行心理干预。类似 Eliza 的程序已经可以执行一个完全自动化的心理治疗（J. R. Suler，1987）。

自动化有各种不同的应用并各有优点，在治疗的评估、测试和诊断方面，计算机程序是高效、客观、准确的工具（Barak & Buchanan，2004；Epstein & Klinkenberg，2001），这些程序在帮助客户决定是否进行心理治疗和选择治疗方法方面表现出色。 有些人一开始就可能跟非人类治疗师在一起时更自在，更有表现力。同时，计算机没有感情，并可以设定为将反移情反应最小化，这使得它们在治疗工作中更加客观和中立。详细和程序化地诊断以及治疗协议可能十分适合自动化，可以使这种治疗经济有效。在某些方面，计算机拥有远超人类的记忆力，并且可能更好地检测与客户之外的各种模式。它们甚至可以检测声音和身体语言的变化，就如同它们可以检测心理生理变化，例如心率、皮肤电和血压——这些生物学指标治疗师通常无法感知。

当然，完全排除治疗师以人类形式出现于任何干预治疗在很多情况下将是错误的，一些复杂而又精细的心理健康干预也许不太可能写成电脑程序。计算机程序不如人类那样擅于推理和学习，因此它们适应变化、复杂或特殊的心理治疗状况的能力也就相当有限。有些客户在非人类治疗关系下不会觉得自在或有表现力，那些相信心理治疗中“客户与治疗师之间的关系本身就是治疗”的人甚至会质疑这种客户与机器之间的治疗关系是否有可能建立。同感的治疗作用可能被计算机程序模拟吗？在消除机器感情和反移情能力的同时，我们是否也失去了利用这些个性反应更好理解和帮助客户的机会？

尽管有许多优点，与人类相比，计算机最不及人类专家之处在于理解和由此导致的讨论和合作。然而，我们的目标并不是消灭自动化，而是决定什么时候适合使用自动化，什么样的人适合接受自动化治疗和人类专家应该多大程度参与其中。

（五）不可视 / 可视

计算机提供的人类专家潜在的不可视性与计算机的自动化 / 人际性特性有一些重叠之处。如果对客户的精神健康干预是自动化的，那么人类专家就有可能监视计算机的工作，他们可以调整计算机程序，或在有必要的时候，亲自介入治疗。不可视性的变化形式可能包括专家在网络治疗环境中悄悄地观察客户的行为，或者“监听”同事的个人或团体辅导，比如说悄悄地监督邮件明细，或是通过私人通信指导或支援同事。客户也有可能是不可视的，他们可以在个人或团体对话中观察其他人、熟悉或不熟悉的专家或其他参与者。

不可视性有一些好处。一些客户可能会更自在更有表现力，当他们确信专家并不在场时，一些不可视的客户可能从替代学习的经验中获益匪浅。做一名隐形的客户也可以降低或消除进行精神健康治疗所带来的文化羞耻感。

然而，不可视性也有各种缺点。当客户或者治疗师有一方不可视时，治疗关系就失去了本身的治疗效力；当他们之间有一方不出现时，客户或治疗师对资料的承诺可能被极大的削减。显然，在客户不知情的情况下监听或秘密干预，也会在道德上站不住脚。在知情同意的情况下，不可视的专家在客户大脑中就会变得更接近可视。随着时间的推移，一些客户会忘记有人在观察自己，这会使专家变得相对不可视。另外一些客户会一直记得有人在观察自己而觉得不自在，甚至变得偏执。然而，完全不可视的想法可能会使治疗师或客户产生一种虚假的安全感。当拥有足够的技术时，外人也能监测或观察参与者的任意网络接触。

电脑辅助交流的一个有用的方面在于，专家或者客户的可视程度可以被管理。在基于文本交流的小组里，一个人可以潜伏、定期交流或者保持持续参与的状态。当交流是同步并且可以被感觉到时，治疗师或客户的可视性最大化，此时此地，看见听见实际的人——就如同视频会议中一样——会使那个人看起来更真实，有生气，并对很多人来说都是可视的。尽管“人际”和“可视”两个因素有重叠之处，还是有可能出现人际干预但专家不可视的情况（例如由专家假装的自动化系统），也有自动化干预伴随可视的专家（例如接受自动化治疗的同时知道有以为专家在静静地观察）。

（六）个人 / 群体

在另一种精神健康干预中，网络空间为专家和客户之间一对一的治疗关系和群体治疗都提供了机会。在群体治疗活动中，专家可以扮演各种不同的角色：向客户提供在线团体治疗活动信息，告知客户团体辅导经验，向网络团体、社区提供咨询，或设计建立网络社团。

互联网一项很重要的特性在于，它有把经历相同问题的人们结合到一起的能力。成百上千个网络帮助团体专注于不同的社会或心理主题，对于心理治疗中的客户，这些团体是有价值的附属或独立的治疗经验。相似地，网络中有成千上万各种形式和不同规模的网络社区，某个客户在一个或几个在线社区中的生活方式是探索心理课题的绝妙缩影。抛开客户遇到麻烦的本质不谈，专家可以推荐某一特定社区或某个社区中的行为任务，之后，这种网络社区可能成为形成新的人际交往技能和心理治疗转变的背景。

认识哪些网络资源可供客户使用，那些本身并不积极参与在线治疗的心理治疗师也会从中极大地获益。在互联网时代，所有的精神健康专家至少需要网络行为、关系、社区尤其是网络支持团体的一些基本知识（Chang，2005；Davison，Pennebaker & Dickerson，2000；Finn，1995；Godin，Truschel & Singh，2005；

Hsiung，2000；King & Moreggi，1998；Madara，1997；Tichon & Shapiro，2003；Weinberg，2001；Zuckerman，2003）。当与客户或网络团体设计、管理方面的咨询者合作时，那些致力于在线活动的专家们将需要丰富的网络环境下关系和群体动力学专业知识。

判断客户是否能从网络世界中个体和团体经验中获益的因素，与评价现场个体和团体治疗利弊的因素有一部分相同。然而，在线团体经验会引起一些独特的问题。客户要如何处理文本，同步 VS 不同步的交流？他们将如何管理自己在群体中的网络身份，并且他们应该怎样回应其他人的身份以及"尝试"他们的身份？他们必须如何整合他们在网络中形成的生活方式和现实生活中真实的生活方式？

专家们协商、设计、管理在线团体时将会面临以上同样的问题，同时，也有其他的问题需要考虑，比如组员关系、目的、价值体系、管理规则、领导关系结构和通信设施。这项工作包含来自以下各领域观念和技术的集合，这些领域是传统的团体治疗、社区心理学、组织心理学和网络社区中的独特理念（Rheingold，H.，2000）。最大化在线团体的福利不仅需要补救性的干预。遵循社区心理学的初级和二级预防原则，最大化在线团体的福利需要在问题逐步上升，最终变为大问题之前就在早期侦测到它们，同时也需要合理的设计社区以使有些问题在一开始就可以避免。有些这类的干预措施纯粹针对团体纯粹的心理学和社会学特性，其他的则涉及到交流交际媒介的软性改变。

"团体"的界限、结构和定义可能在网络和现实生活有很大的不同。前面所讨论的网络交流的五个不同维度的各种组合会显著地改变团体的动力结构，因此也有可能提供给客户不同的治疗体验。临床医师们已经开始探索传统的交流选项：同步和不同步，对夫妻合作、家庭和团体合作的影响（Bellafiore，Colón & Rosenberg，2004；Jencius & Sager，2001；King，Engi & Poulos，1998；Ouellette & Sells，2001；Pollock，2006；Weinberg，2001）。

然而，大量的其他选项需要被探索。使用分层的互动，一个团体可能用两种不同的交流途径行使两种不同水平的功能，伴随其中一种途径，团体的功能可能是另一种途径产生讨论的元讨论 。举例来说，团体成员可能通过同步的文字或视频召开会议，那么，使用会议的文字备份或记录作为参考，团体通过电子邮件可以讨论这些对话。关键的是，这是团体治疗中一种以电脑为媒介的"自反思循环"的改善，就如 Yalom（Yalom，1995）所讨论的一样。团体行事过程将会变得分层，拥有一种核心的、自发的、同步的体验和有层次的元讨论。

不可视性引发了其他一些有意思的可能。在一个嵌套的团体里，一个人可以与另一个人交流，同时也能与团体其他人进行不可视的交流。尽管这种私下交流可能制造小团体和冲突，但它有利于团体成员，也有利于专家提供隐蔽的辅导和支持最终改善整个团体。在重叠的团体里，团体中的个体或小团体可以与兄弟团体中的个体和小团体交流，这会使经验的比较跨团体传播。专家也可以创造一个元团体来悄悄观察另一个团体，然后在在线会议期间或之后，向整个团体或私下里向团体成员提供来自另一个团体的反馈。

团体策略可能包括一对多、多对一和多对多的环境。在网页或博客中，一个人可以向团体治疗性地表达自己，如果团体能向他提供反馈，那么这些回复就是有益的。网络博客社区和社交网络系统使人们能找到那些拥有共同背景和兴趣的人，并与之交流。富有创建性的精神健康专家会找到方法，帮助客户从网络团体提供的机会里探索自我并且得到最佳的收益。

二、网络治疗理论的临床意义

持不同观点的心理治疗师在评估网络治疗理论这些维度时，存在很大的差异，那些更依赖具体程序和协议的治疗师——比如在某些行为和认知方法上——可能会认为自动干预非常有用；那些在治疗过程中使用基于虚构的材料（如梦工厂疗法、暴露疗法、冲击疗法、内爆疗法等），或者应用角色扮演的精神分析师和行为临床医师，也许会被通过计算机进行治疗的前景所吸引。比如在一些精神分析疗法和图书疗法中，异步文本沟通对那些强调自我描述建构的心理治疗师就非常有用。有些精神分析工作者也会对文本交流中所强调的移情和反移情感兴趣。然而，那些强调面对面、真实人际关系治疗作用的治疗家——尤其是人本主义的思想家——也许会拒绝任何类型的以计算机为媒介的干预，他们可能更喜欢完全呈现的人际交往。当然，需要与身体线索和身体接触密切配合的临床医师（如想象治疗，躯体体验治疗，眼动脱敏和再加工 [EMDR]），可能会认为网络的作用非常有限。

然而，从实践的观点出发，如同电话已经成为了一种普遍的方式，很难想象还会有临床医师质疑与来访者保持联系时电子邮件的有效性。在网络治疗理论中，这种沟通方式具有多元临床干预的特点，因此，也可以通过该理论的六个维度进行分析。

有大量方法可以把这几种不同维度的元素进行排列组合，用以设计满足客户需要的治疗计划。那些能够从深度心理治疗工作中获益的人（如高功能、受过教育或者有艺术造诣的人），在配合文本评估的情况下，也许会在富于想象的情境中表现得很好。在需要逐渐治愈的创伤性治疗的开始阶段，一般先采用文本探索，然后慢慢结合真实感觉再现来消除创伤。有些疗法（如 EMDR）也许可以发明虚拟文本或者感觉来源来消除创伤。在处理人际交往情境遇到的问题时，所必需的发展性的社会技能，能够从根据最少的情境线索（并且可能是一个不可视的治疗师进行评估和指导）进行的想象 / 自动 / 异步角色扮演进步到能够进行更具挑战性的、自动的、同步的、人际交往的和情境更加丰富的角色扮演。精神分裂症和社交恐惧症来访者为了解决亲密和人际交往焦虑的问题，可能会从一开始采用异步的、可能是自动化的文本的治疗过程中获益，然后再采用更同步的、感觉的、现在的本文治疗，最后采用面对面的治疗。

网络治疗理论的一个重要方面是我们可以根据来访者与专家之间的沟通类型来评估心理健康干预，这种方法与定义心理治疗干预的传统方法不同，它与一种解释精神病理学原因的理论有着更密切的联系。甚至可能是这样，关于不同沟通方式对治疗过程发生影响的差异性的理解，可能使有关心理问题的概念拥有一种新的理论框架。也许可以根据个体以计算机为中介的沟通向面对面沟通转换的能力，以及两者结合的能力来评价其心理健康水平。

随着网络空间技术的进步，以计算机为中介的干预方法也会改变。其中一个重要的部分——对与心理治疗实践相联系的伦理问题的评估——可能还有新的解释。临床医师最关心的问题，总是来访者在专业指导下获得的利益和权利。

三、网络治疗的活动和程序

目前有这样一个趋势：把互联网当做个体心理治疗的一种特殊形式，并且把它变成在线的模式，就像聊天室或者电子邮件形式的精神动力治疗或者认知治疗。然而，根据网络治疗理论，专家们也可以开始在网络空间中探索各种新的治疗活动来发展新的干预方法，而不必使网络治疗适应先前存在的临床理论或技术。那些在网络空间的个人成长和心理教育活动，可以作为个体治疗的补充活动，或者也可以作为独立的活动。

他们也可以组合成一种全面的、综合的程序，例如“eQuest”（Suler，2005）。个体带着一些与个人心理健康有关的具体问题进入这个程序，几乎所有的问题都可以在这个程序中找到，并得以解决（离婚、焦虑、饮食失调等）。程序以网站的形式存在，由引导个体通过各种在线活动的指导语和解决个人问题的练习组成。这个程序的哲学提倡要发展个体的在线技能、活动，和它们之间的关系的优势，这些被看做是解决人生困境的资源，它强调探索不同类型的在线活动和沟通模式，以及在网络空间中探索个体的自我表达和身份，还有发展能够与现实生活中的生活方式有效结合的在线生活方式，这三者极其重要。他（她）参与这个程序的具体目标是解决个人问题，但是目标更多的包括在心理教育、治疗过程中，使自己成为一个对在线资源深入了解的用户，并形成一种在线生活方式。这两个目标是密不可分的。

当设计、指定和完成这些在线治疗活动时——尤其是在综合的程序中——在转变过程中，与传统心理治疗师不同，专家可能不总是扮演着中心的角色。相反，在这个过程中，专家通过扮演顾问的角色而不是心理治疗师本身授权给来访者自己，让他们在教育和个人成长过程中指导自己。尽管来访者可能从在线治疗设计的活动和程序中获益，但毫无疑问的是，当专家扮演着顾问的角色时，治疗过程会更有效率。在接下来的内容中，我将阐述在线治疗程序的一些组成部分，以及专家顾问可能的功能。然而，因为我们处在许多需要心理治疗的来访者都是在互联网中的时代，即使是传统的心理治疗家，也可能从理解在线治疗的特征中获益。

（一）目标设定与评估

在来访者尝试在线治疗的活动或程序之前，专家应该帮助他们澄清具体的问题或者目标，即他们希望的到底是进行学习还是解决问题。在 eQuest（Suler，2005）中，我鼓励被试带着一个对个人有意义并对他们的人生很重要的问题。尽管他们在选择一些可能的目标上存在一些困难，但是他们几乎从来不会找不到一个想要探索的问题。有时候在关注模糊或者宽泛的目标上他们需要帮助，有时候他们选择了一个乍一看似乎是抽象、学术方面的问题而不是个人问题，然而，即使是一个粗略的讨论，通常也能帮助他们澄清具有个人意义的问题。

专家应该评估个体适应计算机的能力。可以采用由ISMHO临床案例研究集团（Suler，2001）创建的办法来确定个体是否适合在线治疗，如以下这些问题：写作和键盘使用技能、有关计算机和互联网的知识，以及先前在线活动的经验。浏览网址和发送电子邮件的这些基础技能也许是必须的，但是一个设计良好的活动或者程序对于那些具有中级和高级网络知识者应该是高效的，尤其是在顾问提供反馈之后。

在评估阶段，咨询师应该小心任何个人禁忌，以及一个特殊个体选择的极具情绪化或某种行为不当的问题。例如，由于在这个程序中需要移情反应和紧密的在线关系，具有人格障碍、冲动和精神疾病的患者可能无法从在线社会活动中获益，或者他们可能需要更加详细的咨询。有一些问题——如在线异常性行为和犯罪——可能需要通过阅读来探索，而不应该通过社会交往来调查。

顾问也许可以开发一个结构化的工具来进行评估。eQuest程序（Suler，2005）在评估前后以及在追踪整个程序的过程中，都有一个评估概要和访谈。在一个对被试评估前的访谈中，顾问使用等级评定量表和列表对个体的自我报告的计算机和互联网技能、先前的在线活动、在程序中探索的个人问题的有关知识和经验，以及在线活动中的社会/认知偏好进行评估。根据在线治疗理论的六个维度评估这些社会/认知偏好，即对文字、视觉、同步沟通和异步沟通等的偏好，一个剖面图能够直观的总结个体的这些方面的特征，专家可以在在线治疗活动中参考这个剖面图。在被试完成这个项目之后，可以使用评估工具来了解个体在这个程序中取得的进步。

（二）使用在线信息

任何在线治疗程序都应该鼓励来访者利用有关心理健康问题的大量在线信息。然而，最近的研究分辨出了各种不同性质的信息，以及发现了教人们评估信息的重要性（Casteel，2003；Griffiths & Christensen，2000；J. Morahan-Martin & Anderson，2000；J. M. Morahan-Martin，2004；Palmiter Jr & Renjilian，2003）。帮助来访者使用网络信息的指导语应该包括评价信息质量的客观标准，也就是说，写这个网页文章的人的资格证书是什么，是否是一个有名望的组织创建的网页，这个网页的评论是什么，以及有多少和有哪些网页链接了这些信息。顾问也应该鼓励来访者寻找资源的主观经验效度。为什么人们会觉得这些信息适合或者不适合他们？人们如何理解那些信息，以及是如何把他们应用于自己身上的？在 eQuest（Suler，2005）中，被试结合这些客观和主观的七级评价系统来评估网络资源。

许多在线资源是专业的网站，他们的目的是帮助那些因各种行为和心理健康问题寻求帮助的人，例如吸烟、酗酒、抑郁、创伤后应激障碍、饮食失调、自残和社交恐惧症。这些网站提供相关的病因、症状、专业治疗方法，以及自助和自我管理的策略。这些网站是最广泛使用的心理健康资源。

由于来访者可以找到所有信息，因此这可以帮助他们理解为什么有些信息可以吸引人们的眼球。人们选择的信息可以反映他们有意识和无意识的需要。对于每一个网站来说，他们呈现的一些观点或者“事实”，都可能在另外一个网站提出相反的观点或“事实”。顾问必须鼓励来访者意识到他们寻找信息的倾向，这与他们先前有关社会或者心理健康问题的信念一致，并且让他们意识到他们在理解心理和情绪的基础上存在的偏见和倾向。

（三）加入在线群体

随着网络空间规模的扩大和社会复杂性的急剧增加，我们很难想象有任何不能在这个在线群体中解决的社会或者心理问题，其中有些可能是小的、随机组成的讨论组，但是还有其他的，包括各种各样的自我帮助组织提供复杂的心理治疗和心理教育支持（King & Moreggi，1998；Madara，1997；Riessman，1965；Salem，Bogat & Reid，1998）。收集有用信息，通过观察他人互动、分享和从他人那里寻求建议中学习，以及向他人提供帮助—正如“帮助治疗原则”所指出的（Riessman，1965）——都可以提高个人成长的过程。

然而，关于理解在线群体文化以及如何有效地参与其中的问题，我们会有一个学习曲线。当与来访者做咨询以及设计在线治疗程序时，关于以下问题，专家可以提供实用性的建议，即如何寻找这样的在线群体和加入他们，在创建个人资料时选择说什么和不说什么，在加入他们之前观察这个群体的文化的重要性，怎么介绍自己，以及作为一个新手应该有怎样的预期。由于有些群体无疑是无用的、恶性的，甚至是有害的或者病态的，因此，在线治疗程序应该包括一些帮助人们如何评估一个群体是否有用的指导，例如群体是如何活动的、对新手如何反应、对话是怎么样的、这个组织是如何处理分歧和冲突的、这个群体关于某个要解决的问题的观念是什么、这个观念能否符合来访者的信念系统以及它是如何使来访者获得治疗效果（甚至可能这个观念可以作为“认知解毒剂”来治疗被试的不适应信念，Suler，1984）。识别普遍性——你的问题不是异常的，并且不是你一个人要解决它——是群体经验的一个重要的治疗方面，因为即使是罕见的问题，网络空间也能够使具有同样问题的人聚集在一起，因此，它可以提供建立群体友谊和互相理解的机会，这是在线治疗的优点。

在 eQuest（Suler，2005）中，顾问会鼓励来访者阅读有关在线群体和社会关系的利弊的文献。比较个体在在线群体中与面对面群体的行为表现方式，包括在线抑制解除时个体可能的反应是非常有趣的。顾问尝试帮助来访者理解这些行为反应，可以让来访者对自己的个性以及在在线治疗项目中要解决的问题有深入的洞察。

（四）一对一的关系

尽管许多人都与他们在互联网上遇到的人建立了人际关系，但是他们可能对必要的在线人际关系的优缺点不熟悉。在这个目标上，专家可以帮助他们。在来访者探索一些特定的个人问题的在线治疗程序中，专家可能会鼓励和指导他们与那些分享了同样问题或了解它的人建立关系。形成的这种关系可以指导他们，或者提供同伴帮助和支持，在有些情况下，还能形成友谊。来访者可能会私底下与他们加入的在线群体中的人接触，他们会认为可能与其形成美好的关系。

由于和面对面关系相比，基于在线文本交流的关系极其具有独特性，eQuest 项目提供建议、读物和练习来帮助被试从这种关系中获得最大利益，同时避免文本交流的误会。在一个涉及键盘使用技巧，如使用大写、括号表达式、尾部标记、多信息文本以及表情符号的一项练习中（Suler，2006），被试需要尽量使用键盘技巧与一个真实或者想象的在线人物形成一个实际的文本信息。由于文本对话具有歧义性，移情反应就成为网络空间中的一个普遍的问题，因此，程序还包括这样一个练习，即个体想象一个在线伙伴，然后将心理表征与他自己生活中重要人物的形象进行比较。另外一个练习是个体需要使用不同的声调和语气读出自己的文本信息，这样可以帮助来访者唤醒在线伙伴在读这些信息时可能会察觉到的各种意义和情绪。为了对这种关系有一个“大体观”——和理解随着时间的推移这种关系的发展——另外一个练习是鼓励个体浏览那种关系档案中的一些电子邮件的标题，然后再重新阅读一些以前的电子邮件。

作为在线关系中的教育部分，顾问可能会鼓励来访者探索他们在在线沟通中是如何看待顾问，以及如何对他们做出反应的。如果顾问和来访者既通过面对面互动也通过在线互动沟通，那么可以通过比较这两种沟通方式，帮助来访者意识到他们如何在网络空间和面对面做出不同的行为反应。顾问与来访者之间形成的关系可以让人们安全、公开地讨论自我表达、扭曲的人际关系、去抑制效应以及移情反应。来访者在在线沟通中对专家的看法和行为反应与面对面沟通差异非常大，理解这种差异可以帮助他们更深刻地理解在线沟通的本质和他们自己的人格动力。

（五）在线测试和互动程序

尽管人们可以在在线网络中进行各种人格测试、才能测试、兴趣测试和其他类型的人际交往项目，但无论个体进行心理治疗或者参加在线治疗程序的问题是什么，几乎总会有一些相关的在线测试或者问卷。在 eQuest 中，顾问会鼓励被试浏览提供这些资源的网站，并完成一些看上去有用或者他们感兴趣的测试。有时候他们会选择那些明显与他们的问题相关的测试，但是有时候他们也会完成一些仅仅因为他们感兴趣的测试。顾问鼓励参与者与他们讨论测试结果。

专家应该告诉来访者为什么这些测试大多不是有效的心理测量工具，以及他们应该抱着怀疑的态度看待这些结果。由于商业目的或者单纯的娱乐，这样的测试迅速增多，这是网络空间中的一个重要问题。不管怎么样，来访者去证实这些测试，并确定是否是正确的，也可能是一个有价值的学习经历。在 eQuest 指导中——尤其是顾问之间的讨论——参与者被鼓励将这些问卷作为跳板使用，他们可以通过问卷自省，以及思考他们正在探索的问题。分析人们选择的测试或项目以及理解他们为什么要证实这些事也是非常有价值的，他们的选择通常可以反映个体潜在的担忧、愿望和需要，这些可能与他们在程序中正在探索的个人问题有关。

（六）自由浏览

人们上网时，常常搜索特定的资源或者访问特定的网站，也就是说，他们的上网目的通常是预定的。这种心理定势趋于缩小人们的视野，并可能妨碍人们发现未知但已存在于网络之中的资源。有时，这些特定的事项甚至会通过网络空间给人们的行动强加上一种线性的意图，使人们的行为破坏超文本（与万维网相关联的结构）的效用和妙处。

eQuest 的自由浏览模块试图颠覆这种心理定势，以使人们可以更自由地去探索，重新唤起人们利用发散思维去探索和发现的趣味与创造性。在 EQuest 中有几种类型的自由浏览操作，但是它们全都鼓励人们投入一些在线的时间在网络空间漫无目的地游荡，人们可以使用随机链接产生器，进入因特网中某处的一个网页上，作为他们游荡的起点；抑或可以在一个熟悉的页面上开始他们的旅程，然后开始在链接上点击，时而随机选择，时而选择那些引起他们兴趣的网页。当不依赖于有意识地分析或评估，而是依赖于直觉和“内部感觉”时，这些操作运行得最好。

对于一些人，这个过程意味着一种令人沉思的自由关联过程，它成了一种迷人的主观尝试。在这个测验中，人们允许自己的无意识需求和情感来指引他们的路径。人们如何体验这个自由浏览的过程，以及在网上发现了什么，都是可以给人启发的。对于拥有强迫倾向或刻板生活方式的人来说，自由浏览可能是一种有治疗作用的挑战。尽管许多人起初并未意识到他们进行并体验的自由浏览在心理学上的重要性，但是顾问经常会提供反馈来模拟这样的洞察力。

（七）创造在线的存在感

许多在线环境和社区给人们提供了创造个人资料或网页的机会，以使他们可以在那里展示自己背景和兴趣方面的信息。博客和照片分享社区已经成为表达自我的一种流行的方式，专家可以帮助客户预定这些任务作为有价值的治疗和自我反省的练习。在这些任务中，许多重要的问题都可能被考虑到：您认为关于您的生活中最重要的是什么？您想让别人了解您的什么方面？对于您如何展示自己，别人可能的反应是什么？人们选择怎样展示和在某种意义上创造他们的在线身份，是网络生活中一个很引人入胜的方面，那种身份可能和其本人的行为并不完全相符。

在 eQuest 中，创建个人网页的指南建议人们描述一些与他们有关的生活、个性、背景和兴趣，以及描述他们在这个项目中搜索自己的问题时所学到的东西，然后是他们自己。在顾问的帮助下，他们被鼓励去尝试不同的字体、背景、颜色、图形和照片，这被看做是有创造力的并且是按他们的意愿进行的自我表达。指向数千个人网页的在线索引的链接，以及先前 eQuest 用户的页面，给了他们去检视别人决定怎样去展示自己的机会。

因为自我意识和个人身份围绕着别人怎样欺骗我们，所以顾问和网络治疗项目会鼓励客户去思考“观众（audience）”。客户怎样有差异地去创建他们的网页、个人资料或者博客，是否取决于阅读它的人，如朋友、家人、同事、熟悉他们问题（这个问题可以在网络治疗项目中搜索到）的人，或者任何网络中人？客户可能会被要求去向家人和朋友索求关于他们网页或个人资料的反馈。在试验了不同的版本后，客户就可以最终决定哪个最合适上载到他们的在线群组。

（八）协助媒介转换、焦虑和心理定势

因为网络治疗项目的哲学主张，人们可以从不同形式的交流中获得治疗上的益处，项目将鼓励和指导人们尝试参与到不同的在线环境中，包括文本、视觉、听觉、同步和异步的交流，虚构与真实的环境，以及不同程度的隐现。这种多形式背后的机理是，交流环境塑造了个人身份和社会交往的表现力，因为每种环境都可以提供一种不同的表达形式，探索新形式的表达方式可以加强人际学习和个人身份的凝聚力和发展。

但是，当通过电脑寻求帮助时，人们倾向于尝试他们已经熟悉或感到舒服的交流形式，这些交流方式可能对他们来说并不是最好的选项。人们可能需要探索新的环境来实现媒介的转换。在某些情况下，改变可能很小，而在另一些情况下，转变可能相当具有戏剧性。在线心理健康专家的一个功能将会是帮助人们做出这种转换。

面对改变的可能性会激起恐惧感，这在进入新类型交流形式的情况下，被称为媒介转换焦虑。尽管焦虑的程度会随着每个人的个性和需要改变的量而有所不同，但是对于大多数人，还是一些共有的因素会引起焦虑。一些人可能因投入大量的时间和精力掌握一种不同的交流方式而感到有压力。为了避免不胜任感和可能的挫败感，人们可能更愿意继续使用他们已经掌握的旧交流环境，而不会转换到他们可能不理解的新环境去。对于未知的恐惧可能成为一种阻碍，尤其是在一个新的社会环境中，人们必须搞清楚这个社会系统是怎样运转的，在这个环境中怎样才能举止得当，以及怎样展示个人的身份。常常可能出现的情况是其他人的挑剔或排斥。对于一些人，焦虑会随着安装新的软件或进入新的环境可能对他们的电脑带来问题的担忧而攀升。试着让事情变得更好一点，有时可能使你已有的东西变得更糟，因此，“如果东西没损坏，就不要修理它”的哲学盛行。顾问可能要考虑去探索潜藏在客户的这些态度下的心理学问题。

抵制探索新的环境可能是由于媒介心理定势导致，这种心理定势是指，关于交流形式的狭隘和刻板的思维模式，会使其不能考虑新的信息或观点。人们可能会对一种类型的交流环境变得习以为常，以至于不再去考虑其他的。如果在其他类型的交流环境中没有提供替代的解决方案，他们处理问题（包括心理学和社会的）时，会严格依据那个环境的方式，他们的思维会局限于那种媒介。个人在想象力、好奇心或学习和问题解决能力的局限，可能会导致媒介心理定势，但是，即使没有这些局限的人，也可能在不经意间经历这种心理状态。他们往往将他们特殊的交流形式理想化，并将他们的自尊和身份都投入其中，他们对于去那里有种怀旧的记忆，他们可能觉得需要保护这些感觉、记忆和身份，这将导致对于他们的媒介的一种类似于领域行为的合理化的防御。媒介心理定势有时会成为整个在线社区的常模，所以，如果正在转换到其他交流形式或甚至仅仅是考虑转换，都可能危及人们在其中的状态。为了避免认知失调，人们可能会贬低其他确实更有价值但他们不会尝试的交流形式。

在线专家需要处理客户的各种水平的媒介转换焦虑和媒介心理定势。为了促进认知的发展，他们可能会帮助客户依据熟悉的假设，迅速理解替代的交流方法，让他们认识到怎样在事先使交流变得可控和可预测。专家需要帮助客户理解形成媒介转换焦虑和心理定势的个性和态度方面的因素。专家的这些工作最后往往会成为心理治疗的业务，这些问题会跟客户生活中的其他问题交叠在一起，包括人们带到网络治疗项目的问题。在线专家也可以通过唤起客户的需要感、成就感、骄傲感、愉悦感，甚至是做出改变的冒险，来激发他们转换交流媒介的动机，这种动机可以用马斯洛的需求层次理论的术语来概念化，包括获取信息的需要、建立社会联结的需要、自我掌控和自尊的需要和通过创造性的自我表达的自我实现的需要。

当专家帮助客户进行媒介转换时，会提供一些实用的建议。当他们需要时，仅通过尝试一些大的改变就可以实现损失最小化，获益最大化。在进入一个新的在线环境时，预期会有一个适应期。根据交流形式的差异，预测一个学习曲线，用于表示客户需要发展的新的知觉、动力、认知和人际交往的技巧。接受混乱、取得小的进步的需要，以及任何优秀的媒介都有缺陷的事实。有时候混乱和挫折是合理的。在一个新的社会环境中，在完全融入其中之前，要先学习软件的用法。在参与到新环境之前，要试着去理解群体的规范——被认为是可接受和不可接受的行为。接受作为新手的角色，找出熟悉这个环境的人的建议，但是要识别并离开充满敌意的社区。研究新的交流形式，同时认识到在先前的交流形式中形成的心理定势可能会妨碍你了解新环境中的一些资源。辨别什么时候通过参加一个新的环境，以及什么时候环境跟你的技能和兴趣不匹配，发展自己独特的一套认知、知觉和社会技能是个好主意。

（九）整合

在一个网络治疗项目中，顾问必须帮客户整合项目产生的不同的活动和经验。在线顾问需要通过识别重要的话题和模式来帮助客户全面发展，而不是允许这个项目成为在线可做之事的大杂烩。客户的经验像一张张拼图，需要通过比较、对比和组合才能得到更大的图。因为这个项目支配一切的目标是帮助客户理解关于个人问题的真实的信息，这些生活中的问题的主体效应，以及在网络中发展一种生活方式的意义，所以在线顾问要鼓励他们理解三种学习目标并不是独立的，而是交叉在一起的。甚至是已经熟悉项目提供的网络信息的资深互联网用户，也可以从这种高度整合心理学的过程中获益。这个过程中也需要专业顾问的客观的协助。

分离在线和离线活动——将沉浸在网络中作为独立于生活其他部分的一种经验——对某些人可能是个难题，它是网络成瘾的一种典型的特征（Greenfeld & Sutker，1999；J. R. SULER，1999；Young，1998）。因此，网络治疗项目中的整合功能和它的顾问是帮助人们将在线和本人的生活带到一起来。在 eQuest 中，给出的建议出奇地简单：和你的在线同伴讨论自己在线下的生活；通过电话联系或亲自拜访你的在线伙伴；同家人和朋友谈论你的在线经验；和你在线相识的人互动。尽管这些活动看起来简单，但它们对于获得新观点新的观点，防止在线经验的错觉，以及发现客户的生活方式和个性的维度都是非常重要的。

尽管在网上，人们同样倾向于从他们的身体里分离出来。上网是一种久坐的活动，因此很容易变成一种脱离现实的经验。尽管一些在线生活的提倡者褒奖这种没有肉体存在干扰的直接与心理联系的价值，但是，认为我们的身体在自我感觉和我们在线的遭遇中不起作用是错误的。利用体验感受练习（Gendlin，1982），eQuest 鼓励人们在线时体验身体的感觉，同时理解这些感觉是如何知道我们报告我们在网络中的经验的。背部和颈部疼痛是连续地、甚至是难以抑制地使用电脑最常见的症状——这是身体在警告我们是时候停下来了——但更加微妙的感受却揭示了在线活动的潜在情感反应，尤其是涉及在线亲密关系，这些情感反应常常是无意识的。在线顾问可以通过鼓励客户记住和理解关于电脑和互联网的梦想，进一步增加对无意识反应的探索。事实上，在整合方面（即在字里行间找寻隐藏的模式和主题），许多顾问尝试探索无意识，就像是精神动力学的心理治疗师所做的干预一样。

四、网络治疗理论的背景

网络治疗理论的效用将由专家和其发展的社会背景来判定，其广泛的实行尚需要跨学科的努力，如临床与认知心理学、通信、人机交互和互联网技术。软件和硬件的可能性、构成网络治疗理论的六因素的心理学研究以及临床实现的可能性和因素，都必须同步发展。最有效的网络治疗项目的模型可能包含跨学科的团队，这个团队帮助决定采用何种心理治疗方法，由哪个临床医生进行治疗，在何种网络环境中进行将会对某个特定的客户最有效。针对客户的网络治疗计划可能包含一系列各种类型的在线活动，并且由跨学科的团队进行设计和指导。尽管基于网络治疗理论的评估会充当首要的有计划的干预结构，但是各种可能的干预需要在线临床工作的专业化，训练计划，甚至是鉴定的发展。

为使网络治疗系统成功，当下争论最多的与临床工作有关的复杂的伦理问题，专业的问题和法律相关的问题亟待解决（Anthony & Goss，2003；Barnett & Scheetz，2003；Hsiung，2002；Kraus，2004；Ragusea & VandeCreek，2003）。这些问题包括特殊训练标准的发展、客户身份的核实、隐私的保护以及临床工作跨越政治的界线。

一个成功且广泛实行的网络治疗理论将需要在线网络的发展，这个在线的网络整合了消费者的信息、推荐系统、评估策略、跨学科团队以及网络治疗环境。这些网络的一个重要的特征是将在线和面对面的服务联系起来，并且向用户提供如何导航到它们的咨询。理想的结果将是网络化的服务，即技术人员、研究人员、网络治疗顾问和临床医生一起工作，授权给客户做出最有效的决定，保证他们具有最好的心理健康状态。

【参考文献】

Anthony,K.(2004).Therapy online-the therapeutic relationship in typed text.Writing cures:An introductory handbook of writing in counselling and psychotherapy,133–141.

Anthony,K. & Goss,S.(2003).4 Ethical thinking in online therapy.Forms of ethical thinking in therapeutic practice,50.

Barak,A. & Buchanan,T.(2004).Internet-based psychological testing and assessment. Online counseling:A handbook for mental health professionals,217–239.

Barnett,J.E. & Scheetz,K.(2003).Technological advances and telehealth:Ethics,law,and the practice of psychotherapy.Psychotherapy:Theory,Research,Practice,Training,40(1–2),86.

Bellafiore,D.R.,Colón,Y. & Rosenberg,P.(2004)Online counseling groups.Online counseling:A handbook for mental health professionals,197–216.

Casteel,M.(2003).Teaching students to evaluate Web information as they learn about psychological disorders.Teaching of Psychology,30(3),258–260.

Chang,T.(2005)Online Counseling Prioritizing Psychoeducation,Self-Help,and Mutual Help for Counseling Psychology Research and Practice.The Counseling Psychologist,33(6),881–890.

Chechele,P. & Stofle,G.(2003).Individual therapy online via email and Internet Relay Chat.Technology in Counselling and Psychotherapy:A Practitioner's Guide,Houndmills,UK,Palgrave Macmillan,39–58.

Childress,C.A.(1999).Interactive E-mail journals:A model for providing psychotherapeutic interventions using the internet.CyberPsychology & Behavior,2(3)213–221.

Davison,K.P.,Pennebaker,J.W. & Dickerson,S.S.(2000).Who talks?The social psychology of illness support groups.American Psychologist,55(2),205.

Epstein,J. & Klinkenberg,W.(2001).From Eliza to Internet:A brief history of computerized assessment.Computers in Human Behavior,17(3),295–314.

Finn,J.(1995).Computer-based self-help groups:A new resource to supplement support groups.Social Work with groups,18,109–117.

Gaggioli,A.,Mantovani,F.,Castelnuovo,G.,Wiederhold,B. & Riva,G.(2003).Avatars in clinical psychology:a framework for the clinical use of virtual humans.CyberPsychology & Behavior,6 (2),117–125.

Gendlin,E.T. (1982).Focusing:Bantam.

Glanz,K.,Rizzo,A.S. & Graap,K. (2003).Virtual reality for psychotherapy:Current reality and future possibilities.Psychotherapy:Theory,Research,Practice,Training,40 (1–2),55.

Glueckauf,R.L.,Fritz,S.P.,Ecklund-Johnson,E.P.,Liss,H.J.,Dages,P. & Carney,P.(2002). Videoconferencing-based family counseling for rural teenagers with epilepsy:Phase 1 findings.Rehabilitation Psychology,47 (1),49.

Godin,S.,Truschel,J. & Singh,V. (2005).Quality assurance of self-help sites on the Internet.Journal of Prevention & Intervention in the Community,29 (1–2),67–84.

Goss,S. & Anthony,K.(2004).Ethical and practical dimensions of online writing cures. Writing cures:An introductory handbook of writing in counselling and therapy,170–178.

Greenfeld,D. & Sutker,C. (1999).Virtual addiction:Help for netheads,cyberfreaks,and those who love them:New Harbinger Publications.

Griffiths,K.M. & Christensen,H(2000)Quality of web based information on treatment of depression:cross sectional survey.Bmj,321 (7275),1511–1515.

Hsiung,R.C(2000)The best of both worlds:An online self-help group hosted by a mental health professional.CyberPsychology & Behavior,3 (6),935–950.

Hsiung,R.C. (2002).Suggested principles of professional ethics for E-therapy.e-Therapy:Case Studies,Guiding Principles,and the Clinical Potential of the Internet,150–165.

Jencius,M. & Sager,D.E. (2001).The practice of marriage and family counseling in cyberspace.The Family Journal,9 (3),295–301.

Kim,A.J. (2000).Community building on the web.Berkeley,CA:Peachpit Press.

King,S.A.,Engi,S. & Poulos,S.T(1998)Using the Internet to assist family therapy.British Journal of Guidance and Counselling,26 (1),43–52.

King,S.A. & Moreggi,D(1998)Internet therapy and self-help groups-the pros and cons.

Kraus,R(2004)Ethical and legal considerations for providers of mental health services online.Online counseling:A handbook for mental health professionals,123–144.

Madara,E.J. (1997).The mutual-aid self-help online revolution.Social Policy,27,20–26.

Manchanda,M. & McLaren,P(1998)Cognitive behaviour therapy via interactive video.

Journal of telemedicine and telecare,4 (suppl 1),53–55.

Morahan-Martin,J. & Anderson,C.D. (2000).Information and misinformation online:Recommendations for facilitating accurate mental health information retrieval and evaluation.CyberPsychology & Behavior,3 (5),731–746.

Morahan-Martin,J.M. (2004).How Internet users find,evaluate,and use online health information:A cross-cultural review.CyberPsychology & Behavior,7 (5),497–510.

Murphy,L.J. & Mitchell,D.L(1998)When writing helps to heal:E-mail as therapy.British Journal of Guidance and Counselling,26 (1),21–32.

Ouellette,P.M. & Sells,S.(2001).Creating a telelearning community for training social work practitioners working with troubled youth and their families.Journal of Technology in Human Services,18 (1–2),101–116.

Palmiter Jr,D. & Renjilian,D(2003)Clinical Web pages:Do they meet expectations?Professional Psychology:Research and Practice,34 (2),164.

Pollock,S.L. (2006).Internet counseling and its feasibility for marriage and family counseling.The Family Journal,14 (1),65–70.

Ragusea,A.S. & VandeCreek,L. (2003).Suggestions for the ethical practice of online psychotherapy.Psychotherapy:Theory,Research,Practice,Training,40 (1–2),94.

Rees,C.S. & Stone,S(2005)Therapeutic Alliance in Face-to-Face Versus Videoconferenced Psychotherapy.Professional Psychology:Research and Practice,36 (6),649.

Rheingold,H. (2000).The virtual community:Homesteading on the electronic frontier. Cambridge,MA:MIT Press.

Riessman,F. (1965).The "helper" therapy principle.Social Work;Social Work.

Riva,G. (2000).From Telehealth to E-health:Internet and distributed virtual reality in health care.CyberPsychology & Behavior,3 (6),989–998.

Riva,G.(2003).Virtual environments in clinical psychology.Psychotherapy:Theory,Research,Practice,Training,40 (1–2),68.

Salem,D.A.,Bogat,G.A. & Reid,C.(1998).Mutual help goes on-line.Journal of Community Psychology,25 (2),189–207.

Schuemie,M.J.,Van Der Straaten,P.,Krijn,M. & Van Der Mast,C.A.P.G(2001)Research on presence in virtual reality:A survey.CyberPsychology & Behavior,4(2)183–201.

Simpson,S. (2003).Video counselling and psychotherapy in practice.Technology in Counselling and Psychotherapy.Palgrave MacMillan,New York.

Stofle,G.S.(2002).Chat room therapy.e-Therapy:Case studies,guiding principles,and the clinical potential of the internet,92–135.

Suler,J.(1984).The role of ideology in self-help groups.Social Policy,14(3),29.

Suler,J.(2001).Assessing a person's suitability for online therapy:the ISMHO clinical case study group.CyberPsychology & Behavior,4(6),675–679.

Suler,J.(2004a).The online disinhibition effect.CyberPsychology & Behavior,7(3),321–326.

Suler,J.(2004b).The psychology of text relationships.Online counseling:A handbook for mental health professionals,19–50.

Suler,J(2005)eQuest:Case study of a comprehensive online program for self-study and personal growth.CyberPsychology & Behavior,8(4),379–386.

Suler,J.(2006a).The psychology of cyberspace Retrieved June1,2007,www.rider.edu/users/suler/psycyber/psycyber.html.

Suler,J.(2006b).The Psychology of Cyberspace,1996:Revised.

Suler,J.R.(1987).Computer-simulated psychotherapy as an aid in teaching clinical psychology.Teaching of Psychology,14(1),37–39.

Suler,J.R.(1989).Mental imagery in psychoanalytic treatment.Psychoanalytic psychology,6(3),343.

SULER,J.R.(1999).To get what you need:Healthy and pathological Internet use.CyberPsychology & Behavior,2(5),385–393.

Suler,J.R.(2000).Psychotherapy in cyberspace:A 5-dimensional model of online and computer-mediated psychotherapy.CyberPsychology and Behavior,3(2),151–159.

Tichon,J.G. & Shapiro,M.(2003).The process of sharing social support in cyberspace. CyberPsychology & Behavior,6(2),161–170.

Weinberg,H.(2001).Group process and group phenomena on the Internet.International Journal of Group Psychotherapy,51(3),361–378.

Wiederhold,B.K. & Wiederhold,M.D.(1998).A review of virtual reality as a psychotherapeutic tool.CyberPsychology & Behavior,1(1),45–52.

Wright,J.(2002).Online counselling:Learning from writing therapy.British Journal of Guidance and Counselling,30(3),285–298.

X Day,S. & Schneider,P.L.(2002).Psychotherapy using distance technology:A comparison of face-to-face,video,and audio treatment.Journal of Counseling Psychology,49 (4) ,499.

Yalom,I.D. (1995) .The theory and practice of group psychotherapy:Basic Books.

Young,K.S(1998)Caught in the net:How to recognize the signs of internet addiction-and a winning strategy for recovery:Wiley.

Zuckerman,E.(2003).Finding,evaluating,and incorporating Internet self-help resources into psychotherapy practice.Journal of Clinical psychology,59 (2) ,217–225.

第六章 将暴露于网络中作为提高心理评估的手段

艾济·巴瑞克 利亚特·亨（Azy Barak &Liat Hen）

一、引言

对于经常在网络上冲浪的人来说，网络是一个平行于现实世界，而并不特别的社会环境，他们不论是通过在线论坛、聊天室或是即时消息软件（IM）与人进行交流，通常会遇到各种各样的人类行为。起初，许多互联网冲浪者相信，大部分其他的上网者在冒充、撒谎、欺骗或者起码在跟你开玩笑，但是随后，他们就会意识到这个基本的假设通常是错误的。公开或私下里，在虚拟社区中花费大量时间与许多不同的匿名者交流之后，许多人开始认识到，他们在网络上的行为反映了他们的真实个性或心情状态。令他们惊讶的是，当他们随着时间的推移，观察别人的举止、行为模式、书写方式，参与群体情境的频率和强度、个人联系、词汇量、口头表达的选择、网络礼仪和他们在线行为的其他特征——都是基于文本交流——外行人意识到，他们可以了解关于他们自己和其他人的许多东西。甚至在这些环境下,他们可以了解到比离线的面对面（F2F）环境中更多关于人们的个性倾向、态度、道德价值、感受性、习惯、需要和偏好。许多互联网用户的这种直觉认识，与行为学家和网络的研究者主张的关于网络自我出现的理论是一致的。也就是说，相比一般的信念，我们现在知道，有许多人，当他们沉迷于网络中时，会停止他们日常的生活中的掩饰和诡计，暴露更加真实的自我，显露他们长期个性倾向和特质，或者当下的心情和情绪状态（K.Y. McKenna，2007，另见McKenna，第十章）。

这章将进入这种知识方向的另一个方面。人们不只倾向于在网络环境中表达自己，而且这样做时感到舒服。在这里，更超前的理念是在网络环境里用专业术语评估人们。因为心理学家们如此广泛地使用和需要评估活动——用于临床、教育、职业及其他目的——网络被专业地用于增强传统的评估方法。这反过来会增强评估水平的效度，或者，一方面，至少拓宽其使用范围，另一方面，产生地理便利（如在远程进行评估），甚至可能时间弹性（如异时性评估）。本章将试图为这种新方法提供一些坚实的基础及可能应用到它的例子（Reips，2002；U. D. Reips，M. Eid & E. Diener，2006）。应该注意到，本章的重点是基于网络的心理评估，而非独立的电脑辅助的测验，关于它们之间区别的详细阐述请参阅（U.-D. Reips，M. Eid & E. Diener，2006）。

二、心理评估

心理评估被认为是在心理学家的指导下进行的，用于测量、对比、分类和评价客户的临床评估与诊断目的的一种常规的活动。心理评估通常基于心理测试、专家面询和行为观察。传统上，这三种主要的方法需要专家和客户面对面接触，以便能完成某个评估程序。这些用于评估的方法——尽管是普遍和高度标准化的——通常要合理地让步于使用标准关联效度的效果平平的评估。

近些年来，心理评估已经通过在线工具和流程被用于多种目的，其中有各种问题和顾虑的临床诊断学（Andersson，Carlbring，Kaldo & Ström，2004；Carlbring et al.，2007；Emmelkamp，2005；Hyler，Gangure & Batchelder，2005；Luce et al.，2007）；神经心理学和修复评估需要被用于评估学习（Erlanger et al.，2003；Medalia，Lim & Erlanger，2005；Schatz & Browndyke，2002）、学校调解和为特殊的学习计划挑选候选者（Wu & He，2004）；职业 、组织和生涯评估需要被用于应聘者或雇员的工作选择（Bartram，2004；Konradt，Hertel & Joder，2003；Whitaker，2007）；职业生涯咨询评估可以鉴别个人的能力、兴趣、价值观和个性特征，以便选择和发展独特的职业道路（A. Barak & Cohen，2002；Jones，2003；Kleiman & Gati，2004）；群体和社会评估是为了鉴别和检测在群体、焦点群体、社区或组织中起作用的特殊因素（Bartram，2004；Reid，2005）；家庭评估是为了鉴别可能干扰家庭关系和功能的人际模式（RICHARD，2004；Bischoff，2004），诸如此类。关于此事，最近 Hyler 等人（Hyler，et al.，2005）做的一个元分析发现，亲身指导的精神治疗评估与远程精神治疗评估之间并无差异。

三、传统心理评估的问题

传统的心理评估有很多的限制和弊病。尽管学者们学习了合理的评估流程，但是不容讳言，甚至在最佳的案例情景中，大部分的评估手段只达到标准关联测量效度的中等水平。似乎许多执业者对测试的表面效度印象深刻，尤其是当它伴随着令人印象深刻的理论和好的行情（e.g.，Rorschach et al.），而非严格的经验研究和复杂的统计学，特别是当结果被证明与信念不一致时。此外，在很多情况下，心理学家采用他们熟悉的评估方法，或者学习和习惯去使用，而非什么满足基本的心理测量和方法学上的需要，以及专业和伦理上的期望。同样地，许多执业者倾向于忽略（或低估）他们的面谈基本上是有偏的，因此会导致对受访者无效的印象。还有许多执业者漠视“污染”因素,或者在评估人们时不给予它们足够权重，所以，他们可能会得到错误的评价结果，仅仅是因为一个人在接受评估时可能正处于焦虑、紧张、沮丧、疲劳或者因个人事情而分心的状态。尽管教科书和学习项目会教授并且强调这个可能的决定性的错误，事实上，评估确实因之而作废。

传统心理评估存在的大量问题和限制将在本章的框架和上下文中详细予以综述。尽管专业出于自然地不愿意承认，但是传统心理评估的缺点是有许多的。传统上,纸和铅笔的心理测试就是一类典型的例子。尽管标准教科书（Aiken,2003；Anastasi & Urbina，1997）列出了这种心理评估的许多严重的威胁，这个领域的执业者在大部分情况下还是会漠视它们，就像是基于这种测试的诊断结果是完全有效的并且如实地反应了人们的状况。这些对评估品质造成威胁的有，无效或不适当的测试的使用、过时了的版本的测试的使用（LoBello & Zachar，2007，now even sold through online auctions）、缺少测验常模的使用；当参加测验时，许多人经历的不安和焦虑，尤其是在当众的测试中；不可靠的评分，等等。这些问题不只会限制测试结果的效度，而且在大部分情况下，会引起高度无效的评估。

另一个重要的心理评估工具是面询。尽管面询可以直接接触人们，并且形成对其直接的印象——在精神病治疗评估、临床诊断、工作申请，或者为学习项目筛选应聘者方面——因此而给予了书面心理测试附加的价值，但是私人面询还是有很多缺点的（Eder，2005；Sommers-Flanagan & Sommers-Flanagan，2008）。这些从安排私人约见的麻烦，旅行的需要（有时需要非常远距离旅行），许多面询者对接受面询者的某些个人性格的不可避免的偏见，接受面询者为了提升他们的印象而进行排练，面询中不可避免的环境和气氛的重要效应。

另一个主要的心理评估工具需要情景测试，这通常作为评估中心(AC)的部分。在评估中心，人们——个人、两人或群体环境——被要求去执行某些任务，因为他们的一些个性特征会反映在他们的行为中，并被专家和受过训练的观察者进行评估（G. C. Thornton，III & Rupp，D. E.，2005）。尽管这个方法克服了纸和铅笔测试主要限制，并允许受过训练的评估人观察人们在挑战性的环境中的真实反应，但是它仍有不便之处，如高开销和评估人可能有偏的判断。

大部分心理评估的应用要参与到某些场所和设施中。在这点上，采用互联网能使心理评估从这个捆绑概念中独立出来，并且采用了一种创新的方法，使得心理评估独立于普通的物理空间和时间。这个新方法的第一个规则规定，接受评估的人不必和评估人处于同一个物理场所。非常可能的结果是，客户和治疗师（或评估人）不需要在一个面对面的情景中。第二个规则规定，两个人不需要在一个给定的时候进行交流，而是可以根据自己的时间安排进行操作。如果这条规则及其相关的指导原则事先被告知和接受，那么交流可能不只是连绵不断的，而且更加生动和身临其境。这既不是心理学执业者所接受的与客户交流的培训的典型的方式，也不是典型的、标准的和亲近的人类交流。但是，可能正是由于其非典型性，新方法可能将心理评估增强和提升到新的、更完善的水平。

接下来的部分将要尝试介绍互联网是如何被用来克服三个主要的心理评估方法（测试、面询和情景测试）的一些缺点的。值得注意的是，提倡互联的使用并不只是因为用电脑和互联网作为流行的交流手段的便利、有效、可承受性和可接受性。除这些重要的优点之外，互联网创设的独特的心理环境使得专业的心理评估提升到一个新的水平，并达到了更大的效度，而非只是使心理评估更有效率。在最近的关于网络作为一个社会环境的科学知识和理解和人们在其中体验的情况下，将心理评估流程应用于网络中，将使得各种目的的评估和诊断方法得到了显著的提高。

四、作为社会环境的网络

互联网首次被认为提供了一个便利和高效的交流网络。随着互联网这项创新性的技术发展和大众对它的性能和优势的觉知，它已经不只是个交流设备（如电话），而是一个高效的虚拟社会环境。我们可能会这样提及它，人们可以在网络中做任何他们在物理（离线）环境中做的事，如社交、学习、购物、约会、玩游戏、讨论、做爱、销售、看电影、听广播或任何他们喜欢的音乐、做研究、参加会议、偷窃、分享看法、投票选举、传播流言、打架或者只是逛逛。虚拟环境——网络——为那些不用或者不能使用他们物理环境的人们，提供了一个可以让他们达到同样目的的替代环境。研究显示，网络不仅是许多人的一个选项，而已经成为一个真实而普通的生活方式（Bargh & McKenna，2004；Haythornthwaite & Hagar，2005；A. Joinson，McKenna，Postmes & Reips，2007；McMillan & Morrison，2006；Selwyn，Gorard & Furlong，2005）。

人们不仅因为各种社会和专业的活动而大规模和集中地使用因特网，而且他们也以其他他们只是刚理解的方式使用网络环境。关于在线行为的研究，尽管不是新的——可以追溯到 20 多年前，当时只有原始的、基于文本的计算机交流网络可供使用——却已经随着一些新技术的引进而升级了。这些技术有快速的宽带和无线网络连接；更大的复杂而色彩丰富的计算机屏幕；博客和博客维护的出现，引领了个人和社会领域重大的改变；以及重大提高的浏览技术和在线交流软件。这些创新已经使 1980 和 1990 年代的“老”研究完全废弃，同时它们伴随着行为和社会的改变。现有的累积的研究强烈地显示，至少一部分人的在线行为在许多方面与他们的离线行为相似。因此，我们可以合理地采用在面对面的物理社会情景下确定和构建起来的行为模型，并把它们应用到网络中，使用不同的理论框架，例如从精神分析（Turkle，2004；e.g.，Turkle，2004）到社会心理学的有计划的行为（Hsu，Yen，Chiu & Chang，2006；e.g.，Hsu，Yen，Chiu & Chang，2006）。但是也应该认识到，一个理论的采用不是简单或直接的。例如，用于解释各种在线行为的个性化效应，起初就是从离线的面对面群体行为的背景中发展出来的（Festinger，1952；Prentice-Dunn & Rogers，1982），尽管曾经被认为是与计算机为媒介的交流是高度相关的（Spears & Lea，1992），但是事实上，在更新一点的关于在线环境的研究中发现，这些理论只有部分得到支持，而通常大部分是被否定的（A. N. Joinson，2001；Moral-Toranzo，Canto-Ortiz & Gómez-Jacinto，2007；Yao & Flanagin，2006）。

为了更准确地理解网络心理学，我们显然需要更加具体而相关联的理论方法。一些这样的模型和观点近年来已经被视为基本原理，其中的一些将在这里提及。其中一个描述网络的现象是，一个产生高度诱导作用的环境是根据“流”和“存在”

而创造的。“流”是指聚集在一个活动上的完整而受激发的感觉，通常以高水平的愉悦感和满足感描述（Csikszentmihalyi，1990）。“存在”是指身处于一个身临其境、以计算机为中介的环境中（如虚拟现实和模拟装置）的主观体验（Jacobson，2001）。这两个特殊的心理过程创造了一个新的存在感，使人们脱离物理现实（在不同程度上）并体验到与离线环境中不同的情绪和心理状态（A. Barak，2007b；Bargh & McKenna，2004）。这个独特的心理状态有一些重要的含义。在本章中，情景创造了一个在相对纯粹的状态中去观察和评估人们的机会。在这种状态中，一方面，不会因为他们在现实环境中存在的刺激而分心和防卫；另一方面，更直接、更紧密地和他们的自我连接起来。由于在线人际交流和人际关系的某些特征，如匿名性和不可识别性，McKenna 和她的同事主张——并且提供了研究和大量的例子来支持这个主张——人们在网络中会展示他们的“真我”（Bargh，McKenna & Fitzsimons，2002；K.Y.McKenna，2007；K.Y.A.McKenna & Seidman，G.，2005；K.Y.A.McKenna & Bargh，1998，1999，2000；K.Y.A.McKenna，Green & Gleason，2002；K.Y.A.McKenna & Seidman，2005）。根据这个观点，当人们离线时是以过滤的、审查的、捏造的和表演的方式来表现和表达他们自己，因为一些动态的原因，如社会规范和约束、羞耻以及负罪感——人们在线时会感到更加自由地去接近他们基本的人格结构，表达他们的“真实自我”，以及实现在离线环境时无法满足的心理和社会的需要。根据这个方法，人们不会有意去扮演和捏造，他们的匿名性使得他们去欺骗、作假、撒谎和恣意妄为，恰恰相反，他们常常表现得更加真实、坦率、可靠、诚实、正直和透明，以至于他们基本的、真实的需要和价值观得到展现。如此一来，在本章中，根据 McKenna 的观点，个人在线的行为模式是评估一个人的更加直接和合理的方式，因为个人的心理方面可以从他或她的在线行为中得到揭示，而这些行为在离线环境中可能被隐藏或扭曲。

上述概述的方法与存在于网络中的一个重要心理过程有关，这个过程被称为在线去抑制效应。尽管不久前的基于计算机交流的研究中注意到这个现象（Kiesler，Siegel & McGuire，1984；Spears & Lea，1994；Walther，1996），在线去抑制效应，包括它积极和消极的方面，已经随着因特网的出现，成为理解人们在线行为的一个首要的主题（A.Joinson，1998；A.N.Joinson，2001）。在线去抑制效应被认为是多种心理因素的产物，并且对人们的行为产生极大的影响。主要的因素被认为是匿名性、不可见性、缺少眼神接触、人们身份的中立化、作为主要交流模式的异步性和交流的文本性。由于这些因素是动态表达的，并且其效力和方向仍是由经验决定的，个人在去抑制过程中的行为（包括言词表达）在现实中并没有普遍或集中地出现，却在互联网中频繁出现。去抑制的结果既有消极的也有消极的，去抑制效应的典型的消极行为结果（“有毒去抑制”，（J.Suler，2004a）包括攻击、发泄、诽谤、愤怒、情感劫持、冲突、假冒、泛滥和蓄意破坏。这些消极的行为和其他的在线人际交往在虚拟社区（包括提供在线帮助的群体）中很典型（Alonzo & Aiken，2004；Harman，Hansen，Cochran & Lindsey，2005；Lee，2005；Malamuth，2005；J.R.SULER & PHILLIPS，1998；Thompson，2003）。在线去抑制效应的积极行为结果（“良性去抑制”，J.Suler，2004a；Suler，2004a）包括自我意识的表达和自我理解、有益于社会的活动（例如提供建议和信息）、志愿活动情感分享和积极的内心提示、慈善行为和捐助以及情感支持（A.Barak，2007；A.Barak & Bloch，2006；P. A.Barak & Dolev-Cohen，2006；A.N.Joinson，2001，2003；A.N.Joinson & Paine，2007；K.Y.A.McKenna，et al.，2002；Meier，2004；Sillence & Briggs，2007；Tichon & Shapiro，2003）。

先前提到的三种现象——流和存在的强烈的心理效应、“真实自我”的出现和在线去抑制效应——的结合，使网络成为一个心理上独特的社会环境。通常，人们在网络中比在现实中能够更自由和开放地表现自己，而且，如果我们加入这些强大的心理现象，网络通常是个不够清楚、不易理解的环境。具有讽刺意味的是，这允许用户——由于其内在的心理机制——动态地产生想法、信念和假设来填补认知的空白和使情境更加有意义和清楚（A.Barak，2007b；J.R.Suler，2002；Turkle，2004）。这些心理机制致使人们展现内心的需求、期望、愿望和知觉，因此他们的外显行为反映了他们的个性特征。

这样，在准确的自我评估的背景下（正是本章所关注的），似乎在线环境中的行为提供了一个创新的方法去了解人们。那就是，专家可以将在线社会环境用于心理评估，这样达到了以一种更有效的方式来理解人类行为的基本目的。在组织选择的背景下，Anderson（Anderson，2003）表示，在线测试领域是投机取巧和缺少理论基础的。我们这里介绍的心理学概念似乎填补了这个空白，因为它为在线评估的实践提供了缺失的理论框架。

互联网的使用（滥用）类型、在线行为模式、在不同网络渠道的书写内容与风格，以及个人差异之间的关系已经被经验丰富的观察者发现和重复出来。例如，Barak 和 Miron（A.Barak & Miron，2005）以及 Mandrusiak（Mandrusiak et al.，2006）等人，在网络书写内容和风格中发现自杀倾向的迹象。Quayle，Vaughan

和 Taylor（Quayle，Vaughan & Taylor，2006）等人展示了性犯罪者的个人的价值观是如何与互联网的使用相关联的。Harman 等人（Harman，et al.，2005）报告了儿童的造假和模仿和一些个人性格之间的关系。在 Amichai-Hamburger 及其同事（Amichai-Hamburger，Fine & Goldstein，2004；Amichai-Hamburger，Wainapel & Fox，2002）的一系列研究中，他们发现多种互联网使用行为与相关的个人特质之间有明显的关联。Cooper，Griffin-Shelley，Delmonico 和 Mathy（Cooper，Griffin-Shelley，Delmonico & Mathy，2001）以及 Chaney 和 Chang（MICHAEL & CATHERINE，2005）为个人性格和强迫性网络色情的使用之间的清楚的相关提供了证据。Caplan（Caplan，2006；Fritsche & Linneweber，2006）指出，一个人的社会技能的水平是如何与有问题的网络使用相关的（see also Morahan-Martin，Chapter 3）。这些不同领域的研究发现强烈地支持这个观点：当观察人们的在线行为时，确实可以了解他们很多。这些影响网络中行为的心理机制、心理过程相互作用，也揭示了网络使用者的个性特征。

尽管有关个性特征和在线行为之间的相互关系的证据大量存在，这个主题仍不得不投射到现在的心理评估上。也就是说，网络作为一个社会环境还不足以被用于理解、观察和判断人们。如果我们把先前提到的重要的因素——在线的自我、在线去抑制效应、流和存在、人们体验的心理效应和一个人在网络环境行为中的个人性格的表达——和使用在线评估的显著的实践优势（例如可用性、便利性、低成本、会话的易记录性）结合起来，更高效度和更高效率的评估将成为可能。由于评估人（e.g.,）在网上是不可见的，几乎不会干涉被评估人（Fritsche & Linneweber，2006），以及评估可以在自选的时间自动地执行，采用在线环境进行心理评估变得势在必行。

在接下来的部分，我们将回顾、思索和提出一些关于在线评估的想法。至少在一定程度上，其中的一些想法已经在使用中了。我们将试着通过完全而有效地利用新兴的网络心理学将心理评估提升到另一个水平。

五、网络测验的机遇

网络心理测验已经被应用了 10 年之久。在初期，网络测验大多是一些免费的自我测验。或许，正是由于这个原因，在大部分测验中，这些都是非专业的。之后出现了专业标准的测验，两者的测试结果相差甚远。这些早期网络测验，通常由一些猎奇、寻求刺激的非专业人士所编制、迎合消遣和娱乐，因此，很少是出于纯粹的专业研究需要而编制。

网络侵入社会，一方面推动了技术进步；另一方面，计算机和互联网提供的心理测试，具有不同于（传统）的形式，这也推动了一批职业人员认识到该优势，并进入到这个领域。然而在线测试早期，备受质疑和怀疑的主要是，在新条件下，测量的质量受到怀疑，因子受到污染、效力降低（例如计算机技能）。大量研究证据表明（reviews by Barak & Buchanan，2004；Barak & English，2002；Naglieri et al.，2004），无论多么多疑，在很多案例中，哪怕是一个首选的心理测试，怀疑都是合情合理，并显而易见的。该领域仍有待发展。并且，网络测验的基本标准、流程也正在研究、构建和讨论中（see Bartram，2006；International Test Commission，2006；Lumsden，2007；Sale，2006）。

六、方法以及可能的应用

网络在线测试（online testing）是一个通用术语，是指多种类型的测试程序和测试技术。首先，在测试领域中，它不仅仅只包括对成就、技能、能力和具体倾向的测试，而且还包括对各种特质和个性气质，以及态度、价值、偏好和兴趣、知觉、感受、评价等方面的测评，甚至更多其他方面的测试。一般观点认为，传统的纸笔测验和问卷可被计算机版本的测验所替代，在计算机屏幕上操控它们，这些测验可以被购买者随时随地使用，这些测验主要由一些专家（有时是一些代理机构）进行维持和评估。其次，由于计算机固有的高级性能的优势，测试可以不必总是静态的，即使问题或项目要被印刷下来，回答者在写下或标记他们的答案时，这些测试也可以是动态的。这就意味着他们可以进行下列事宜：（1）开发出简便的、容易的、且可以直接进行更新和编辑的手段；（2）利用多媒体元素，包括声音、彩色图片、动画片和视频等对测验进行扩展，使得一些更广泛的感知成分融入到这些测验之中；（3）使用交互性成分，使得受测者可以积极地和给予的刺激进行互动，例如让受测者可以移动物体、着色、填写字谜、画画等；（4）可以使用在线时钟来追踪和控制受测者的行为及其隐性的态度（Nosek，Banaji & Greenwald，2002）；（5）相比而言，更容易保存测试材料、答案以及结果（根据选择的可用性和许可）;（6）通过最近更新的方法和常模，准确并快速地获取分数和评价。其他一些特殊的优势包括 :（1）你可以自由地选择测验的地点和时间，这样可以节约旅行时间、停车时间和另外一些无所事事的时间 ;（2）避免浪费材料或利用一些破坏环境的材料（例如纸张）;（3）可将测验和测试数据的结果简易地应用于科学研究中。

（一）在线测试方法

尽管这个章节阐述的是在一般方法下的在线测验，但仍然有很多各种各样的测试技术和方法。把交互式的测试发布在网络上，是简便且最普遍的程序，这样，受测者可以用多项选择的模式自由标记或填写他们的答案。受测者只需点击一下就可以把测试答案提交给服务器，一旦答案被提交，一个预先制定的软件程序就计算出分数，然后反馈给受测者。还有许多这类程序的变式，例如，分数可能不会直接反馈给受测者，但是会反馈给专业人士或一个评估的代理机构 ；分数可能被转换，或伴随着一个提供有解释的文本文档，有时这个文档里写的是建议。如上所述，许多网络测验并不通过专业审查的一些程序，然而，网络里很少会有专业的测试，且其中的大部分测试都是受保护的，人们必须通过网络站点签证和获得测试使用权才能进行测试，且只有那些经过授权的人才可以进入。

以专业应用为目的的在线测试，如用于临床评估或职业选择的测试，应该对受测者、测试程序以及测试环境都进行严格的监控。这里有多种选择可以满足这个要求，包括给受测者的预先授权和预先分配，或者是在那些被严格监控的计算机中进行测试（通常是由代理机构人员进行监控）。

然而，根据专业需求和预期来看，允许用计算机进行基本的客观评估，以及职业申请的初步筛选，这至少是相当具有创新性的，同时也有很多优势。Bartram 和 Brown（2004）；Chuah，Drasgow 和 Roberts（2006）以及 Herrero 和 Meneses（2006）的一项近期研究发现，即使测验中有可能会出现欺骗现象或有偏差的测验分数，或者是为了给别人留下更好的印象而操控测验，在这些现象存在的情况下，得到的结果仍然显示，纸笔版本和在线版本的测试结果是保持一致的。然而，Bauer 和 McCaffrey（2006）认为，指导技术可以显著地影响许多心理测试的评估效度，他们还列出了几种处理这类问题的方法。然而，指导技术的出现可能会使其产生很大的变化，对于离线测试也是如此。尽管 Johnson（2005）发现，比起纸笔版本的人格测验，在线测试的网民更有可能去操控他们的回答。在员工选拔评估的背景下，Tippins et al.（2006）罗列出了一些不受保护的心理测试所存在的问题，并且给出了一些处理这些问题的意见。

（二）虚拟社会环境下的测试

尽管大多数人认为，在线测试的主要优势在于可以进行远程测试，然而，它的另外一个优势——本质上来讲，与其说这是技能上的，不如说是心理上的——在于这种在虚拟社会环境中接受测试的这个方式，也就是说，当受测者与计算机建立起连接时，受测者就已经全身心地投入到了这个由计算机的强大性能所创造的虚拟社会环境中，这时，网上冲浪者的受测者在很大程度上已经与他所在的物理环境隔离开来，因而，这样一个被隔离的人就会经历着一些独特的、很少会在现实环境中出现的一种心理过程。这种经历会有着更迅速、更深刻、更开阔、更真实和更暴露的特点。对于我们进行评估来说，这些因素是非常理想的，因为人们会在网上揭露出更多的且更加精确的关于他们自身的信息。在人格、态度、价值、需要和情绪评估等领域中，这些现象可能会成为关键的因素，因为许多人通常会避免揭露信息，或者是去操控信息，唯恐全部的信息表露（或过度的信息表露）会以某种方式伤害到他们自己，或者是说，他们在线下的时候会更少地进行自我关注。利用网络互动进行测验，就不仅仅由于简便这个原因了，网络互动的测验还会帮助我们得到理想的分数，进而进行有效的评估。实际上，Hanna，Weinberg，Dant 和 Berger（2005）的一项近期研究发现，排除了匿名水平的因素之后，与纸笔测验相比，在线测验的受测者们表现出更高的自我意识的觉察，他们更加深思熟虑，并且揭露出更深刻的感受体验。

迄今为止，大多数针对评估在线测试的研究，都检查了在线版本和纸笔版本的相似性和一致性，两个版本是同一测验或执行相同程序。几乎所有的研究结果都显示，在线测试和线下测试具有高度相关的结果。然而，在许多情况下，在线测试的结果甚至高于同一测试线下的得分［不过 Carlbring et al.（2007）的研究并未给出显著差异］。因此，眼下就出现了这样的问题，在线获得的分数和线下获得的分数，到底哪种得分能更好地反映出受测者的特征呢？在我们看来，在线测试是在这样一种情境下进行的，这种情境可以营造一个提升自我关注度、开放性和可靠性的心理环境，以测试不同的个体资质的在线测试的得分，这样就可以更有效地反映受测者。因此，我们认为在线测试相对来说更好一些，此外，这些测试还应该受到鼓励，这主要是因为它们能够提高测试的效度。撇开能够使被试者更方便地参与测试不说，这些测量还包含了更全面的被试者特征（另外还有其他一些优势，稍后列出）。以上观点仍然需要得到经验的支持或反驳，然而，至少对于一部分受测者来说，在虚拟环境下似乎能更有效地反映出他们的人格特质。因而，一个有趣的问题开始出现了：这些特殊的受测者是不是有一些典型的共性特征呢？是不是说，那些参与在线测试的受测者能够得到更有效的评估，而其他一些受测者就会出现不同的结果呢？

最近的研究发现，某些测验的纸笔版本和在线版本存在着高度的一致性，这些测验已经被用来在临床测试中诊断病人的精神状况（Collins & Jones，2004；Kozma-Wiebe et al.，2006；Medalia et al.，2005），评估压力和抑郁（Herrero & Meneses，2006），评定大多数人的人格特质（Chuah et al.，2006），评定健康行为（Hewson & Charlton，2005；Mangunkusumo et al.，2006），估计认知能力（Williams & McCord，2006），以及评估职业变量（Bartram & Brown，2004；Jones，Harbach，Coker & Staples，2002）。然而，另外一些研究却发现，对于同一测试的在线测验版本和线下测验版本具有显著的差异，因而这就导致了一些不可避免的问题：到底哪种版本的测验对受测者的特点有更好的发现呢（也就是说，哪种版本测试的评估更加有效）？例如，Andersson，Westöö，Johansson 和 Carlbring（2006）运用了 Stroop 测验（即用颜色名对多种颜色的名称进行命名），以社会恐惧症患者为被试，发现受测者对测验的项目反应在在线测验和线下测验是不同的，这与之前线下测试的研究结果是不一致的。Buchanan et al.（2005）报告了这样的结果。对于记忆测验来说，其纸笔测验版本和在线测验版本之间的因素结构是不同的。那么，是否存在某种心理学性质的驱动，促成了两种版本之间的差异，而这种差异与受测者的心理特性是相关的？例如，对网络空间有恐惧的人，我们是否可以用某种特殊方式的反应，使得更好的反映他们心理状态（或者因此而导致更有效地评估）？

根据之前的回顾和当下的观点，还有另外一个问题出现：我们是否正在走向一个全新的、革命性的人类测试（Barak，2006；Buchanan，2001；Wilhelm & McKnight，2002）？网络及其极大的实用性和技能能否给测验领域做出一些贡献（Bartram，2006），能否为我们提供一个全新的测量与评估心理学的平台？我们渴望达到的目标是，获得一种有效且有伦理道德的测试与评估方法。我们能否达到这个的目标，从而把提高心理诊断的水平提高到超乎想象的高度呢？

（三）研究与应用

近年来出现了很多与网络在线测验相关的研究。许多新型测试与测试类型都已获得许可并发布在网络上，另外，很多研究也检验了这些测验结果的相似性，以及其他一些重要的问题，以期能够为实证性的专业应用提供一些测验数据。然而，我们在此讨论的这些相关的基本概念，已经有很多研究都在致力于探讨。这些研究证明，在虚拟环境下进行这些测验，至少对于某些类型的测验和某些类型的受测者来说，或许可以提高测验的有效性，这仍然需要被进一步引导。

很显然的是，并不是所有的测验都可以或应该被转变成网络在线测验版本，或通过网络进行管理。在某些案例中，由于一些测验本身、被测验的特质、现实情境，或其他一些可能的因素，把测验转变为在线版本已经被证明是完全错误的（e.g.，Buchanan，Ali，et al.，2005）。另外，那些关于网络在线测验的可用性和有效性的问题，还有待进一步探究。由于网络测验不一定必须要在某一特定的物理环境下才能出现，因此，网络在线测验可以给我们带来很多便利，然而，它也许会产生一些误差，不管这些误差是否与数字鸿沟、计算机或互联网焦虑症、计算机技能（包括打字技能），以及一些影响计算机可接近性的医学和物理因素有关（Bridgeman，Lennon & Jackenthal，2003）。再者，不管是对受测者还是专家们来说，网络测验的财政支出都会比较昂贵，因而，对于网络在线测验优势的探索兴趣会渐渐地消磨掉。一些与测验版本的持续更新和标准化（测验常模）、版权、隐私权等有关的问题，也仍然有待于进一步研究。然而，我们并非是在倡导减少线下的测验程序，而是在提倡我们可以允许（和促进）去采用一些新型的程序。

在目前的研究中，尽管很少有人去探讨那些与有效性直接相关的问题，也很少探讨我们提到的与网络在线测验有关的增值效度问题和专业经验，但是，已有的关于网络心理测验的经验和结果，都高度支持了这种测验和评估的方式（e.g.，Buchanan，2001，2002；Buchanan，Johnson & Goldberg，2005），尽管一些争论和问题仍然需要进一步的发展和探究（Buchanan，2007）。诸多领域的研究发现，由于对很多人来说使用网络已经非常普遍，所以并不能简单地说受测者对网络在线测验的偏好被低估了（e.g.，Barak & Cohen，2002；Lumsden，Sampson，Reardon，Lenz & Peterson，2004；Mangunkusumo et al.，2006）。然而，在本章节所探讨的这些争论，即在网络空间能够促使人们表现出本真的、自然的行为的这种现象，同时也是他们对不同种类刺激的反映，这些还都需要经验的支持。如果这种情况属实，即使可能会对测验进行改变或者适应性地调整，也能使网络在线测验不仅在技术上更加具有可行性，在经济层面以及社会性上也都更加可行，实际上，这也不失为一个评价和评估人们特征更好的方法。

七、网络会谈的机遇

在20世纪90年代，首次提出利用同步（例如聊天或即时通讯）或不同步（例如电子邮件）的交流模式来进行专业面试这个观点。显而易见的是，在进行会谈时，计算机可以为我们提供一些得力的支持，例如，计算机化的会谈有这样的优势，它可以避免忽略那些容易被忽视的主题和问题，因为对于会谈者来说，在会谈时看一眼会谈文本记录是很方便的事。我们也已经意识到，这种结构化的方式可以提高私人会谈的客观性，因为在会谈的过程中，一些不相关的信息（比如肤色和外貌）会较少地介入和影响会谈（Zetin & Tasha，1999）。Hamilton 和 Bowers（2006）利用电子邮件会谈进行了一项质性研究的数据收集，他们在其中列出了这种会谈方式的一些主要优势，其中有：对于访谈者和被访谈者会更方便，双方都有反映问题的时间，并不需要誊写，不会丢失原始数据，跟踪审查也很容易进行维持，同时还会增加可信度。不过，他们也列出了网络在线会谈的一些主要不足之处：潜在地增加了泄露机密的可能性，缺少了自主性和重要的视觉线索，忽视了沉默这样一个解释性的契机（尽管这可能已经被准确地记录）。McCoyd 和 Schwaber Kerson（2006）也报告了一个关于畸形胎儿的研究，他们利用电子邮件对一些女性进行访谈，她们给出了不寻常的表露，若不是利用电子邮件，也许她们并不会给出这样的表露。同样的，Beck（2005）在研究分娩创伤时，通过电子邮件对女性进行访谈。她指出了一个特别的经验，即这种方法能够使被访谈者更加深入其中，好像她们加强了自己被关注和被倾听的感受以及得到了他人关心的感觉，并且，以一般经验来看，她们给出的意见显得意义非凡。Hunt 和 McHale（2007）给出了一个患有秃头症被试的电子邮件会谈的详细案例。他们邀请被试在网络论坛中发帖，以此来收集数据信息，因而很显然的结果是，他们得到了广泛的样本，这为他们关注的心理学研究提供了重要的相关信息。这些研究人员根据他们以往的经验，为利用电子邮件访谈法提供了一些指南。接下来的这三个例子表明，由于不必进行眼神接触，或者与访谈者面对面，访谈者可以觉得更加轻松，所以他们给出了更多的且更加精确的关于他们自己的信息。

网络在线会谈被人们熟知，不仅是由于经验上的优势，还有它们自身特有的技术和实用性上的优势。Yoshino et al.（2001）发现，他们利用宽带（与目前大多数的网络交流工具类似）通过电子视频来进行在线精神病者的会谈，这种方式是十分有效和可信的。Crichton 和 Kinash（2003）描述了他们成功运用在线会谈方式的研究。除了很多其他的一些优势，这些作者们尤其强调了这种在线会谈的卷入因素，它允许动态的、流动的、刺激性的以及吸引人的会谈。在一项关于艾滋病的研究中，Davis，Bolding，Hart，Sherr 和 Elford（2004）报告了他们运用即时沟通软件，进行在线访谈的一些样本案例。他们强调了在线访谈的低成本、简便性以及被访问者的易于开放性。然而，他们也指出了一些情况不够明确的难题（例如无法识别的和无法看到的），也就是说，由于缺少了人际交往中典型的传统社会性成分，文本式的访谈还是与面对面访谈有很大区别的。Davies 和 Morgan（2005）综述了这样一项研究，他们大量运用计算机化的、自动化的网络在线会谈软件，以研究青少年的痛苦经历（例如虐待），他们的结论是，使用这种方法能够更好地访谈敏感性问题，而这些问题通常不会出现在面对面的访谈中。Mühlenfeld（2005）做了这样一项研究，他们在网上与学生进行会谈，聊一些在平时公共场合下不会出现的行为(例如入店行窃和手淫)。他比较了两种在线会谈方式——可见的会谈和不可见的会谈。正如预期的那样，谈论这些话题比承认这些事情更加普遍，虽然没有发现这种影响的差异，但是在这两种方法中，被访谈者出现了很大程度的自我表露。Stieger 和 Göritz（2006）进行了即时通信软件的可行性和可信性的调查，研究发现，大多数的人更愿意接受这种方式的访谈。他们还发现，通常情况下，在这些访谈中所披露的信息都是真实的，尽管很多被采访者是完全匿名的（也就是说，如果他们想的话他们也可以撒谎和欺骗。）研究已经证实，对于那些特殊人群——残疾人士来说，使用在线访谈是非常有效的，在线访谈也许比面对面的访谈更适合他们（Bowker & Tuffin，2002，2003，2004）。

依据访谈有效性评估的方法来看，针对这些特殊人群的在线访谈的沟通是隐秘性的，这使得一些有形的可见的障碍也影响不到访谈，也不会对被采访者产生偏见，也许这才是提高访谈效度的关键价值所在。与此同时，用无形访谈法对那些有视觉障碍的人进行访谈，也可以提高机会的平等性，这种方法在社会上受到了高度赞赏。Egan，Chenoweth 和 McAuliffe（2006）曾用电子邮件对创伤性脑损伤病人进行访谈，他们强调，有这类障碍的人用书写的、不同步的交流方式来进行的思考和洞察，时间具有十分特殊的价值。Paine，Reips，Stieger，Joinson 和 Buchanan（2007）进行了另外一项网络在线会谈，这个会谈十分具有创新性和发展意义，他们通过 ICQ 进行自动化的访谈来收集数据，这些数据是关于用户隐私关注点的。研究者们运用即时通讯软件，进行了非公开的开放式问题格式的访谈，受访者参与了这项研究，并提供了有用的信息。

这些研究体现了先驱们对于这些新兴方法的尝试和分享，令研究者们热心和惊讶的是，哪些才是人们偶然发现的结果。实际上，就像外行人士一样，一些不明就里的专业人士也通常会认为，在线网络会谈会提供有错误的、片面的、被操控的内容，并且很多情况下都是伪造的。这些先入为主的偏见显然与人们对网络的普通看法是有关的，他们认为网络是一个可有可无的、休闲的、游乐场一般的环境。这是一种观点，但是他们同时也忽略了另外一点，即人们在网络空间中确实会非常公开地、自由地和真实地表达他们自己。最近几年的一些研究一再表明，网络中的文本写作表达不是偶然的，而且可以显示出个体行为的坚实的理论基础。例如，Barak 和 Miron（2005）发现，自杀的人会用一种独特的方式在网络空间中自由写作，这与其他人所采用方式是相当不同的，这也符合了在离线研究背景下与自杀心理学理论相关的一些特点。在另外一种研究背景下，Cohn，Mehl 和 Pennebaker（2004）调查了人们在网络中进行自由而随意的写作，是如何反映了他们对于 9 · 11 事件的真实情绪和社会性变化。另外，Stone 和 Pennebaker（2002）进行了这样一项研究，他们描述了在线写作是如何真正影响人们的思想和内心体验。他们还报告了在戴安娜王妃去世之后，人们是如何坦白并自然地在线表达了他们自身的感受。在另外一些不同类型的研究中，如 Marcus，Machilek 和 Schütz（2006）调查了一些拥有网站者在他们的个人网站中表达自己的方式，结果发现，他们表达自己的方式与人格量表的评估结果是一致的。这个结论与以往相关的研究结果也是一致的，结果发现，人们的在线表达要比预先设定好的表达有更少的欺骗，这与人们普遍的观念是相反的（Caspi & Gorsky，2006）。

（一）网络在线会谈：方法和可行性

相比网络聊天室或者使用电子邮件的文字交流方式，通过在线与他人会谈使得联系更加紧密。前面已经提到的因素，使得网络交流具有独特性，即在在线交流过程中，会谈者会感觉比较放松和开放，他们很容易形成亲密的友谊。因此，相比在 F2F 会谈中，在线受谈者回答对方问题时，即使是偶尔触及个人的敏感话题或者个人的情感话题，他们也会更深层次的、更广范围地暴露自我。这种特殊的交流可能，并且应该是评估和评价过程中最重要和独特的一部分，因此，网络在线会谈成为一种“测试环境”，而不仅仅只是交换信息。在线会谈中的动态性、当下性、去抑制性和“真实的自我”，这些特点对发现受谈者的重要特征非常重要。毫无疑问，这种访谈需要特殊的训练，会谈者必须非常有技巧，随时准备处理访谈中遇到的问题，从专业角度和伦理上对不同情况进行反应，并做出有效的评估。然而，有别于传统方式的方法，网络在线会谈采用另外一种不同的方法评价他人，这能够显著的提高评估他人的能力。

不管会谈目的，或者受访者的受教育程度、工作、职业或者临床诊断结果，网络在线会谈是使用一种非常特别的方法进行会谈。这一方法的基本假设是，对他人做出专业的评价，并不需要与对方在某个特定时间和地点交谈。这种方法并不是低估非语言交流的价值，如外表和身体线索，它强调两个其他因素的重要性：语言表达，尤其是在书面交流中；与他人交流时的一个优点，即非可视化。

对很多人来说，书面交流给他们提供一个特殊的机会，让他们能够比在口头交流中更加坦率地、准确地表达自己（Anthony，2004；J.Suler，2004b）。有许多原因导致这个现象。首先，相比在口头交流中对他人做出反应，人们通过书面语言表达自己时，他（或她）会更集中于表达自己内心的想法和情感。书写者通常会关注内部体验而不是给他人留下的印象，而在身体暴露的口头交流中，人们会感觉到被审查，因此，他们当对他人做出反应时会带有防范性。书面言语经常能够反映他人内心的声音，也就是说，就好像这个人与自己交谈一样。尽管网络在线会谈采用同步模式，更不用说异步模式，受谈者能够思考和编辑他的（或她的）反应，这样能够更好地反映他们的想法和情感。这其中包括两个原因，一个是心理方面的原因，即在可视的、面对面的会谈中，受谈者会感觉到较少的压力，除此之外，还有一个技术方面的原因，即相比使用口头语言表达自己，受访者能够有计划地、准确地，并且重新修改要表达的话。第三，不能低估方便的因素。当受访者和会谈者在一个选定好的时间（通常是标准的办公时间之外的时间），并且各自在选定好的不同地方，以及随意的穿着，这样自然减少了由情境引起的紧张、压力和焦虑，而这些会影响到访谈本身，并减少访谈的效度。因此，在线网络会谈不会受到情境引起的紧张、压力和焦虑等的影响，受访者能够更顺畅的交流，并且在交流过程中能够谈及更真实的问题。第四，将来他们可以使用这些书面访谈材料进行更完整和准确的分析、再评估、监督或者其他的用途（如培训、研究）。会谈者不需要依赖于他们的直接印象，事实上直接印象有时候是苛刻的，并且带有偏见性。而通过书面访谈，会谈者可以在自己状态比较好的时候，通过阅读访谈记录来学习，并做出专业的结论。顺便说一句，如果有需要，受谈者也可以通过访谈记录副本进行日后的反思或者跟正信息，又或者补充信息。第五，网络在线会谈有一个特别的好处就是，它可以避免一些会影响访谈者印象的无关因素（那些的确无关的因素），如美貌、外表、服饰、肤色、口音等（Shahani，Dipboye & Gehrlein，1993）。因此，使用文字进行的会谈可以使会谈者仅仅根据一些重要的、有关的东西进行评估。很显然，如果一些视觉方面的信息是评估中需要考虑的相关因素，那么可能会认为在线会谈是无效的和不足的。最后，网络在线会谈被认为特别适用于访谈的初始阶段，尤其是在招聘员工的时候。他们可以节省开销，并且只有通过网络在线会谈阶段的人才能被邀请进入下一个阶段。

（二）不足和未来研究的方向

网络在线会谈还存在一些不足，它作为心理评估的专业来源，有时候在评估过程中会存在一些问题，而这些问题会削弱它的效度。第一，许多人在通过书面方式表达自己时存在困难或者有些不足。如果在评估时没有考虑这个因素，我们可能会对这些人形成错误的印象。第二，许多人在没有看到对方的情况下交谈会感到不适。这也会成为评估错误的一个原因，尤其是当会谈者没有发现这个个人因素的时候。第三，许多人打字比较慢或者在操作电脑方面存在技术缺陷。这些和其他现实问题在会谈中可能会对他们的印象产生负面影响。第四，外表、非语言行为、着装和其他的个人方面，在文字会谈中都不能体现出来，这些因素在有些评估中是非常重要的。换句话说，这些因素一方面可能会导致偏差，另一方面会使得评估更有效。这意味着，根据访谈的特定目的，使用在线访谈会产生特定的偏差。

八、通过评估中心的在线情境测试的机会

根据本章中列举出的方法，我们发现评估中心（AC）与网络空间之间的关系非常明显。互联网具备传统评估中心所有特征和性质，除此之外，它还具有一些

特殊的优势，它能够解释传统评估中心中存在的主要问题。这个部分将首先介绍几种典型的评估中心（ACs），并阐述他们之间的共同点。然后介绍评估中心中的一些典型练习，并澄清评价时考虑主要的行为维度。最后，阐述评估中心用于网络是否更高效、有效，以及他们如何更高效、有效。

Joiner（2000）将评估中心定义为“采用多元的技术，并且多个评价者同时对参与者的一些选定的能力做出判断的过程”，它包含一个标准化行为评估方法，这是建立在专门开发的模拟与工作相关情境的基础之上，也称为情境测验。除了模拟，评估还需要结合会谈和心理测验。尽管在一个典型的评估中心中没有这些（Spychalski，Quiñones，Gaugler & Pohley，1997），但是基于理论、研究和实践的专业指导也被看做是一种评估中心。为了成为一个综合、高效的评估中心，这些指导需要工作分析的总结、行为分类、多元的评估方法、多元环境和多个评估者（Joiner，2000）。

整个评估过程，对个体的评价是由受过训练的评估者主导的标准化过程，要对评估中心指定测量参与者的某些能力做出判断，必须由多个评估者进行，然后对这些属性进行等级评分。评估中心最终形成的是一个总体的等级评定和一个报告，它包括能够反映被评估者的能力的定性信息和定量信息。能力是指那些可以被观察到的行为（如领导能力）。一般使用评估中心评价的能力包括沟通能力、领导能力、团队能力、驱动力、组织能力、计划能力、问题解决的能力和忍受压力/不确定的能力（Arthur，Day，McNelly & Edens，2003）。

用于评估中心的练习或者测验情境设计成类似于工作情境，这个也许在真实的工作中也会发生。模拟包括收文篮练习、分组讨论、与“下属”或者“客户”会谈、实情调查、决策问题、口头报告和书面沟通（W.C.Byham & Thornton，1986）。新兴的练习已经能够适用于组织和工作中的发展变化，而且能够更好的模拟当前的工作场所。其他加强版的评估中心包括使用“总体模拟”（如在发展性练习中使用一般角色），以及用录像带播放一个真实组织环境和氛围。通常情况下，评估中心结合智力测验和能力测验，因为研究表明，智力与可观察的行为结合起来评估个体要显著好于采用任何一个单独的因素来评估个体（G.C.Thornton & Byham，1982）。在许多评估中心中，都是采用自我报告、督导评价和同伴评价相结合来评价个体。

自从评估中心起源于第二次世界大战期间以来，因为它能够帮助人们选择合适的员工，同时还能够帮助员工自我提升，它的方法越来越受欢迎。研究表明，评估中心的评估方法有很好的预测效度，这也使得它越来越受欢迎（Gaugler，Rosenthal，Thornton & Bentson，1987；Hunter & Hunter，1984；Schmitt，Gooding，Noe & Kirsch，1984）。尽管评估中心很受欢迎，但是它还存在一些重要的缺点需要指出。首先，它的花费一般比较高，一个传统的评估中心包括6—10个参与者和2—4个评价者，并且要持续一到三天。培训评价者（这对有效评价个体非常重要）需要花费很长时间，这同样也会增加传统评估中心花费。在一个典型的评估中心中，一个评价经理为了观看被试在模拟情境中的表现，要离开他（她）的工作两至三天，然后还要花费额外的一天或者两天与观察者讨论，做出最后的评价（W.C.Byham，2006，September）。在财政方面，评价人员制作模拟情境、观察，还有之前、期间和之后的讨论都需要花费大量的时间，尤其是高额的开销（如场地、设备、管理、茶点）也增加了整个花费。其次，在特定的一个时间和地方组织大批人开一个长时间会议，不仅很累，而且还很复杂，这显然会非常影响他们的日常工作和个人生活。

AC中心的目标，旨在于为专业化的评估，提供评估网络人群行为的方法。前文已论述了的理论、AC基本评估原则。以此为基础，可以用一种全新的方式探索网络行为。首先，评审员的培训可以在网上进行，这不仅包括培训的指导和方针，而且还包括评审员间的讨论，还有评审员分析和评估各种文书个案的训练，以及评审员的等级讨论。专业人士（类似于在线管理员和人力资源职员）没有必要待在办公室，在某个网络区域就能“相见”。而且，如果这个训练是不同时进行（如通过论坛），时间也能灵活地根据个体的计划而调整。不仅如此，资源能在很多培训工作室中得到有效的利用，因此也节省了大量昂贵的成本。一旦评估者们训练完，他们能用于很多AC中，而不用考虑他们的地理位置，这样也能使人力组织资源得到更加充分的利用。

这个提议的主要观点是，AC评估或许可以在网络上进行。在职业发展中，无论为了找工作需要，还是对一个组织的员工进行评估，其无论身在何处，参与者都可能会参加到AC团队中。不管是通过同时的、还是不同时的（either synchronous or asynchronous）渠道，若干个体或亚团体可能在同一水平上会面。比如，实行一项“收文篮”（an “in-basket” exercise）的训练，在这项训练中，把任务设置成对个体制造时间压力，个体被迫让自己决定优先次序，以及在短时间内从多个任务选项中做出抉择，在这个过程中，应该采用一个具有同时性的虚拟空间（a synchronous virtual room）。参与者在接到任务后，应及时的做出相应的回应。该参与者的行为完全、自动地得到记录，并且之后得到远方评估者的评估。采用评估者这种方法，不仅具有时间、地点上有效性，而且能为更具反应力、更直接的评估获得原始数据（一个参与者的行为表现）。AC 的其他任务——如在一个文件上，写信或做出评论——可能不能同时进行，就如参与者以电子形式接到任务，并在之后发送回去才能得到评估。

虽然一个有效的聊天室应该限制参与者的人数，但即使没有做到这一点，网络空间的团体模拟（Group simulations）通过同时的或不同时的渠道，依然容易得到施行、管理、观察和维持。在基本的指导和准备之后，参与者可以从远方参与到电文交流的众多培训当中。这些团体模拟可能包括角色扮演，如监督者—被监督者会议（supervisor-supervisee sessions）、团体讨论和决策（如美国宇航局的月球生存计划）、交易谈判（negotiations）、道德问题的探讨以及其他 AC 任务。除此之外，根据相应的团体模拟需要，可以把个体或者团体的语音交流，集成为电文、声音和图形的先进软件，这样就能够允许团体模拟进行语音活动。

需重点指出的是，这里所提出的观点，不是创造一个新的 AC 系统，而是把它的传统形式转变成一个新的形式。为了适应于网络环境的 AC 活动，在做出必要的更改后，积累的实践经验，随同练习、评估程序和研究发现一起，适应于提议的形式。尽管做出这个更改需要投资，然而我们相信，做出更改后的 AC 不仅能极大地提高便利，而且能有效地减少成本，更为重要的是，它将使评估效度有一个显著的提高。正如之前强调的那样，人们在网络空间（匿名性、不可见性、没有眼睛接触和电文交流，是网络空间的主要特征）上交互时，他们的行为与人格，以及与目前的情感状态表现得更为一致。因此，在这些特殊的虚拟环境中，AC 的唯一目的是变得更加真实。尽管评估缺乏评估者的直接观察，但参与者的评估将明显地变得更有效。随着虚拟情境（virtual situation）在网络团体中越来越普遍，它把个体融入到团体中，使团体流程变得更加具有直接性、更为显著可见性（文本化，K.Y.A.McKenna，2007；K.Y.A.McKenna & Seidman，G.，2005a，2005b；K.Y.A.McKenna & Bargh，1998）。网络去抑制效应（the online disinhibition effect）的动态发展直接影响了人们的行为，因此，他们公开的行为可能比 F2F 情境，更加有效地反映了他们的气质、情绪、情感、价值感、需要和兴趣爱好。一个包含了各种适用于各种评估目的的活动“场景银行”（“scenario bank”），能很容易为一个需要特定目的的网络 AC 组织提供活动机会。“情境银行”能够用数字标记，表示出与某类工作、职业需求和人口的关系，从而组织活动，并相对简单地构造一个网络 AC。

另一点需重点指出的是，一个 AC 在网络上执行，正如一个传统的 AC，应该包括访谈和测验，尤其包括情境测验（situation tests）。只有这样，网络测验和网络访谈才能够与其他网路活动相结合，从而创造出一个更加综合的评估系统。一个网络 AC 可能被一个远方系统操控，一部分是同时的，另一部分是不同时的（根据 AC 特定的设置和要求），且包括各种个体活动、访谈和团体活动，在之后，AC 能得到在线培训的评估者团队的评估。这样的一个系统，不仅能比 AC 的传统系统更便利且更廉价，而且，它甚至能够提供更有效的评估结果，正如 AC 所期望的那样（W.C.Byham，2006）。

显而易见，目前的提议需要得到彻底地实证检验，几个关键问题需要进一步审查：在什么水平缺乏非言语线索，而降低了有力和有效评估的能力？是否是参与者的文本 / 言语能力，污染了参与者的评估，从而降低了评估效度？在什么程度下，参与者的经验、对电脑和互联网的熟练程度，与他们得到评估的上网行为和面具维度（mask dimensions）是相互作用的？考虑到技术的可能失败和局限性，在什么水平流程能有效的操控？考虑到这个局限性，这个流程是可行的吗？评估者能否感到足够的满意和放心，使他们的评估结果不会受到网络条件的影响？什么时候（对于什么工作、目的和人群来说）采用传统的 F2F 系统，比上网更有价值？这些重要的问题将伴随着网络 AC 系统的发展而出现。

九、网络评估的问题

网络评估不缺少问题。尽管它作为一种先进的方法，有很多的优点和发展前途，这种方法可能为人们专业评估增加重要的砝码，但是，它也存在网络环境中特定的局限性。本节接下来的内容将分析它的主要问题。毫无疑问的是，这个区域仍然需要研究和发展，以适用于专业实践的常规化。

（一）验证与授权

当访谈或者测验某个人的上网行为时，经常没有确切的方式来确定被访谈者的身份。不是说这个问题在线下（offline）不存在，而是在线下身份更容易得到检查并验证，尤其是通过图片验证。考虑到人们明显地想留下一个好印象，尤其在可选择的情景下（与个体咨询或者临床诊断相反），一个潜在的来访者，可能叫别人代替他，或她去成为一个被访者或一个测试者。匿名、不受保护的网络测试为这一操控提供了可能性（Johnson，2005），尽管 Bartram 和 Brown（Bartram & Brown, 2004）只发现了少量支持这一观点的实证证据，甚至在一个高风险的测试情景中也是如此。即使网络摄像头的使用能有助于克服（或减轻）这一问题，但是，可见性这一特点，可能破坏了一个网络测试访谈的其他重要方面的内容，而且照相机不能解决异时采访（asynchronous interviews）的问题。几个与网络测验相联系的流程，在验证中可以得到，如监督测试 (Bartram, 2006)，然而，他们不能提供一个在网络访谈情况下的选择机会。考虑到这些，一个解决方法是每个人都单独访谈或同时访谈时使用单独的设备以提高开放和自我的表露水平。

（二）技术失败

计算机和网络交流严重依赖于软硬件。一个冗长且复杂的链条，其仅有的链接出现问题，可能导致整个系统的崩塌。在此详述的、为了评估目的而使用互联网的活动，如果没有成千数万保证系统操作的、有效的、单元的完美操控，它可能不会顺利运转。比如，总依赖电力（两端的通信二分体和几家中介站）而没有任何备份或者替代设备，这使得整个活动非常不稳定。虽然电力中断（electrical power interruption）对于大部分人来说，都不是普遍或经常发生的经历，但是严重依赖非控制的资源——非常不同于传统 F2F 执行系统——是可怕的，而且妨碍了很多公司和专家，采用这种新颖的技术（Schmidt，2007）。

与此同时，网络评估的使用，依赖于复杂个人电脑、服务器、通讯线路、电气、电子设备和复杂软件的流畅运行。并且软件和硬件的版本需要经常更新，以适用于互联网的交流，并且在双方沟通上应该有一个可行的配合，然后这两方应该意识到，这个系统也许可能不会运行顺畅，并且任何一种故障都可能导致其中一方运行的失败。

（三）技能的差异与电脑焦虑（Computer Anxiety）

基本技能、懂得如何操作个人电脑、使用网络交流是一个网络评估系统所要求的。然而，个体在使用计算机的能力、技术上的差异变化，从非常基本到非常熟练，这可能显著影响使用者与电脑相关的表现（Maki & Maki，2002；Perry，

Simpson，NicDomhnaill & Siegel，2003）。这些差异可能在各种类型的行为中得到反映，从打字速度（与在线网络聊天有关）到保存文件或粘贴文件，再到某个软件的使用。显而易见，技能的差异可能影响一个人被观察和被评估的方式，导致之前做出的判断，与需要评估的特征、特点没有必要的联系。也就是说，电脑技能的这种差异因素，可能给评估质量引入一个错误的变异量。

除此之外，与计算机技能（computer skills）相关的另外一些个人因素，也可能会干扰使用一台电脑和互联网；电脑或者互联网焦虑（computer or Internet anxiety）。这个因素在不同程度上，可能导致不同的计算机运作（Wood，Willoughby，Specht，Stern-Cavalcante & Child，2002），这一点可能直接影响了一个使用者在网络交流中被观察的方式。而且，正如前面提到的一样，电脑焦虑与性别相关，有研究发现，女性电脑使用者比男性更容易焦虑（Broos，2005），即使没有针对女性形成完全的偏见，这也可能导致一个无效、性别偏见的评估。然而从这点来看，性别差异似乎在逐渐的消失（Shaw & Gant，2002；Whitaker，2007），而且在未来，可能不会构成一个影响因子。

（四）数字鸿沟（The Digital Divide）

计算机和互联网的所有权、使用和熟练程度，都与社会经济阶层有关，这个社会差异导致了所谓的“数字鸿沟”（Dance，2003；Wilson，Wallin & Reiser，2003）。在评估网络使用，并期望人们拥有一台电脑与互联网相连接，以及懂得如何使用它们上，我们确实可能以一种不受欢迎、带偏见的方式看待普通人。想当然的认为，所有人都能拥有电脑所有权和知识，这不仅可能会对某些社会团体是不公正的，而且会对某些人产生歧视效应，更为甚者，这可能会让其他人有利地获得了心理服务、工作申请或者接受研究项目的机会。虽然最近的研究发现，“数字鸿沟”在减少（Judge，Puckett & Bell，2006；Korupp & Szydlik，2005），至少在某些国家，但是它依然可能是近年来应该考虑的重要影响因素（Project，2005）。

十、小结

本章，我们试图回顾受到批判的传统心理评估方法的问题，并提议通过发展新型的在线评估方法来代替传统评估，以提高对人进行评估后的专业性。我们的观点是：独特的心理过程在网络空间的操作影响了人们的行为，尤其是导致他们开放自己，因此使他们蓄意的行为、表情更加真实，网络的心理测验、个人访谈和情境测验的实施，可能为心理评估提供一个更加有效的来源。关于心理测验，我们描述了以传统纸笔方法记录的问题，而且表明如何、为什么网络测验，可能成为一种更加有效的替代品。关于专业访谈，我们认为网络访谈——同时的或不同时的——不仅能够得到运作，而且，网络访谈某些重要的方面，确实应该作为首选的方法。另一种我们提出的已转换成网络空间的、普遍的脱机评估系统，是一种基于情境测验的 AC 系统。我们认为，除了改善便利和减少成本外，心理评估的效度通过使用网络活动可能得到提高。尽管我们确实注意到了与运用这些网络方法有关的几个问题和缺陷，但是它们对于我们来说，事实上似乎是暂时的，而且未来技术和社会文化的发展，将会使它们的影响降到最小。未来的研究需要对大量的、与我们主张相关的问题进行检验，不过似乎已有很多的知识内容似乎支持我们这里所提出的观点。

【参考文献】

Aiken,L.R.(2003).Psychological testing and assessment(11th ed.).Boston:Allyn & Bacon.

Alonzo,M. & Aiken,M.(2004).Flaming in electronic communication.Decision Support Systems,36(3),205–213.

Amichai-Hamburger,Y.,Fine,A. & Goldstein,A(2004)The impact of Internet interactivity and need for closure on consumer preference.Computers in Human Behavior,20(1),103–117.

Amichai-Hamburger,Y.,Wainapel,G. & Fox,S(2002)"On the Internet No One Knows I'm an Introvert":Extroversion,Neuroticism,and Internet Interaction.CyberPsychology & Behavior,5(2),125–128.

Anastasi,A. & Urbina,S.(1997).Psychological testing:Prentice Hall Upper Saddle River,NJ.

Anderson,N.(2003).Applicant and recruiter reactions to new technology in selection:A critical review and agenda for future research.International Journal of Selection and Assessment,11(2–3),121–136.

Andersson,G.,Carlbring,P.,Kaldo,V. & Ström,L.(2004).Screening of psychiatric disorders via the Internet.A pilot study with tinnitus patients.Nordic journal of psychiatry,58（4）,287–291.

Andersson,G.,Westoo,J.,Johansson,L. & Carlbring,P.（2006）.Cognitive bias via the Internet:A comparison of Web-based and standard emotional stroop tasks in social phobia.Cognitive Behaviour Therapy,35,55–62.

Anthony,K.（2004）.Therapy online-the therapeutic relationship in typed text.Writing cures:An introductory handbook of writing in counselling and psychotherapy,133–141.

Arthur,W.,Day,E.A.,McNelly,T.L. & Edens,P.S.（2003）.A meta-analysis of the criterion-related validity of assessment center dimensions.Personnel Psychology,56（1）,125–153.

Barak,A.（2003）.Ethical and professional issues in career assessment on the Internet. Journal of Career Assessment,11,3–21.

Barak,A.（2006）.Internet career assessment.In J.Greenhaus & G.Callanan（Eds.）,Encyclopedia of career development（pp.404–406）.Thousand Oaks,CA:Sage.

Barak,A(2007a)Emotional support and suicide prevention through the Internet:A field project report.Computers in Human Behavior,23,971–984.154 azy barak and liat hen.

Barak,A.（2007b）.Phantom emotions:Psychological determinants of emotional experiences on the Internet.In A.Joinson,K.Y.A.McKenna,T.Postmes & U.D.Reips（Eds.）,Oxford handbook of Internet psychology（pp.301–327）.Oxford,UK:Oxford University Press.

Barak,A. & Bloch,N.（2006）.Factors related to perceived helpfulness in supporting highly distressed individuals through an online support chat.CyberPsychology & Behavior,9,60–68.

Barak,A. & Buchanan,T.（2004）.Internet-based psychological testing and assessment. In R.Kraus,J.Zack & G.Stricker（Eds.）,Online counseling:A handbook for mental health professionals（pp.217–239）.San Diego,CA:Elsevier Academic Press.

Barak,A. & Cohen,L.(2002).Empirical examination of an online version of the self-directed search.Journal of Career Assessment,10,387–400.

Barak,A. & Dolev-Cohen,M.（2006）.Does activity level in online support groups for distressed adolescents determine emotional relief.Counselling and Psychotherapy Research,6,186–190.

Barak,A. & English,N.(2002).Prospects and limitations of psychological testing on the Internet.Journal of Technology in Human Services,19 (2/3) ,65–89.

Barak,A. & Miron,O. (2005) .Writing characteristics of suicidal people on the Internet:Apsychological investigation of emerging social environments.Suicide & Life-Threatening Behavior,35,507–524.

Bargh,J.A.,Fitzsimons,G.M. & McKenna,K.Y.A. (2003) .The self,online.In S.J.Spencer,S.Fein,M.P.Zanna & J.M.Olson(Eds.)Motivated social perception(pp.195–213) Mahwah,NJ:Erlbaum.

Bargh,J.A. & McKenna,K.Y.A. (2004) .The Internet and social life.Annual Review of Psychology,55,573–590.

Bargh,J.A.,McKenna,K.Y.A. & Fitzsimons,G.M. (2002) .Can you see the real me?Activation and expression of the "true self" on the Internet.Journal of Social Issues,58,33–48.

Bartram,D. (2004) .Assessment in organisations.Applied Psychology:An International Review,53,237–259.

Bartram,D. (2006) .The internationalization of testing and new models of test delivery on the Internet.International Journal of Testing,6,121–131.

Bartram,D. & Brown,A(2004)Online testing:Mode of administration and the stability of OPQ 32i scores.International Journal of Selection&Assessment,12,278–284.

Bauer,L. & McCaffrey,R.J. (2006) .Coverage of the test of memory malingering,Victoria symptom validity test,and word memory test on the Internet:Is test security threatened?Archives of Clinical Neuropsychology,21,121–126.

Beck,C.T(2005)Benefits of participating in Internet interviews:Women helping women. Qualitative Health Research,15,411–422.

Bischoff,R.J. (2004) .Considerations in the use of telecommunications as a primary treatment medium:The application of behavioral telehealth to marriage and family therapy.American Journal of Family Therapy,32,173–187.

Bowker,N. & Tuffin,K. (2002) .Disability discourses for online identities.Disability & Society,17,327–344. Exposure in Cyberspace as Means of Enhancing Psychological Assessment 155.

Bowker,N. & Tuffin,K(2003)Dicing with deception:People with disabilities' strategies for managing safety and identity online.Journal of Computer-Mediated Communication,8(2)Retrieved October 20,2006,from http://jcmc.indiana.edu/vol8/issue2/

bowker.html.

Bowker,N. &Tuffin,K.(2004).Using the online medium for discursive research about people with disabilities.Social Science Computer Review,22,228–241.

Bridgeman,B.,Lennon,M.L. & Jackenthal,A.(2003).Effects of screen size, screen resolution,and display rate on computer-based test performance.Applied Measurement in Education,16,191–205.

Broos,A(2005)Gender and information and communication technologies(ICT)anxiety:-Male self-assurance and female hesitation.CyberPsychology & Behavior,8,21–31.

Buchanan,T.(2001).Online personality assessment.In U.D.Reips & M.Bosnjak (Eds.),Dimensions of Internet science(pp.57–74).Lengerich,Germany:Pabst Science Publishers.

Buchanan,T.(2002).Online assessment:Desirable or dangerous?Professional Psychology:Research & Practice,33,148–154.

Buchanan,T.(2007).Personality testing on the Internet:What we know,and what we do not.In A.Joinson,K.McKenna,T.Postmes & U.Reips(Eds.),The Oxford handbook of Internet psychology(pp.447–460).Oxford,UK:Oxford University Press.

Buchanan,T.,Ali,T.,Heffernan,T.M.,Ling,J.,Parrott,A.C.,Rodgers,J. & Scholey,A. B.(2005).Nonequivalence of on-line and paper-and-pencil psychological tests:The case of the prospective memory questionnaire.Behavior Research Methods,37,148–154.

Buchanan,T.,Johnson,J.A. & Goldberg,L.R.(2005).Implementing a five-factor personality inventory for use on the Internet.European Journal of Psychological Assessment,21,115–127.

Byham,W.C .2006,(September).What is an assessment center?The assessment center method, applications,and technologies.Paper presented at the International Congress on Assessment Center Methods,London,UK.Retrieved November 20,2006,from http://www.assessmentcenters.org/articles/whatisassess1.asp.

Byham,W.C.,& Thornton,G.C.,III.(1986).Assessment centers.In R.A.Berk(Ed.),Performance assessment:Methods and applications(pp.143–166)Baltimore,MD:Johns Hopkins University Press.

Caplan,S.E.(2005).A social skill account of problematic Internet use.Journal of Communication,55,721–736.

Carlbring,P.,Brunt,S.,Bohman,S.,Austin,D.,Richards,J.,Ö st,L. & Andersson,G.

(2007).Internet vs.paper and pencil administration of questionnaires commonly used in panic/agoraphobia research.Computers in Human Behavior,23,1421–1434.

Caspi,A. & Gorsky,P.(2006).Online deception:Prevalence,motivation,and emotion. CyberPsychology & Behavior,9,54–59.

Chaney,M.P. & Chang,C.Y.(2005).A trio of turmoil for Internet sexually addicted men who have sex with men:Boredom broneness,social connectedness,and dissociation.Sexual Addiction & Compulsivity,12,3–18.156 azy barak and liat hen.

Chuah,S.C.,Drasgow,F. & Roberts,B.W.(2006).Personality assessment:Does the medium matter?No.Journal of Research in Personality,40,359–376.

Cohn,M.A.,Mehl,M.R. & Pennebaker,J.W.(2004).Linguistic markers of psychological change surrounding September 11,2001.Psychological Science,15,687–693.

Collins,F.E. & Jones,K.V.(2004).Investigating dissociation online:Validation of a web-based version of the Dissociative Experiences Scale.Journal of Trauma & Dissociation,5,133–147.

Cooper,A.,Griffin-Shelley,E.,Delmonico,D.L. & Mathy,R.M.(2001).Online sexual problems:Assessment and predictive variables.Sexual Addiction &Compulsivity,8,267–285.

Crichton,S. & Kinash,S.(2003).Virtual ethnography:Interactive interviewing online as method.Canadian Journal of Learning and Technology,29(2).Retrieved January 22,2007,http://www.cjlt.ca/content/vol29.2/cjlt29-2art-5.html.

Csikszentmihalyi,M.(1990).Flow:The psychology of optimal experience.New York:Harper and Row.

Dance,F.E.X.(2003).The digital divide.In L.Strate,R.L.Jacobson & S.B.Gibson (Eds.),Communication and cyberspace:Social interaction in an electronic environment (2nd ed.,pp.171–182).Cresskill,NJ:Hampton Press.

Davies,M. & Morgan,A.(2005).Using computer-assisted self-interviewing (CASI) questionnaires to facilitate consultation and participation with vulnerable young people.Child Abuse Review,14,389–406.

Davis,M.,Bolding,G.,Hart,G.,Sherr,L. & Elford,J.(2004).Reflecting on the experience of interviewing online:Perspectives from the Internet and HIV study in London. AIDS Care,16,944–952.

Eder,R.W. & Harris,M.M(Eds.)(2005)The employment interview handbook.Thousand Oaks,CA:Sage.

Egan,J.,Chenoweth,L. & McAuliffe,D.(2006).Email-facilitated qualitative interviews with traumatic brain injury survivors:A new and accessible method.Brain Injury,20,1283–1294.

Emmelkamp,P.M.G.(2005).Technological innovations in clinical assessment and psychotherapy.Psychotherapy and Psychosomatics,74,336–343.

Erlanger,D.,Feldman,D.,Kutner,K.,Kaushik,T.,Kroger,H.,Festa,J.,Barth,J.,Freeman,-J.,Broshek,D.(2003).Development and validation of aWeb-based neuropsychological test protocol for sports-related return-to-play decisionmaking.Archives of Clinical Neuropsychology,18,293–316.

Festinger,L.,Pepitone,A. & Newcomb,T.(1952).Some consequences of deindividuation in a group.Journal of Abnormal and Social Psychology,47,382–389.

Fritsche,I. & Linneweber,V.(2006).Nonreactive methods in psychological research.In M.Eid & E.D.Diener(Eds.)Handbook of multimethod measurement in psychology (pp.189–203).Washington,DC:American Psychological Association.

Gaugler,B.B.,Rosenthal,D.B.,Thornton,G.C.,III & Bentson,C.(1987).Metaanalysis of assessment center validity.Journal of Applied Psychology,72,493–511.

Hamilton,R.J. & Bowers,B.J.(2006).Internet recruitment and e-mail interviews in qualitative studies.Qualitative Health Research,16,821–835.

Hanna,R.C.,Weinberg,B.,Dant,R.P. & Berger,P.D.(2005).Do Internet-based surveys increase personal self-disclosure?Database Marketing & Customer Strategy Management,12,342–356.

Harman,J.P.,Hansen,C.E.,Cochran,M.E. & Lindsey,C.R.(2005).Liar,liar.Internet faking but not frequency of use affects social skills,self-esteem,social anxiety,and aggression.CyberPsychology & Behavior,8,1–6.

Haythornthwaite,C. & Hagar,C.(2004).The socialworlds of theWeb.Annual Review of Information Science and Technology,39,311–346.

Herrero,J. & Meneses,J.(2006).Short Web-based versions of the perceived stress(PSS) and Center for Epidemiological Studies-Depression(CESD)Scales:A comparison to pencil and paper responses among Internet users.Computers in Human Behavior,22,830–846.

Hewson,C. & Charlton,J.P.(2005).Measuring health beliefs on the Internet:A comparison of paper and Internet administrations of the multidimensional Health Locus of Control Scale.Behavior Research Methods,37,691–702.

Hsu,M.,Yen,C.,Chiu,C. & Chang,C.(2006).A longitudinal investigation of continued online shopping behavior:Anextension of the theory of planned behavior.International Journal of Human-Computer Studies,64,889–904.

Hunt,N. & McHale,S(2007)A practical guide to the e-mail interview.Qualitative Health Research,17,1415–1421.

Hunter,J.E. & Hunter,R.F.91984).Validity and utility of alternative predictors of job performance.Psychological Bulletin,96,72–98.

Hyler,S.E,Gangure,D.P. & Batchelder,S.T.(2005).Can telepsychiatry replace in-person psychiatric assessments?A review and meta-analysis of comparison studies.CNS Spectrums,10,403–413.

International Test Commission.(2006).International guidelines of computer-based and Internet-delivered testing.International Journal of Testing,6,143–171.

Jacobson,D(2001)Presence revisited:Imagination,competence,and activity in textbased virtual worlds.CyberPsychology & Behavior,4,653–673.

Johnson,J.A.(2005).Ascertaining the validity of individual protocols fromWeb-based personality inventories.Journal of Research in Personality,39,103–129.

Joiner,D.A.(2000).Guidelines and ethical considerations for assessment center operations:International task force on assessment center guidelines.Public Personnel Management,29,315–331.

Joinson,A.(1998).Causes and implication of disinhibited behavior on the Internet.In J.Gackenbach(Ed.),Psychology and the Internet,intrapersonal,interpersonal,and transpersonal implications(pp.43–60).San Diego,CA:Academic Press.

Joinson,A.(2003).Understanding the psychology of Internet behaviour.Basingstoke,UK:Palgrave Macmillan.

Joinson,A.N.(2001).Self-disclosure in computer-mediated communication:The role of self-awareness and visual anonymity.European Journal of Social Psychology,31,177–192.

Joinson,A.N.,McKenna,K.,Postmes,T. & Reips,U.-D.(Eds.).(2007).Oxford handbook of Internet psychology.Oxford,UK:Oxford University Press.

Joinson,A.N. & Paine,C.B.(2007).Self-disclosure,privacy and the Internet.Oxford Handbook of Internet Psychology,237–252.

Jones,W.P(2004)Testing and counseling:A marriage saved by the Internet?In J.W.Bloom & G.R.Walz(Eds.),Cybercounseling & cyberlearning:An encore(pp.183–202).

Alexandria,VA:American Counseling Association.

Jones,W.P.,Harbach,R.L.,Coker,J.K. & Staples,P.A.(2002).Web-assisted vocational test interpretation.Journal of Employment Counseling,39,127–137.

Judge,S.,Puckett,K. & Bell,S.M(2006)Closing the digital divide:Update from the early childhood longitudinal study.The Journal of Educational Research,100(1),52–60.

Kiesler,S.,Siegel,J. & McGuire,T.W.(1984).Social psychological aspects of computer-mediated communication.American psychologist,39(10),1123.

Kleiman,T. & Gati,I.(2004).Challenges of Internet-Based Assessment:Measuring Career Decision-Making Difficulties.Measurement and Evaluation in Counseling and Development,37(1),41.

Konradt,U.,Hertel,G. & Joder,K.(2003).Web-based Assessment of Call Center Agents:Development and Validation of a Computerized Instrument.International Journal of Selection and Assessment,11(2–3),184–193.

Korupp,S.E. & Szydlik,M.(2005).Causes and trends of the digital divide.European Sociological Review,21(4),409–422.

Kozma-Wiebe,P.,Silverstein,S.M.,Feh'er,A.,Kov'acs,I.,Ulhaas,P. & Wilkniss,S.M.(2006).Development of a world-wide web based contour integration test.Computers in Human Behavior,22,971–980.

Lee,H.(2005).Behavioral strategies for dealing with flaming in an online forum.The Sociological Quarterly,46(2),385–403.

LoBello,S.G. & Zachar,P.(2007).Psychological test sales and internet auctions:Ethical considerations for dealing with obsolete or unwanted test materials.Professional Psychology:Research and Practice,38(1),68.

Luce,K.H.,Winzelberg,A.J.,Das,S.,Osborne,M.I.,Bryson,S.W. & Taylor,C.B.(2007).Reliability of self-report:paper versus online administration.Computers in Human Behavior,23(3),1384–1389.

Lumsden,J.(2007).Online-questionnaire design guidelines.In R.A.Reynolds,R.Woods & J.D.Baker(Eds.)Handbook of research on electronic surveys and measurements (pp.44–64).Hershey,PA:Idea Group.

Lumsden,J.A.,Sampson,J.P.,Jr.,Reardon,R.C.,Lenz,J.G. & Peterson,G.W.(2004).A comparison study of the paper-and-pencil,personal computer,and Internet versions of Holland's self-directed search.Measurement & Evaluation in Counseling & Development,37,85–94.

Maki,W.S. & Maki,R.H.(2002).Multimedia comprehension skill predicts differential outcomes of web-based and lecture courses.Journal of Experimental Psychology-:Applied,8(2),85.

Malamuth,N.,Linz,D. & Yao,M.(2005).The Internet and aggression:Motivation,disinhibitory,and opportunity aspects.New York:Oxford University Press.

Mandrusiak,M.,Rudd,M.D.,Joiner,T.E.,Berman,A.L.,Van Orden,K.A. & Witte,T.(2006).Warning signs for suicide on the internet:A descriptive study.Suicide and Life-Threatening Behavior,36(3),263–271.

Mangunkusumo,R.T.,Duisterhout,J.S.,de Graaff,N.,Maarsingh,E.J.,de Koning,H.J. & Raat,H.(2006).Internet versus paper mode of health and health behavior questionnaires in elementary schools:Asthma and fruit as examples.Journal of School Health,76,80–86.

Marcus,B.,Machilek,F. & Sch¨utz,A.(2006).Personality in cyberspace:Personal Web sites as media for personality expressions and impressions.Journal of Personality and Social Psychology,90,1014–1031.

McCoyd,J.L.M. & Schwaber Kerson,T.(2006).Conducting intensive interviews using email:A serendipitous comparative opportunity.Qualitative Social Work,5,389–406.

McKenna,K.Y.A.(2007).Through the Internet looking glass:Expressing and validating the true self.In K.M.A.Joinson,T.Postmes & U.-D.Reips(Ed.),Oxford handbook of Internet psychology(pp.203–220).Oxford,UK:Oxford University Press.

McKenna,K.Y.A. & Seidman,G.(2005a).Social identity and the self:Getting connected online.In D.J.H.W.R.Walker(Ed.),Cognitive Technology(pp.89–110).Jefferson,NC:McFarland.

McKenna,K.Y.A. & Seidman,G.(2005b).You,me,and we:Interpersonal processes in electronic groups.In Y.Amichai-Hamburger(Ed.),The social net:Human behavior in cyberspace(pp.191–217).New York:Oxford University Press.

McKenna,K.Y.A. & Bargh,J.A.(1998).Coming out in the age of the Internet:Identity "demarginalization" through virtual group participation.Journal of Personality and Social Psychology,75(3),681.

McKenna,K.Y.A. & Bargh,J.A.(1999).Causes and consequences of social interaction on the Internet:A conceptual framework.Media Psychology,1(3),249–269.

McKenna,K.Y.A. & Bargh,J.A.(2000).Plan 9 from cyberspace:The implications of the Internet for personality and social psychology.Personality and social psychology review,4 (1),57–75.

McKenna,K.Y.A. & Green,A.S.(2002).Virtual group dynamics.Group Dynamics,6,116–127.

McKenna,K.Y.A.,Green,A.S. & Gleason,M.E.J.(2002).Relationship formation on the Internet:What' s the big attraction?Journal of social issues,58 (1),9–31.

McMillan,S.J. & Morrison,M.(2006).Coming of age with the internet A qualitative exploration of how the internet has become an integral part of young people's lives. New Media & Society,8 (1),73–95.

Medalia,A.,Lim,R. & Erlanger,D.(2005).Psychometric properties of the web-based work-readiness cognitive screen used as a neuropsychological assessment tool for schizophrenia.Computer methods and programs in biomedicine,80 (2),93–102.

Meier,A.(2004).Technology-mediated groups.Handbook of social work with groups,479–503.

Moral-Toranzo,F.,Canto-Ortiz,J. & Gómez-Jacinto,L.(2007).Anonymity effects in computer-mediated communication in the case of minority influence.Computers in Human Behavior,23 (3),1660–1674.

Muhlenfeld,H.U.(2005).Differences between "talking about" and "admitting" sensitive behaviour in anonymous and non-anonymous Web-based interviews. Computers in Human Behavior,21,993–1003.

Naglieri,J.A.,Drasgow,F.,Schmit,M.,Handler,L.,Prifitera,A.,Margolis,A. & Velasquez,R.(2004).Psychological testing on the Internet:New problems,old issues. American Psychologist,59,150–162.

Nosek,B.A.,Banaji,M. & Greenwald,A.G.(2002).Harvesting implicit group attitudes and beliefs from a demonstration web site.Group Dynamics,6,101–115.

Perry,E.L.,Simpson,P.A.,NicDomhnaill,O.M. & Siegel,D.M(2003)Is there a technology age gap?Associations among age,skills,and employment outcomes.International Journal of Selection and Assessment,11 (2–3),141–149.

Paine,C.,Reips,U.-D.,Stieger,S.,Joinson,A. & Buchanan,T.(2007).Internet users' perceptions of "privacy concerns" and "privacy actions".International Journal of Human-Computer Studies,65,526–536.

Prentice-Dunn,S. & Rogers,R.W(1982).Effects of public and private self-awareness on deindividuation and aggression.Journal of Personality and Social Psychology,43 (3),503.

Project,P.I.a.A.L.(2005).The future of the Internet.

Quayle,E.,Vaughan,M. & Taylor,M.(2006).Sex offenders,internet child abuse images and emotional avoidance:The importance of values.Aggression and Violent Behavior,11(1),1–11.

Reid,D.J.R.,F.J.M(2005)Online focus groups:An in-depth comparison of computer-mediated and conventional focus group discussions.International Journal of Market Research,47,131–162.

Reips,U.D(2002)Standards for Internet-based experimenting.Experimental Psychology (formerly Zeitschrift für Experimentelle Psychologie),49(4),243–256.

Reips,U.D.,Eid,M. & Diener,E.(2006).Web-based methods.Handbook of multimethod measurement in psychology,73–85.

Sale,R.(2006).International guidelines on computer-based and Internet-delivered testing:Apractitioner' s perspective.International Journal of Testing,6,181–188.

Schatz,P. & Browndyke,J.(2002).Applications of computer-based neuropsychological assessment.The Journal of head trauma rehabilitation,17(5),395.

Schmidt,W.C.(2007).Technical considerations when implementing online research. In K.M.A.Joinson,T.Postmes,and U.-D.Reips(Ed.),Oxford hand-book of Internet psychology(pp.459–470).Oxford,UK:Oxford University Press.

Schmitt,N.,Gooding,R.Z.,Noe,R.A. & Kirsch,M.(1984).Meta-analysis of validity studies published between 1964 and 1982 and the investigation of study characteristics.Personnel Psychology,37,407–422.

Selwyn,N.,Gorard,S. & Furlong,J(2005)Whose Internet is it anyway?Exploring adults' (non) use of the Internet in everyday life.European Journal of Communication,20(1),5–26.

Shahani,C.,Dipboye,R.L. & Gehrlein,T.M.(1993).Attractiveness bias in the interview:-Exploring the boundaries of an effect.Basic and Applied Social Psychology,14(3),317–328.

Shaw,L.H. & Gant,L.M(2002)Users divided?Exploring the gender gap in Internet use. CyberPsychology & Behavior,5(6),517–527.

Sillence,E. & Briggs,P.(2007).Please advise:using the Internet for health and financial advice.Computers in Human Behavior,23(1),727–748.

Sommers-Flanagan,J. & Sommers-Flanagan,R.(2002).Clinical interviewing:Wiley.

Spears,R. & Lea,M.(1992).Social influence and the influence of the "social" in computer-mediated communication:Harvester Wheatsheaf.

Spears,R. & Lea,M.(1994).Panacea or panopticon?The hidden power in computer-mediated communication.Communication Research,21(4),427–459.

Spychalski,A.C.,Quiñones,M.A.,Gaugler,B.B. & Pohley,K.(1997).A survey of assessment center practices in organizations in the United States.Personnel Psychology,50(1),71–90.

Stieger,S. & G¨oritz,A.S(2006)Using instant messaging for Internet-based interviews. CyberPsychology & Behavior,9,552–559.

Stone,L.D. & Pennebaker,J.W.(2002).Trauma in real time:Talking and avoiding online conversations about the death of Princess Diana.Basic & Applied Social Psychology,24,173–183.

Suler,J.(2004a).The online disinhibition effect.CyberPsychology & Behavior,7(3),321–326.

Suler,J.(2004b).The psychology of text relationships.Online counseling:A handbook for mental health professionals,19–50.

Suler,J.R(2002)Identity management in cyberspace.Journal of Applied Psychoanalytic Studies,4(4),455–459.

SULER,J.R. & PHILLIPS,W.L.(1998).The bad boys of cyberspace:Deviant behavior in a multimedia chat community.CyberPsychology & Behavior,1(3),275–294.

Thompson,P.A.(2003).What's fueling the flames in cyberspace?A social influence model.Communication and cyberspace:Social interaction in an electronic environment,329–347.

Thornton,G.C. & Byham,W.C.(1982).Assessment centers and managerial performance:Academic Press New York.

Tippins,N.T.,Beaty,J.,Drasgow,F.,Gibson,W.M.,Pearlman,K.,Segall,D.O. & Shepherd,W.(2006).Unproctored Internet testing in employment settings.Personnel Psychology,59,189–225.

Thornton,G.C.,III & Rupp,D.E.(2005).Assessment centers in human resource management:Strategies for prediction,diagnosis,and development.

Tichon,J.G. & Shapiro,M.(2003).The process of sharing social support in cyberspace. CyberPsychology & Behavior,6(2),161–170.

Turkle,S.(2004).Whither psychoanalysis in computer culture?Psychoanalytic Psychology,21(1),16.

Walther,J.B.(1996).Computer-mediated communication impersonal,interpersonal,and hyperpersonal interaction.Communication Research,23(1),3–43.

Whitaker,B.G.(2007).Internet-based attitude assessment:does gender affect measurement equivalence?Computers in Human Behavior,23(3),1183–1194.

Wilhelm,O. & McKnight,P.E.(2002).Ability and achievement testing on theWorld Wide Web.In B.Batinic,U.-D.Reips & M.Bosnjak(Eds.),Online social sciences (pp.151–180).Seattle,WA:Hogrefe & Huber.

Williams,J.E. & McCord,D.M.(2006).Equivalence of standard and computerized versions of the Raven Progressive Matrices Test.Computers in Human Behavior,22,791–800.

Wilson,K.R.,Wallin,J.S. & Reiser,C.(2003).Social stratification and the digital divide. Social Science Computer Review,21(2),133–143.

Wood,E.,Willoughby,T.,Specht,J.,Stern-Cavalcante,W. & Child,C.(2002).Developing a computer workshop to facilitate computer skills and minimize anxiety for early childhood educators.Journal of educational psychology,94(1),164.

Wu,S. & He,Z(2004)A dynamic web educational assessment system.Human Perspectives in the Internet Society:Culture,Psychology and Gender,4,449–457.

Yao,M.Z. & Flanagin,A.J.(2006).A self-awareness approach to computer-mediated communication.Computers in Human Behavior,22(3),518–544.

Yoshino,A.,Shigemura,J.,Kobayashi,Y.,Nomura,S.,Shishikura,K.,Den,R.,Wakisaka,H.,Kamata,S. & Ashida,H(2001)Telepsychiatry:Assessment of televideo psychiatric interview reliability with present-and nextgeneration Internet infrastructures.Acta Psychiatrica Scandinavica,104,223–226.

Zetin,M. & Tasha,G.(1999).Development of a computerized psychiatric diagnostic interview for use by mental health and primary care clinicians.Cyber Psychology & Behavior,2,223–229.

第七章 “身陷网络”：网络地点在网络关系建立和发展中的作用

安德烈·贝克（Andrea J·Baker）

一旦路易斯·卡罗尔的Alice[1]进入“Underland”游戏，她就会坠入网络中的奇幻世界。她会在不同的地方遇到了各种各样不同的情境，如花园、森林、游泳池、厨房、城堡和法庭等。在游戏中，她遇到的各种人物能否成为她的熟人、朋友，抑或是敌人，这取决于她在旅途中的地点，当然，也取决于她的大小。她在游戏中跟随着一只白色的兔子，那只白兔子惧怕Alice那比人类还高的身高。在游戏中，她学会了调整自己的大小，以此来匹配不同的场景、事物和动物，以及那些穿过她通道的人们。人们把“网络空间”比喻为通过镜子看到的世界，即相对于线下的物理世界而言的网络虚拟世界。

随着人们网络使用经验的积累，研究者对人与人之间的连接模式进行了区分，将其区分为使用异步性沟通媒介的连接和使用同步性或即时沟通媒介的连接。研究者也开始探究不同种类的网络空间、地点和场景之间的差别（Baker，2002；Baker，2005；Whitty & Carr，2006；McKenna，2007；Baker & Whitty，2008）。目前，研究者对产生于网络空间中但不停留在网络空间中的互动，或者是跨越了线上和线下空间的关系进行了一系列的研究。网络关系领域的研究者发现，在线下会面（Baker，1998），并进入“混合模式的关系”之前（Walther & Parks 2002），网络中的个体经常会“感到他们貌似已经很了解对方了”（Walther & Parks，2002）。人们在网络空间中发展出对对方的强烈感情，并建立从点头之交的一般熟识到亲

[1] 注释：Alice是一款冒险解密游戏《爱丽丝梦游仙境》中的主人公，玩家们可以在爱丽丝游历名为“Underland”的地下世界的旅程中引导、保护和帮助爱丽丝，同时还要解开游戏中的许多古怪谜题

密友谊、密切伙伴关系间的各种关系，有时他们甚至会步入婚姻的殿堂（Cooper & Sportolari，1997；Baker，1998；Wallace，1999；McKenna & Bargh，2000；Merkle & Richardson，2000；Whitty & Gavin，2001；McKenna，Green et al.，2002；Joinson，2003；Ben-Ze'ev，2004；Baker，2005）。这些人际连接首先产生在虚拟的网络世界中，而前人认为的影响人际吸引的两大关键因素——外表吸引和空间接近性的信息在网络世界中是缺失的。

基于爱丽丝在新地方的冒险经历，这一章主要涉及两个问题。（1）首先也是最重要的是，身处浪漫关系中的伴侣，他们在网络中结识的特定的网络地点和空间，将如何影响他们关系的发展进程？特别是在他们关系发展的早期阶段。（2）时间因素，关系发展的步调以及其与空间因素的交互作用，是如何影响一对潜在伴侣的配对？通过对主要数据的分析，以及查阅在线交友的相关文献，本章对网络空间中的地点因素进行了探索性分析，研究其在浪漫关系发展中如何影响最初的吸引力及进一步的承诺。

一、对网络地点和网络关系的介绍

人们在各种不同的网络地点中结识。结识地点的类型预示了聚集在这一地点的人们的类型，他们的共同点、他们给别人的第一印象以及他们第一次接触的性质（Baker，1998；Baker，2005）。McKenna 和 Bargh（2000）描述了网络虚拟空间不同于现实空间的特点，即相对于现实空间来说，网络虚拟空间包含不同的“闸门”属性，从而使其具有更少的互动障碍。Baker 和 Whitty（2008）以及 McKenna（2007）最近注意到，不同类型网络地点的不同特点造就了多种不同的在线连接模式。例如，网站或者网络中结识地点的类型提供了有关对方的不同类型的信息，并预示了他们第一次面对面交流的所使用的特定的媒介类型。“地点”在这里是指他们第一次在网上偶遇对方的地点，如果他们随后选择在现实生活中联系，那么“地点”也就是指他们在现实中会面的地点或者位置。

“网络关系”被定义为：关系中的双方第一次的第一次会面发生在网络中，并且他们彼此都希望和对方建立起稳定的浪漫关系。在决定开始他们关系的时候，这两个人可能正在有意识地寻找潜在的亲密伴侣，或者他们只是作为朋友或者熟人而在网络中会面，在线下见面之后来才生出了建立浪漫关系的意图。本章中的这些数据和文献，主要来自于那些针对正在约会（或正在考虑约会）、同居或已经结婚的个体和亲密伴侣的研究者的研究。虽然个人化关系（如友谊）可以在网络中建立，甚至是家庭关系也可以主要发生在网络中，但是对这些类别的在线关系应进行单独的研究，因此，在这里提到它们，仅仅是因为它们和亲密网络关系的某些研究发现有关。

这一章首先讨论了网络中地点或空间因素对网络关系建立和发展的影响，然后讨论了时间和地点的交互作用对在线关系的建立和发展的影响。需要特别指出的是，这样的研究可能在网络空间关系的研究中开辟了新的研究领域。除了引用相关的研究外，这一章还使用了 Baker（2005）在对网络伴侣的研究中所获得的调查数据，研究者随后还通过对在网上结识的夫妇进行的电话或 E-mail 访谈以及问卷调查的方式获得了相关的资料。所有的调查研究以及资料的获取都是以匿名的方式进行的。

二、“位置”：地点在网络关系中的作用

在对“地点”因素的讨论中，首先探讨了线上和线下地点的区别，即“网络空间”的特点（Gibson，1984），及其与“现实生活”中的地点、位置的对比。这里讨论的是接近或邻近性的概念及其在人际吸引中的作用，以及这种邻近性在网络空间中是如何产生的。接着又探讨了人们在网络中互动的地点的类型，这一章的内容涉及婚恋交友网站的目标和发展动力，并将其与包括贴吧、游戏、社交网站以及聊天室在内的虚拟社区进行了对比。最后，探究了在网络空间中结识的个体之间的地理距离，以及这种地理距离对他们之间网络关系发展进程的影响。

（一）线上和线下的“地点”：网络空间和“现实生活”中人际吸引力的对比

网络空间和线下的现实世界具有一些共同的属性，但是这两个领域中的互动的类型却存在差异。在针对网络的早期研究中，研究者将网络空间看做是对“现实生活”的一种苍白反映，在网络空间中人们通过低带宽（这里的低带宽是指人们之间联系的手段较少）的联接进行联系。在那些对网络空间和线下世界中的互动进行对比的研究中，以及在那些针对现实生活中互动的研究中，研究者首先关

注的是外表的吸引力和邻近性，其次是共同的兴趣爱好，以及这些因素与网络空间中关系建立的联系。

1. 网络中的外表吸引力和邻近性

在网络空间中，外表吸引力的作用比其在现实生活中小，并且其作用的大小随着地点的不同而改变。在以计算机为媒介的沟通盛行之前，人际吸引理论认为，在大多数情况下，外表的吸引力和在现实空间中的接近或邻近性在浪漫关系的形成中即便不是唯一的也是首要的影响因素（Berscheid & Walster，1978；Hatfield & Sprecher，1986）。对结婚夫妇的统计研究证实了他们在年龄（Wheeler & Gunter，1987；Fraboni，2004）和其他人口学特征上的相对一致性，前人的研究也证实了诸如态度、价值观的一致性和外表吸引力这些因素在关系建立中的作用（Byrne，London et al.，1968）。与现实生活中不同的是，在网络空间中外表吸引力并不是首要的影响因素。甚至在照片十分常见的婚恋交友网站中，人们对个人主页的分类也只是部分地依赖外表，而其他的诸如居住地点、兴趣爱好和写作风格等因素也能抵消外表因素的影响。早期的人际吸引理论包含了伴随着外表吸引力的物理空间的临近性或接近性在人际关系中的作用。而在网络中，接近性或者邻近性意味着在没有现实的空间临近性的情况下，个体在网络空间中感受到的亲密感以及他们所处的共同的网络位置。如果两个人经常在贴吧中见面，即便是他们是在不同的时间发布信息，他们也能逐渐地相互了解并期待对方的定期出现，这就类似于现实生活中的邻居或者在固定办公地点中的同事。

考虑到通过书写的交流方式将世界各地的人们连接起来的万维网和 E-mail，对于网络亲密关系的建立来说，外表吸引力和空间接近性似乎并不是十分重要（Cooper & Sportolari，1997；Baker，1998；McKenna & Bargh，2000；Merkle & Richardson，2000；Fiore & Donath，2004；Baker，2005）。尽管在作者的研究中，几乎没有人使用摄像头来进行交流，并且使用视频进行交流的人数也极少，但的确还是有一部分人通过视频和网络摄像头来进行交流。即便是人们在网上呈现了自己的照片或者虚拟形象，但是和某人变得熟悉的过程却开始于虚拟的或非物质化的世界，这就使得个体在对网上提供的信息进行评估之后，才决定是否和对方单独见面。

尽管 Al Cooper 提出了“3A”模型，即便利性、低成本性和匿名性（Cooper，1999）来解释网络空间中性行为的流行，并且网络空间的这三个特质也有助于揭示在线交友行为对各种亲密关系的吸引力。但是由于没有过多地注重外表因素，个体在网络空间中的交往往往开始于基于彼此相似性的自我暴露和融洽交往（Byrne，London et al.，1968；Duck & Craig，1975；Pilkington & Lydon，1997），并且这种交往主要源于情感上的亲密感而非性吸引力（Cooper，McLoughlin et al.，2000）。但是这并没有否定外表吸引力在网络人际关系中的作用。如果在双方没有外表吸引力的情况下，关系中的个体通常会中断他们的关系，就像在研究中（Baker，2005）被调查的那些在网上结识伴侣的个体，他们这样描述他们之间关系的发展过程：

> 尽管我并不怀疑在我们见面之前我就坠入了爱河，但是见面使这种感觉更加坚定。用一个不恰当的比喻：网上购物。我可以装满我的购物车并填写信用卡号。但是如果在我点击了"发送"后出了错误或者不知因何缘故我忘记了点击"发送"，那么这一切都是毫无意义的。我什么都没有买。（Rosa 通过 E-mail 的访谈）

Rosa 看到过她未来伴侣的照片，一个看起来并没有他本人好看的头像。她提到了当她和她的伙伴在第一眼见到他时，她在外表上是多么地喜欢他。

在网络中，人们先了解对方，然后再决定是否和对方见面，这和人们在现实生活中的做法恰恰相反（Rheingold，1993）。网络空间中的吸引力，常常要通过文字或者图案与文字的组合的方式来呈现，而非简单地通过外表的呈现而产生。关系双方感觉到的一致性通常发生在面对面的交往之前，他们在网上的某个地点结识，随后通过文字的沟通以及频繁的语音沟通而产生这种一致性。

2. 网络空间中共同兴趣爱好和相似性

网络中的邻近性或接近性意味着，双方能意识到他们处在相同的网络领域中，如他们是在玩同一个游戏，讨论同一部电视剧，或者是他们在婚恋交友网站中的个人简介被认为是同一类的。他们也往往表现出相似的上网目的，这些目的可能是社交、搜集信息或寻求娱乐。基于网站地点类型的不同，他们也常常会通过不同的途径来宣称自己是建立关系的合适人选，如直接在婚恋交友网站的广告中，或者在自我简介中，抑或是在虚拟世界中与他人的聊天中间接地提及配偶或者重要他人。

如果两个人在现实生活中结识，比如在一个"tractor pull"（桌游场所）里面，他们很可能有某种共同的兴趣爱好。在网络世界中亦是如此中，比如，在由年龄在 60 岁及其以上的个体组成的网络群体中，人们通常会讨论刚刚看过的电影。在婚恋交友网站中，这种适宜和他人建立关系的信息是公开的，即个体在从严肃到随意的关系中想建立至少一种关系的意愿是公开的。而线上和线下的不同之处在于，在网上人们通过浏览器、搜索引擎或者 E-mail 能很容易地接近他们想了解的人。

Wright（2004）在比较完全基于网络的关系（EIBs）和主要基于网络的关系（PIBs）的时候，对比了网络空间和现实生活空间的区别。完全基于网络的关系只发生在网络中，而主要基于网络的关系则包含了那些同时在线上和线下进行互动的个体。但是在主要基于网络的关系中，Wright 并没有区分那些第一次在网上见面，而随后将他们网上开始的关系迁移到线下的“混合模式”（Walther & Parks, 2002）。他和另外的一些研究者，诸如 Barnes（2003）和 Baker（2005）都认为，在网络空间中共同的兴趣爱好替代了空间接近性的作用。Wright 解释说，在网络中共同的兴趣爱好比年龄、外貌等其他因素对关系的建立和发展有着更为明显的影响，因为在网上的沟通交流是通过 E-mail 文本或者聊天文本进行的。

当网上的两个个体在婚恋交友网站上偶遇的时候，年龄因素的影响作用就减弱了。那些使用年龄限制的用户就排除了一部分网络中的个体，因为他们之间的年龄差距超过 15 岁。Elliot 在呈现在自己主页上的 100 个最近注册用户的信息中，看到了一条引起他兴趣的自我简介。他注意到一个名为“Jordan”的昵称，他认为这个昵称代表着 Fitzgerald 的小说“The Great Gatsby”中的 Jordan Baker。事实上，“Jordan”只是使用了他一个亲戚的名字罢了，但是尽管如此，他们还是有很多共同点：

> 我首先写有关她的两个特点……她广告中的文字显示了她的幽默感（虽然有点扭曲，但这就是我喜欢的东西），并且她对戏剧和文学有着持久的兴趣，而对我来说这两种事物是像氧气一样重要的东西。

她简要地回复我“你写的很有趣；我现在很忙但是我随后会联系你”；她确实这样做了；在最初几次的交流中，我们发现了一些惊人的巧合：这包括我们大约在两周前开始写作，她曾经拜访过一个和我居住地相距三个街区的朋友，并且还好几次路过我的公寓。

（Elliot，问卷）

这两个人并没有在网络上张贴照片，但是他们在开始 E-mail 通信后就互换了照片。他们很快发现了他们对于音乐剧“Pippin”、诗人 Mary Oliver 以及 J. D. Salinger 的所有作品的都有着共同的爱好。他们在网上认识一年多后就结婚了。

（二）网络地点：婚恋交友网站和虚拟社区的比较

对于在线关系的形成来说，主要有两种类型的网络地点，这包括了婚恋交友网站以及其他诸如贴吧、聊天室、E-mail 邮件群发、社交网站、网络游戏的网络地点。第二种类型的网站和婚恋交友网站不一样，由于它将用户聚集在一起，因此被人们称为在线社区或虚拟社区（VCs）。相对于其他的一些网站而言，人们访问婚恋交友网站有着不同的目的，最起码在他们最初使用的时候。在人们和他人建立线下关系的倾向方面，这些网站也存在差别。最后对这两种网站中关系形成的动态过程进行了讨论。

1. 网络地点和网络参与者的目的

进入任何一种特定网络地点的人们都怀有相似的目的。从技术的角度来讲，有着共同兴趣爱好的个体经常浏览相同种类的网络地点、空间或者网页。虽然在每一种地点都有与其活动和交流类型相关的一个清晰的目标，但是在讨论群组、网络游戏、聊天室或者交友网站中，个体的参与的目的或者动机很可能是不相同的。因此，为特定目的而建立的一类在线地点，常常吸引了怀着相似的目的或者理由而出现在那里的人们。

网络关系的发展过程包括时间、不同的起点开始、不同的发展方向以及不同的结局，而这些都与个体想从这种关系中得到的东西有关。总体上，两个人使用的网络地点不同，他们想从中得到的东西也不同。

在网上寻求建立亲密关系的个体有着不同的目标，这些目标涵盖了从一段短暂的相识到性接触的艳遇（Wysocki & Thalken，2007），甚至是结婚或者决定成为终身伴侣的各种关系。研究者对一个大型婚恋交友网站中的用户进行了研究，发现这些用户都有介于从随意到严肃之间的亲密关系目标，比如和大量的约会对象约会，在约会中变得更有经验，或在网上结识新朋友（Gibbs，Ellison et al.，2006）。他们在对 Match.com 的研究中发现，大多数用户都希望和某个人建立起诸如约会之类的关系。所有个体的最初目标都包括了建立一个长期、有承诺的关系。

事实上，一些正在约会或者已经结婚的个体称，他们第一次在网上寻找朋友时，要么是通过在虚拟社区中的交流，要么是通过在婚恋交友网站中的探索来寻找一个合适的交友对象（Baker，1998；Baker，2005）。一档关于“爱”的公共电视节目播出了一位将要和她的网友结婚的女性的故事，这位女性讲述了他们是怎么在婚恋交友网站中结识的经历："Monica 在网上是通过搜寻她在新的网络空间中结识的朋友和熟人才找到 Mark 的。他们很快就见了面，并彼此产生好感。他们有很多共同点，比如他们都是音乐工作者。"（Konner，2006）她说他们已经在电话中建立了良好的朋友关系，因此当她搬到了 Austin，她就同意了和他共进晚餐。但是在他建议晚餐日期的时候，她却犹豫了，她想到了这次约会是他们从现有的关系向一个新的方向发展的开端。她进入交友网站是为了寻找朋友，而不是为了追寻一段浪漫的情感。

另一位女性网络社区用户讲述了她是如何和她的网友步入婚姻的故事。她的朋友是一位"严格意义上的网友"，但是他们在线下经过三年的交往已经建立起了浪漫的亲密关系（Carter，2005）。相对于婚恋交友网站来说，在网络社区中获得友谊是更为常见的目的，因为人们参与网络社区的动力源于对一个特定话题的讨论或玩游戏的兴趣，或者是对与他们欣赏的个体进行交流的兴趣。作者研究中的一个参与者，在对他的 E-mail 访谈中揭释了在虚拟社区中的会面对于她的价值：

> ……主要因为我们不在那个和对方见面的社区里。我来到这里，首先因为我们对这个社区感兴趣，我们可以参与令人兴奋的谈话，挑战我们的基础知识，并分享我们的观点和经验。（Miranda，E-mail）

假定交友者有各种各样的目的和动机来推动他们注册婚恋交友服务，有两位研究者认为，仅仅靠一个婚恋交友网站不足以实现他们所有的目的（Fiore & Donath，2004）。由于存在不同类型的互动，网站的设计者无法满足用户的所有需求。即便是存在多样化的目的，但在最近对于交友网站 Match.com 的研究中，许多研究的被调查者都在寻求和某个人建立浪漫的关系（Gibbs，Ellison et al.，2006），虽然这些关系处于不同的承诺水平。婚恋交友网站的一个优势在于其明确的目的性——结识约会对象，而虚拟社区一般不会过滤掉那些已经结婚、正在恋爱，或者对结婚没有兴趣的群体。

通过透露婚姻状况以及他们是否有其他的伴侣来显示其适宜接触性，这也是宣告他们参加某一个网络场所的目的的方式。婚恋交友网站就提供了这样的一个场所，人们可以查看别人注册的个人简介，在其中用户会列出他们想要寻找的对象的部分或全部条件。在注册时，用户必须在网站提供的选项中选择并标注自己的婚姻状况，以及他们想寻找的个体的状况。一些网站会明确限定，他们的会员必须是那些想要找长期承诺关系的单身人士，而其他的一些网站则比较随意，允许不同婚姻状况和目的的个体进入。主流网站通常将个体的关系目标划分为诸如“长期关系”、“认真的关系”、“短期关系”、“朋友”、“活动的合作伙伴”、“休闲交友”或“游戏”这些种类，新注册的会员要选填一个或更多的目的。那些被标记为“慎重”或者在个人资料中使用这个词的个体被认为有其他的关系（已婚或者是有同居伴侣）。

虚拟社区使人们能够公开或私下地向讨论群组、游戏或者聊天室中的其他人透露自己是否适宜建立关系。有时候，虚拟社区的参与者在他们的个人档中描述了他们的配偶和孩子，或者列出了和他们一起居住成员，甚至包括宠物。人们还可能依照网络社区的规则张贴照片。任何能透露有关个体的年龄、婚姻状况和居住地点的信息由个体自愿填写。虽然虚拟社区在要求用户使用真实姓名而非用户 ID 的严格程度不一，但是许多用户还主要是通过昵称来熟悉彼此。在一些虚拟社区中，昵称和群组的主题事项相关，比如摇滚群组中的歌迷用乐队成员的名字或者特定的歌曲来为自己命名。换句话说，像虚拟社区中的成员一样，交友网站的会员使用描述个人兴趣或爱好的昵称也是另一种真实的姓名。

2. 地点的类型和人际关系建立的频率

在 Parks 和他的合作者（Parks & Floyd，1996；Parks & Roberts，1998）针对网络空间中的人际关系开展的两项开创性研究中发现，大多数人在两种类型的网络群体中已经建立了至少一种的“人际关系”。他们研究了新闻组群里的人们，基于共同感兴趣话题的讨论组，随后还在研究了基于文本的虚拟现实——MOOs，和“面向对象”的虚拟现实即 MUDs 即多用户域，最常用的就是角色扮演游戏。在新闻群组中（Parks & Floyd，1996），有 60.7% 的用户建立了关系，而在 MOOs，这一比例高达 93.6%（Parks & Roberts，1998），在这些关系中常见的就是友谊（这和更亲密的关系不同）。研究者也发现，大多数建立了网络关系的个体，会在群体之外发展一种新的沟通渠道，这包括打电话和邮寄信件。在各种类型的在线沟通中，有大约 1/3 的用户会在线下见面。相对于新闻群组的用户，MOOs 中的用户会建立更多的浪漫关系，这一比例在这两种虚拟社区中的比例分别为 7.9%（1996）和 26.3%（1998）。

群体的规模大小和目标会影响到和别人建立网络关系的用户数量。就像 MOOs 中的即时性沟通，它不同于贴吧中的匿名的异步的信息发布，沟通的及时性、群体规模的大小和群体目标会共同影响到关系建立的数量。在新闻群组中，经验水平或者是在群组中的时间长短以及发布信息的频率都影响着关系建立的可能性（Parks & Floyd，1996）。

在针对 MUDs 的一项研究中，Utz（2000）发现，在三款冒险游戏的玩家中，有 76.6% 的受访者在游戏中建立了个人化关系。她的研究强调了玩家的目的在游戏参与者之间连接紧密程度中的作用。这些最可能在游戏之外和别人建立联系的个体，对玩游戏不感兴趣，对角色扮演也不感兴趣，他们玩游戏就是为了在网上进行交往。对角色扮演感兴趣的玩家比单纯的游戏玩家对网络交往更感兴趣，而在那些对网络上的友谊持怀疑态度的游戏玩家中，没有建立网络关系的个体比例的和其他三种群体中一样多。这些玩家也更少地使用副语言（如说话的语气、节奏）、表情符号、感情表达和非语言性表达，而这些在 MUDs 和 MOOs 中是很常见的。这包括各种各样的“笑”，如 ☺ 和 :-D，以及表示对别人讲话的非语言反应的短语，如鼓掌和飞吻。在 Utz 对 MUDs 的研究中，研究参与者平均的使用时间是 19 个月，这和 Parks 与 Floyd 的研究中典型新闻群组参与者两年的使用时间一致。

3. 交友网站和虚拟社区中关系建立的过程

这一建立过程发生在在网上识别潜在的伙伴并与其接触的过程中，并且这一过程在交友网站和虚拟社区中有着不同的表现（Baker，2005）。在这一章中，网络社区和虚拟社区被当做同义词使用，意指使用网络进行互动的社会群体。虚拟社区（Rheingold，1993）这个词，在互联网发展的早期阶段就被广泛使用，而网络社区这个词则出现的较晚，它比“虚拟社区”这个词更强调了这些群体的严肃性和“现实性”。个体在不同的情境下都会遇到潜在的伙伴，这不仅可以通过婚恋交友网站按照一套正式或非正式的途径进行特定的寻找，还可以在交友网站之外，通过更多“自然”（McKenna，2007）的场景、群体来遇到他们。

（1）在婚恋交友网站中第一次和对方见面之前，在线交友者会通过对个人参数的设置来分割场景以涵盖他所希望的交友对象。然后他们可以在搜索结果里选择点击打开任何一个人的档案。在网络中和潜在伙伴的第一次接触中，在线的交友者只能看到对方的个人档和在线广告，但是，有一些网站可以提供录音信息（如果个体购买了这项服务并上传了录音信息）。当虚拟社区的成员进入社区时，他可以看到所有在线成员。虚拟社区的成员可以即时、同步地谈话、书写，并且看到从他们登陆之后发生的所有事情。而在一个滞后的或者非同步的情境中，这些不同步的发言者在他们闲暇的时候回复别人之前的评论，尽管他们也可以模仿即时互动，在很短的时间内相互回复。

（2）对潜在伙伴的选择在婚恋交友网站中发生的非常快。在每次登陆的时候，在线交友者倾向于通过对他人的个人档进行快速的一次性探索来选择潜在的交友对象，而虚拟社区的成员则要随着时间的推移，通过浏览几周、几个月或者几年之前的帖子来相互了解。在虚拟社区中，人们能在帖子里见到彼此的名字，他们在这种意义上彼此熟悉（McKenna & Bargh，2000）。然而在虚拟社区中，有关个人的兴趣爱好和特点的信息，不能通过书写参与的方式清晰地展现，而这些信息也不会出现在虚拟社区成员的个人档中。除非社区规则允许，照片通常不会出现在社区成员的个人档中，而在许多婚恋交友网站中，用户可以张贴自己的照片，发布含有自己照片的广告，或者通过 E-mail 互换照片。

（3）在婚恋交友网站中，根据个体在个人档中设定的标准，软件可以自动进行匹配。在网上，交友者可以随时更改自己所设定的标准来增加或减少潜在的匹配群体。而在虚拟社区中，匹配是在参与者的完全控制下进行的。

（4）在婚恋交友网站中，人们常常通过发送网站邮件来表达自己的兴趣爱好或对他们选择的个体“挤眉弄眼”。网站隐藏了个体私人的 E-mail 地址，只允许用户通过网站来交流，除非他们同意互换个人的 E-mail 地址。在一些情况下，如果网站有即时通信这项功能的话，在线交友者可能会使用此功能来表明其交往的意愿。在虚拟社区中，人们通过社区的“后台渠道”或者在公共版块之外的交流来表明其希望进一步和对方交流的意愿。这最初是通过发送 E-mail、私信或者即时消息来实现的。在虚拟社区中，在人们进入私人的沟通模式之前，也可以通过公开表达自己和他人一致的品味和观点来表明进一步交流的意愿。最后，虽然不同类型网站上的信息数量存在很大的差异，但是人际交往的机制却是相似的

在线交友者可能会用很长或者较短的篇幅来介绍自己，这取决于个体的偏好、交友网站及其个人档的结构。在虚拟社区中，社区成员可以长时间地观察对方书写的内容、所玩的游戏或者聊天记录，而且还能查看个体以前的信息记录。一个女人谈论了她在一个论坛上寻找有关 Leon 以前的信息的经历：

> 我知道的是，Leon 在那里已经有一年了……我回顾了每一条线索，研究了每一个单词，我想知道他在论坛上是否有和别的女性调情……我绝不会对他感兴趣如果他……
>
> 他感兴趣的东西也都是我所感兴趣的。我喜欢的是，他是一个艺术家……他的语气……他流露出来的灵性……当我感到他是那么的有灵性

> 的时候，我重新读了他所写的所有的内容……我回到每一个板块，读他写得每一样东西……由于很多原因。他用同一种语气和别的女性交流……我是如此的忠贞，因此我必须确保和我在一起的这个男人也是忠贞的。
>
> （Margo，电话访谈）

另一位女性讲述了她为什么更喜欢在虚拟社区中而不是在别的地方结识男性朋友：

> 在 Ferris 回复别人和我的帖子的方式中，我能看到美好的东西。有一件事是不能从他过去的在线关系中获得的，那就是我不能观察他是如何和不同关系层次的人互动的，因为在这里经常是一个一对一的接触。但是社区的形式却能提供广泛的谈论主题，许多深入的谈话以及观察别人在以各种不同的风格和别人互动的绝佳机会。

虚拟社区通常保留有个体从开始使用到现在的记录，能让用户看到未来的伙伴就各种话题发布的帖子、他们如何表现自己以及回应他人。当然，在线交友者也可以通过搜索别人在网上的信息或者购买相关的服务，来确认对方现在的地址以及其是否有犯罪记录。

4. 地点的类型：技术特征

一些网站要求或者鼓励使用虚拟形象，即用户创造一个伴随着网名的视觉自我表征。依据网站的不同，虚拟形象包括卡通形象和照片（Suler，1996–2007）。虚拟形象有大有小，这在网络游戏中比较常见，我们经常能在诸如模拟人生、第二生命、虚拟世界中见到虚拟形象，人们在这些游戏里可以参与各种各样的谈话和活动、购买虚拟的财产和建造虚拟房屋。一些网站需要会员支付费用来获得或者保持更高水平的特权，因此在像交友网站的这一类网站中，在超出一个短暂的试用期之后，会员如果要继续和他人取得联系，通常是要付费的。虽然在那个长期存在的 The WELL（www.well.com）和最近发展起来的 Salon Table Talk（tabletalk.salon.com）中对加入的会员收费，但是大部分网上的论坛则是免费的或者是基于自愿的捐款。

网站的技术特征也会影响到互动的结果，比如照片、聊天的机制以及最近的网络摄像头和录音技术，会产生更多的真实性。然而，那些意图绕过“诚实”的人们也能编造完全虚假的身份，但是这种做法并不像新闻报道的那样常见（Lenhart，Rainie et al.，2001）。在含有年龄信息的交友网站中，人们有时会将自己的年龄稍微向下调整，因为他们认为如果不这样做的话，他们将无法吸引那些年轻的潜在伙伴（Ellison，Heino et al.，2006）。他们认为，在网站中这些行为是可以接受的，并且在以后的交往中，他们通常会在第一封或者第二封E-mail中揭露他们的谎言。使用虚拟形象进行互动的网络地点，允许人们创造和自己本来形象相似或者不同的角色，比如梦幻的生物或动物形象。网络地点的规则和可用的选择会影响到虚拟形象的形式。网络可能为人们提供各种各样的服饰、发型、首饰，以及诸如不同大小和形状的翅膀等附属物。作为一位网络游戏的玩家，Taylor（Taylor，2003）曾写过设计师是如何提供给虚拟世界成员的多种选择的人物形象。在通过网站、后台的私人聊天或E-mail中，人们在与其他使用虚拟形象的玩家进行交流，在游戏或者虚拟世界的人们能知道他们是否匹配这个虚拟形象。

（三）线上和线下约会的地点：地理距离的影响

不论人们在网络空间中的什么地点见面，如果他们喜欢对方，他们都希望能够见到对方或者在线下会面。不考虑"完全基于网络的关系"（Wright，2004）中的个体，那些希望加深他们之间联系的网上的交友者，或者网络关系中的个体，都希望能见到"实实在在"的人。早期的计算机爱好者为了比较虚拟世界和现实世界的差别，将线下的世界称为"真实的世界"。网络中的个体的目的在于在"实体空间"中见到"实体"，这也是黑客字典（网络行话）里（Raymond，2003）用以区分实在的现实世界和飘渺的网络世界的一些依据。

下面的部分描述了网上见面的地点是怎样和网络关系中个体的现实地理位置相关的。对大多数寻求建立网络关系的个体而言，他们可能希望潜在的伙伴住在步行可以到达的距离之内，因此他们设置了距离限制。偏远地区或农村的居民可能会感觉到潜在的伙伴都居住在遥远的地方，而纽约市区的人们则会意识到，在一个较小的地理范围内就存在许多有着不同年龄和兴趣的其他个体。现在和互联网出现以前一样，对城市进行排名都是依据人口的数量进行的。网上地点的类型会影响到那些倾向于出现在这些地方的人们的类型。交友网站和虚拟社区的用户在划定地理边界时也存在不同。决定在哪里见面涉及到在现实生活中确定一个特定的会面地点，以及确定他们第一次见面的地理位置。

1. 网上会面的地点以及关系伙伴的居住地点

在婚恋交友网站中，在决定人们会不会和他人见面的因素中除了外表和年龄之外，地点的重要性超过了许多其它就的因素。在网站中，用户可以预先设定搜索的距离范围。如果虚拟社区并不是基于一个线下的群体，这意味着虚拟社区的成员来自于许多不同的地理位置。一个虚拟群体可能有一个国际化的会员群体，但如果虚拟社区中要求母语的话，那就是一个全国性的会员群体。至少在虚拟社区建立的初期，虚拟社区的创始群体或创始人的地理位置会影响到典型用户的居住地。但理论上，网络中的任何空间都是开放的。

当人们遇到那些居住在他们地理区域以外的人们时，他们就排斥对方，也不期望和对方建立关系。这就如同在交友网站中，当他们设置了对方必须居住在离自己家多少英里以内的时候那样。对于期望在网上建立关系的个体来说，不论他们在网上的什么地方遇到，他们之间的空间距离都是一个重要的影响因素。克服距离在关系发展不同阶段中的阻碍作用，可能需要坚持原来的网上沟通模式，或者通过长途电话沟通。由于电话和手机的普及，以及诸如 Skype 这样的网络长途服务的出现，沟通花费的成本比以前降低了。但是在有些时候，他们不得不决定谁要到对方那里去进行线下的见面。如果他们的关系能够继续，他们需要选择是在原来的地方居住还是搬到其他的地方。如果对方最终同意搬到他们想去的地方，他们会达成协议并付诸实施。

如果人们在现实生活中也感到合拍的话，他们对于要走多远的距离去见伙伴这一问题持开放的态度。他们由于共同的兴趣爱好而走在一起，并且在他们决定将关系向前推进之前，他们已经建立了一个令人满意的关系。在和那些从未谋面的人聊天或发帖中，如果个体感到舒适的话，他们就会花费时间去考虑他们是否要比以前更多地分享在生活中发生的事情。

研究者对 93 对在网上结识的夫妇［在这些研究的参与者中，（Baker，2005）有研究中的 89 对以及随后加入其中的三对夫妇］的研究发现，他们中有 1/3 是在交友网站中认识，另外的 1/3 是在即时聊天组群或者网络游戏中认识，而剩余的的 1/3 则是通过论坛或者异步性的发帖认识的。将聊天室、游戏和论坛里的人数汇总在一起，我们发现近 1/3 的夫妇都是在虚拟社区中认识的。相对于婚恋交友网站的用户，在交友网站之外的网络地点中结识的人们，更倾向于和那些在地理位置上距离遥远的人们谈话。“远”的分类意味着这些夫妇在美国可能居住在不同的州，在加拿大和欧洲则是住在不同的省，或者他们之间的距离可能更加遥远。这其中有 13 对夫妇来自不同的大洲，主要是来自欧洲和北美的，也有一对夫妇分别来自亚洲和澳洲。相反的，“近”意味着个体和他的伙伴居住在同一个州、省或者国家里。

通过比较现实生活中的空间距离或者两人居住地之间的距离来探究网上见面的地点，就像图 7.1 的饼图所阐释的那样，研究中超过一半的夫妇在虚拟社区中结识，并且他们都居住在彼此相距较远的地方。另外的一半夫妇可以分为三个群体：在交友网站上结识的相距遥远的夫妇，在交友网站上结识的相距较近的夫妇以及在虚拟社区中结识的相距较近的夫妇。

这些数字并非为了说明在网上结识的夫妇都来自于相距遥远的地方，而是为了探究他们最初居住的地方以及对他们关系发展的影响。在每一个对在线约会或者在线关系形成的研究中有不同的地理位置的组合，这取决于他们研究的是交友网站还是虚拟社区，以及样本的抽取方式。研究结果的不一致可能部分地与研究参与者线上和线下的地点有关。追踪从线上到线下的网络研究，必须考虑到地理位置因素，即线上和线下结识的地点对其关系的影响。

2. 在线下见面：选择一个地点

寻求建立关系的个体通常会走到这样一个节点，即他们要在哪里见面，并以此来探究他们之间的关系是否能在线下持续下去。他们特别想知道他们在现实生活中的生活方式是否和在网上的一样。除了决定他们喜欢的交流模式外，他们还会选择线下见面的地点。他们在咖啡店到餐馆的许多线下的地点中进行选择，如果他们准备过夜的话，他们会在从旅馆到他们自己家里的各种地点中进行选择。在实际的会面之前，他们也许会制定一个备选的“B”计划，如果他们不想花费原来计划的时间长度时就使用备选计划。相反的，有些人可能会发现对方特别有意思而延长他们的会面时间（Baker，2005）。如果他们决定在外面过夜的话，他们也通常不得不决定是否住在一起。

地理空间的距离以及交流时间的长短会影响到人们线下见面的选择。当人们居住在同一座城市的时候，他们会计划短暂的会面来验证彼此的印象。当他们的居住地相距遥远时，如果他们选择在一个中间的位置见面的话，他们双方会为这次见面付出更多的时间和金钱。然而具有讽刺意味的是，和那些在旅馆或其他公众场合见面的人们相比，在自己的私人居住地见面的人们会有更多的成功机会或可能性走到一起。当他们决定在线下的什么地方见面的时候，他们通常在网上经过了一段较长时间的交流，并且和对方在一起时感到很舒适。

对于网络中的个体如何选择线下的约会地点，以及这个地点如何和他们在线交流时间以及他们关系未来的进一步发展或者关系的下滑相适应，这个问题还需要更多的研究。如果约会能够将彼此的吸引和友谊向前推进，那么沟通的质量就能够让他们在线下关系开始阶段的地点选择上达成一致。如果他们中的一方或双方不喜欢从对方那里看到的、听到的或者感觉到的东西，地点也可以标记关系的终止。

三、地点和时间的交互作用：网络关系的两个维度

尽管时间可以作为另一项研究的主题，但是我们在这里讨论它，仅仅是因为它和人们在线上和线下见面的地点相关。地点和时间通过许多不同方式的交互作用来促进或阻碍网络关系的发展。在本章中，"时间"是指在线上和线下的沟通过程中，事件发生的次序和长度。时间的概念包括了在通过各种交流手段交流的过程中，在何时推进以及在何时提升他们的关系的决定。时间因素也包含了人与人之间的沟通方式，以及他们是否像在现实中那样采取即时的或者延迟的互动模式。

将时间或时机的概念引入在线关系的发展过程中，这就确立了关系发展阶段的概念。网络关系都有一个确定的开端，依据地点的不同，这些关系可能是通过阅读自我简介或 E-mail，或者是通过在线群组中的互动而开始的。不论通过哪种开端，如果他们觉得彼此适合，他们就有可能发展到一个更深层次的关系。他们会调整关系的发展速度以达到一个双方都渴望继续发展关系的平衡，否则，他们就会终止他们的互动。

这里讨论的话题包括了沟通模式，不论这种沟通是否存在在现实生活中，也不论它是否和地点相关。还讨论了在会面前互动的时间以及其与在线地点的依赖关系。最后，在探讨了网络时间和地点对关系发展的影响之后，我们揭示了影响网络关系成功的因素。

（一）同步和异步的网络沟通的对比以及网络地点

一些网络空间（即聊天室）允许参与者即时写入信息，网络游戏玩家也可以

在被称为“虚拟世界”的地方进行即时互动。虚拟世界是模拟现实世界的，人们可以在其中使用虚拟的替身进行互动。有一位《第二人生》（SL）的新玩家，就同步沟通的即时性是如何影响他的即时互动的问题进行了评论：

> 我在SL中一直十分活跃，并且已经在其中和几个人建立了关系。因此，当我在SL的聊天中尝试使用了“交互性文本”的功能，就被吸引住了——我真的非常惊讶于先现在打字对我们的巨大影响。但我一般会关掉明目张胆的性暗示的内容，就像在现实生活中一样，我喜欢原始的性的亲密。（Cassie，在线内容，通过E–mail取得对方的许可使用）

但有些网络空间只有异步沟通的选项，比如在论坛发帖或者给别人发送E-mail。而在其他的一些空间中，虽然主要的沟通方式是异步性的，但是它也为那些希望使用同步沟通功能的人们提供了聊天和即时沟通的选项。不论是交友网站还是虚拟社区、异步性的空间，都有一个特点，那就是避免了个体在聊天室中静静等待另一个聊天者出现的情景。

网络关系的一个特征是，关系的双方在见面之后再决定他们的交流模式。如果两个人是通过聊天认识的，他们通常会继续这种方式或者转向通过电话交流。Walther（1992）的早期研究已经证实，即便是即时的书面交流也会使他们的关系进展缓慢，并且比口头交流花费更多的时间，这就使得许多个体转向电话沟通，并将它作为主要的沟通媒介。如果两个人通过搜索个人简介和E-mail结识，或者在论坛上讨论问题而结识，那么他们就会决定继续沿用以前通过E-mail的沟通方式，因为这不像那些即时性的媒介允许思考和修改。尤为重要的是，这两个人必须确定最适合的交流模式，并使用它来发展他们之间的关系。

表7.1　线下见面的时间与网上见面的地点以及现实的空间距离的关系

		交友网站		虚拟社区（VC）			
		距离近	距离远		距离近	距离远	合计
少于1个月		6	1		1		（8）

续表

1—3 个月		7	13		10	13	（43）
4—7 个月			3		2	15	（20）
8—11 个月			1			4	（5）
12 个月以上		1	1			13	（15）
合计		（14）	（19）		（13）	（45）	（91）

（二）时间和空间：线下见面前的延期和在线约会网站的种类

这些研究的数据来自于 Double Click 中的 89 对成员（Baker，2005）以及随后加入研究的几对成员（n=91，排除了一对没有在线下见面的研究对象），研究数据包括：他们之间的地理距离、他们在何种类型的网站中结识，以及线下和线上见面之间的时间间隔。表 7.1 显示了他们之间的地理距离与线下和线上见面之间的时间间隔之间的关系。

在那些在线下见面之前等待时间最长（一年或者更久）的个体中，大多数都是彼此相隔遥远。相对于婚恋交友网站，大多数虚拟社区的个体在见面之前会花费更长的时间。两对在虚拟社区中的个体甚至在见面之前花费了两年多的时间。（表格中甚至有空白的表格，即便是那些有数字的表格也因为数字太小而不能进行统计分析）

将表 7.1 中的见面之前的五类时间长度重新分为三类：不到一个月、一个月到七个月、七个月以上，这就形成了图 7.2 的柱状图。图 7.2 显示，在交友网站中的人们会在一个较短的时间内见面，而不是要经过一段较长的时间，不论他们住的比较近还是相距遥远。而那些虚拟社区中的个体，在线下见面之前，往往会经过较长时间的网上通信或电话联系，特别是当他们相距遥远的时候。在交友网站中，尽管一些个体浏览他人的简介并不是为了寻求进一步的联系，但是他们加入这个网站时就已经决定要和潜在的伙伴见面。将表 7.1 和图 7.2 中的原始数据转化为百分比可以看出，在交友网站中，21% 的个体会在一个月或者更短的时间内和对方见面，而只有 2% 的虚拟社区用户会这么做。相反的，有 29% 的虚拟社区用户在线下见面之前会等 7 个月或者更长的时间，而在交友网站中，不管他们之间的距离有多远，只有 9% 的用户会等那么久。尽管样本不是随机抽取的，但是在从有关时机和线下见面的数据中得出结论之前，研究者需要解决的一个问题是：详细说明伙伴之间的距离以及他们参与的网站类型。

几乎所有的在线下见面之前经历了一年或者更长时间的个体，都是在虚拟社区而非交友网站中结识的，他们通过一种更加“自然”的方式来了解彼此（McKenna，2007），而不是直接的寻找约会对象或者伴侣。在一个月之内就和对方在线下见面的个体，大部分来自交友网站。这些约会者想很快地和潜在的伙伴面对面的交流，当他们住的比较近的时候，这一点很容易实现。在我们研究的群体中，没有一个来自于虚拟社区的个体，在距离和对方第一次在网上见面不到一个月内时间内和对方在线下见面。

四、空间和欺骗：网络自我呈现

尽管深入探讨网上欺骗这一问题超出了本章的内容范围，但是我们可以就空间或者场景、目标以及诚实这几个方面进行一些探究。有关线上和线下自我表露和欺骗的比较可以参考 Cornwell 和 Lundgren（2001），Joinson（2001），Tidwell 和 Walther（2002），Hancock，Thom-Santelli et al.（2004）等人的研究。在交友网站中个体一般不使用真实姓名，除非个体将一些数字或者其他字母与他的姓名混在一起。在私人见面之前的自我表露，通常会遵循一条从网站 E-mail 到私人 E-mail，再到电话号码的路径，他们双方共同控制着信息的流动。在虚拟社区中，匿名性随社区的不同而变化，可以从完全的匿名到部分的匿名，有些人使用真实的姓名，或真正名字中的第一个或最后一个字，以此来隐藏自己的身份，有的人则使用虚拟形象或者在《第二人生》提供的姓名列表进行挑选以隐藏自己的身份。在聊天室中，人们通常选择和主题领域相关的昵称，而在一些诸如兴趣小组的论坛中，人们通常选择名人的名字或者能显示自己兴趣爱好的名字。

当人们想正式地了解彼此时，诚实的重要性就开始上升。当人们进入一个网站时，人们会在网站的技术要求和规则的要求下，以及个人偏好的范围内，决定哪个水平的诚实更能吸引他或她的注意。在一个贴吧中，人们观看个体在那里的历史记录以及他们在别处的互动，以此达到彼此熟悉。一个有趣的特性使这两种场景更为紧密，这就是一些类似的交友网站（比如 http://www.plentyoffish.com）。

现在的一些交友网站也为会员提供在私下沟通之后对对方进行评价的机会，这可能证实或驳斥了会员自我呈现的信息。

Goffman（1956）描述了人们在社交场合中如何呈现自己，他们怎样通过强调自己的优点，边缘化或者掩盖自己的缺点来“管理”他人对自己的印象。研究者将在交友网站中的轻微欺骗看成被普遍接受的呈现一个吸引人的形象的企图，而不是为了据此将网络的参与者分为诚实的和欺骗的群体。那些期望和对方发展关系的个体知道，任何大的谎言随着时间的推移总会真相大白的。基于对这些参与数据搜集的个体的研究，Baker（2005，2002）发现，相对于诚实的个体，那些在关键问题上（比如婚姻状况）撒谎的个体，成功维系他们关系的可能性较小。

五、地点、时间和结果：一个有关网络关系成功的结论

基于从在线结识的成对个体中获得的数据，研究者构建了一个框架。Baker（2005）创造了一个 Post 模型，来探究哪些个体有更多成功的机会走向婚姻或建立其他长期亲密的关系（Baker，2002；Baker，2005）。就地点因素的影响来说，见面的地点会影响着这个网站用户的类型，影响到他们的兴趣爱好以及目标的一致性程度。探讨人们在线上及线下见面的地点类型，对于我们理解在线关系的动态发展是至关重要的。总体上来说，那些在虚拟社区中结识，并且在自己家中见面的个体似乎有更多成功的可能。另外，在本章中没有讨论这个模型中的其他两个变量：他们如何处理面临的障碍（O）以及他们如何进行自我呈现（S）。这里主要讨论了和时间有交互作用的时间因素。就像本章的框架一样，时间因素包括了回应他人的初次接触，决定何时转移到一个新的媒介以及他们在网络中的关系有多亲密，以及何时将线上的关系转移到线下。

沟通能影响到 Post 模型中的四个因素，而这四个因素当然也会影响到沟通的数量和质量。在一个特定的网络地点中，沟通的技巧和模式决定着个体和对方第一次见面后的感受，以及双方如何克服诸如距离、财务或者其他的障碍来决定在线下见面的地点。关于如何向他人呈现自己，这一决定涉及到个体有关诚实的选择，即个体有或者没有从轻微的隐藏个人信息到完全欺骗的行为。沟通也会影响到他们共享思想和情感的行为，以及决定继续还是终止他们之间的关系的时间和

速度。两个人通过文本的沟通是在线互动的产物。要是没有音频和视频来补充书面文字的话，文本沟通就是网络关系的全部。

这里详细地探讨了各种类型的网上地点，以及时间维度的各个方面与地点的关系，这有助于未来的研究者确定网络关系发展中的模式和问题。在全球范围内，不论是在交友网站还是虚拟社区中，通过网络来建立亲密关系的人数持续增（Barak，2007）。研究人员可以通过发布他们的研究信息，如他们的研究对象，以及这些个体在网上结识他们伙伴的地点及其如何影响他们关系的发展进程，以此来先相互告知并补充彼此的研究成果。

【参考文献】

Baker,A.（1998）.Cyberspace couples finding romance online then meeting for the first time in real life.CMC Magazine.Retrieved June 15,2007,http://www.december.com/cmc/mag/1998/jul/baker.html.

Baker,A(2002)What makes an online relationship successful?Clues from couples who met in cyberspace.CyberPsychology & Behavior,5:363–375.

Baker,A.(2005).Double click:Romance and commitment among online couples,Cresskill,NJ:Hampton Press.

Baker,A.,M.Whitty(2008).Researching Romance and Sexuality Online:Issues for New and Current Researchers. In S.Holland(Ed.)Remote relationships in a small world（pp.34–52）.New York:Peter Lang.

Barak,A(2007)Phantom emotions:Psychological determinants of emotional experiences on the Internet.In A.Joinson,K.McKenna,T.Postmes,U.Reips(Eds.),The Oxford handbook of internet psychology（pp.303–329）.Oxford:Oxford University Press.

Bargh,J.,McKenna,K.Y.A. & Fitzsimons,G.M.（2002）.Can you see the real me?Activation and expression of the "true self" on the internet.Journal of Social Issues,58,33–48.

Barnes,S.B(2003)Computer-mediated communication,Boston,MA:Pearson Education.

Ben-Ze'ev,A(2004)Love online:Emotions on the Internet,Cambridge University Press.

Berscheid,E.,E.H.Walster(1978).Interpersonal attraction,Reading,MA:AddisonWesley.

Byrne,D.,O.London,et al.（1968）.The effects of physical attractiveness,sex,and attitude similarity on interpersonal attraction1.Journal of personality,36:259–271.

Carter,D(2005)Living in virtual communities:An ethnography of human relationships in cyberspace.Information,Community & Society,8:148–167.

Cooper,A(1999)Sexuality and the Internet:Surfing into the new millennium.CyberPsychology & Behavior,1(2):187–193.

Cooper,A.,I.P.McLoughlin,et al.(2000).Sexuality in cyberspace:Update for the 21st century.CyberPsychology & Behavior,3:521–536.

Cooper,A.,L.Sportolari(1997)Romance in cyberspace:Understanding online attraction. Journal of Sex Education and Therapy,22:7–14.

Cornwell,B.,D.C.Lundgren(2001)Love on the Internet:Involvement and misrepresentation in romantic relationships in cyberspace vs. realspace.Computers in Human Behavior,17:197–211.

Duck,S.W.,G.Craig(1975).Effects of type of information upon interpersonal attraction. Social Behavior and Personality:an international journal,3:157–164.

Ellison,N.,R.Heino,et al.(2006).Managing impressions online:Self-presentation processes in the online dating environment.Journal of Computer-Mediated Communication,11:415–441.

Fiore,A.T.,J.Donath(2004).Online personals:An overview.Paper presented at the Conference on Human Factors in Computing Systems,Vienna,Austria.Retrieved June 15,2007,http://smg.media.mit.edu/papers/atf/chi2004personalsshort.pdf.

Fraboni,R.(2004).Marriage market and homogamy in Italy:an event history approach. National Statistical Office.Retrieved February 1,2007,http://paa2004.princeton.edu/download.asp?submissionId=41515.

Gibbs,J.L.,N.B.Ellison,et al.(2006).Self-presentation in online personals the role of anticipated future interaction,self-disclosure,and perceived success in Internet dating.Communication research,33(2):152–177.

Gibson,W.(1984).Neuromancer.New York:Ace books.

Goffman,E.(1956).The presentation of self in everyday life,New York:Doubleday.

Hancock,J.T.,J.Thom-Santelli,et al.(2004).Deception and design:The impact of communication technology on lying behavior.Proceedings of the SIGCHI Conference onHuman Factors inComputing Systems(pp.129–134),Vienna,Austria.,ACM .

Hatfield,E.,S.Sprecher(1986).Mirror,mirror:The importance of looks in everyday life,SUNY Press.

Joinson,A.N.(2001).Self-disclosure in computer-mediated communication:The role of self-awareness and visual anonymity.European Journal of Social Psychology,31:177–192.

Joinson,A.N.(2003).Understanding the psychology of Internet behaviour:Virtual worlds,real lives.Basingstoke,UK:Palgrave Macmillan.

Konner,J.(2006).The mystery of love(PBS).Retrieved June 15,2007,http://www.themysteryoflove.org.

Lenhart,A.,L.Rainie,et al.(2001).Teenage life online:The rise of the instant-message generation and the Internet's impact on friendships and family relationships,Pew Internet & American Life Project Washington,DC:Pew Internet & American Life Project.

McKenna,K.Y.A(2007)A progressive affair:Online dating to real world mating.Online matchmaking(pp.112–124).Basingstoke,UK:Palgrave MacMillan.

McKenna,K.Y.A.,J.A.Bargh(2000).Plan 9 from cyberspace:The implications of the Internet for personality and social psychology.Personality and social psychology review,4:57–75.

McKenna,K.Y.A.,A.S.Green,et al(2002)Relationship formation on the Internet:What's the big attraction?Journal of social issues,58:9–31.

Merkle,E.R.,R.A.Richardson(2000)Digital dating and virtual relating:Conceptualizing computer mediated romantic relationships.Family Relations,49:187–192.

Parks,M.R.,K.Floyd(1996).Making friends in cyberspace.Journal of Computer-Mediated Communication,1(4).Retrieved June 15,2007,http://www.usc.edu/dept/annenberg/vol1/issue4/parks.html.

Parks,M.R.,L.D.Roberts(1998)Making MOOsic':The development of personal relationships on line and a comparison to their off-line counterparts.Journal of social and personal relationships,15:517–537.

Pilkington,N.W.,J.E.Lydon(1997).The relative effect of attitude similarity and attitude dissimilarity on interpersonal attraction:Investigating the moderating roles of prejudice and group membership.Personality and Social Psychology Bulletin,23:107–122.

Raymond,E.(2003).The on-line hacker jargon file(version 4.4.7).Retrieved June 15,2007,http://catb.org/jargon/html/M/meatspace.html.

Rheingold,H.(1993).The virtual community:Homesteading on the electronic frontier. Mass:Addison Wesley.

Suler,J(1996–2007)The psychology of cyberspace.Retrieved June 15,2007,http://www.rider.edu/ suler/psycyber/psycyber.html.

Taylor,T. (2003) .Intentional bodies:Virtual environments and the designers who shape them.International Journal of Engineering Education,19 (1) :25–34.

Tidwell,L.C.,J.B.Walther(2002).Computer-mediated communication effects on disclosure,impressions,and interpersonal evaluations:Getting to know one another a bit at a time.Human Communication Research,28:317–348.

Utz,S.(2000).Social information processing in MUDs:The development of friendships in virtual worlds.Journal of Online Behavior,1 (1) .Retrieved June 15,2007,http://www.behavior.net/JOB/v1n1/utz.html.

Wallace,P(1999)The psychology of the Internet,Cambridge,UK:Cambridge University Press.

Walther,J.B. (1992) .Interpersonal Effects in Computer-Mediated Interaction A Relational Perspective.Communication research,19:52–90.

Walther,J.B.,M.R.Parks (2002) .Cues filtered out,cues filtered in:Computer-mediated communication and relationships.Handbook of interpersonal communication,In M.Knapp & J.Daly(Eds.)Hand-book of interpersonal communication(pp.529–563) Thousand Oaks,CA:Sage.

Wheeler,R.H.,B.G.Gunter(1987).Change in spouse age difference at marriage:A challenge to traditional family and sex roles?The Sociological Quarterly,28:411–421.

Whitty,M.,J.Gavin(2001).Age/sex/location:Uncovering the social cues in the development of online relationships.CyberPsychology & Behavior,4 (5) :623–630.

Whitty,M.T.,A.Carr (2006) .Cyberspace romance:The psychology of online relationships,Palgrave Macmillan Basingstoke.

Wright,K.B. (2004) .On-line relational maintenance strategies and perceptions of partners within exclusively internet-based and primarily internet-based relationships. Communication Studies,55:418–432.

Wysocki,D.K.,J.Thalken (2007) .Whips and chains?Fact or fiction?Content analysis of sadomasochism in internet personal advertisements.Online matchmaking:178–196.

第八章　互联网中的“性”：网络空间中的性活动、性素材的检测

莫尼卡·惠蒂　威廉·费舍尔

（Monica T. Whitty & William A. Fisher）

每次技术革新，都直接导致非常规的“性”行为方式，而且为这些方式的实现提供各种可能（Edgley & Kiser，1982）。Edgley 和 Kiser（1981）指出：“宝丽来性”事件，就是一起利用成像技术，自制情色作品事件。20 多年后，这些观点同样适用于 Internet 技术。互联网产生之初，就已经有人利用该技术，从事和性有关的活动，包括网络色情，激情聊天，通过网络联系、安排网下性交易活动，性健康信息服务，建立情侣关系，提供色情作品下载，购买情趣用品。当然，网络色情活动不仅仅限于上述所列项目。

本章，我们将探索许多行之有效的网上性行为的类型，以及从事这些性行为的人的类型。同时，我们会考查互联网上的“性”的利与弊。一方面，我们主张互联网可用于探索人们的性行为；但是另一方面，一些人却沉迷于网络性行为而不能自拔。重要的是在性的问题上，互联网可用于教育青少年和成年人，让他们树立正确的“性”观念。最后，本章将转入检验网上性行为的未来。

一、网络色情的起源

自互联网出现以来，就有人一直从事网上性行为。虽然最初仅限于个人的文字交流，但后来，许多人发现，在线进行“色情”主题的聊天和在线重构身体并不困难。Carol Parker（1997）的书《网性的欢愉》中的对话，很好地说明了这个问题：

Gresh: 我紧贴着你……

geekgirl: 我用手摩擦我的肚子，让油润滑我的手

Gersh: 我推挤着你……你真性感……我无法将双眼从你身上移开……盯着你看……

geekgirl: 一只手轻轻地摸你的大腿……另一只抚摸我的乳房，我的乳头在你的注视下变硬了……叹息

Gersh: 我的手下沉，在你的双腿之间游走……只是触碰一下

geekgirl: 我的腿张开了一点……屁股慢慢地移动

Gersh: 这次我要深入一些……我能感觉到你……你湿了……我感到你的温暖……（呻吟声）

从不同的层次，在线性行为有不同定义。例如，激情聊天是指有两个或两个以上个体参与，讨论内容不单单是简单轻松调情（Whitty & Carr，2006）。与之相比，通常认为网络色情则是指，两个或者两个以上的个体在网络空间中同步通信，进行关于性幻想主题的谈话，通常同时伴有手淫现象（Whitty & Carr，2006）。

在互联网发展早期，电子布告栏是一种特别流行的“网络空间”。事实上，很多这些 BBS（电子公告栏系统）系统是“性”讨论网络空间。电子布告栏是万维网应用的先驱，然而，他们看上去和现在使用的“网络空间”非常不同。电子布告栏是典型的单行系统，即某一时刻只能有一个用户处于在线状态，用户只能使用文字进行交流。甚至在早些时候，电子公告栏是人们的“社交空间”，大家在那里聚集、讨论、发表文章、下载软件，甚至是一起玩游戏。有些系统的管理员还会对留言进行审核。用户可以进行公开和私人留言。

一些 BBS，是专门设计以使用户能找到有相同性偏好的人并在线上或线下实践他们的性需求。社会科学家对这样的网站和网站的使用者做了调研（Wysocki，1998；Wysocki & Thalken，2007）。例如，Wysocki（1998）对考察线上的性关系是否会代替面对面的关系，抑或是否增强它们，非常有兴趣。她使用一种称之为“快乐皮（Pleasure Pit）”的 BBS 与参与者面谈。 在这个研究中，她识别出访问“性”主题明确的 BBS 的五种主要原因，包括匿名性、个人生活时间受到约束、能够和他人分享性幻想、希望参与在线性活动，以及找出有类似性偏好的人并在现实中相见。Wysocki 还发现，会面者中的许多人不愿意向他们线下（现实生活中）的“性伴侣”泄露，他们是如何通过互联网进行性发泄的。

二、互联网："性"活动强有力的媒介

从互联网早期以来，不同学科的研究者们就对网上"性"活动是有害还是有益感兴趣。Turkle（1995）就是早期的理论家之一，他认为网上"性"行为会使人们在情绪上和身体上都富有活力。Whitty 则认为，对于一些个体，特别是害羞的人群，参与网络调情对他们有着一定的治疗作用（Whitty，2003a；Whitty，2004）。但是 Cooper 和他的同事则认为，网上"性"行为对一些人是具有威胁的，但对另一些人则是有益健康的（Al Cooper，Scherer & Marcus，2002）。Cooper（1998）认为，互联网的易操作性、可得性与匿名性，使它成为"性"行为一个强有力的媒介（Al Cooper，1998）。他称之为三 A 引擎。

同样，仍有很多人认为网络色情有如此诱人的吸引力，以至于一些人深信会对其成瘾。这些个体情不自禁地沉溺于网络性活动，比如网络性爱，或是下载色情材料（文本或图片），这些网络"性"行为会干扰个人以及社会的调节。Cooper，Delmonico 和 Burg（2000）发现，一小部分个体的网上"性"行为无疑是情不自禁的（Al Cooper，Delmonico & Burg，2000）。他们还发现，在个体群组中，女性和男同性恋网络性爱的沉迷有更高代表性。Daneback，Ross 和 Ma°nsson（2006）发现，沉迷于在线"性"行为的人多半是有性伴侣的男人，并且有一种性传播感染（STI）来自双性恋（Daneback，Ross & Månsson，2006）。Schneider（2000）则认为，网络色情成瘾是分居和离婚的主要影响因素（Schneider，2000）。除此之外，Schneider's（2000）的研究发现，网络色情用户中，52% 的人会失去与人之间性关系的兴趣（Schneider，2000）。

另一个网上"性"行为的问题是网络不忠。网络不忠是指在情感和性形式上的不忠（Whitty，2003b；Whitty，2005，2007；Whitty & Carr，2006；Whitty & Carr，2005）。然而，在本章中，我们更为关注的是性关系的网络不忠。Whitty 发现，网上"性"行为，如网络色情和激情聊天被许多人认为是"犯罪式"的交往，因为有些人认为，这种"犯罪"和线下性交易一样让人厌恶（Whitty，2003b；Whitty，2005）。她还发现，比起网上下载色情资料，网络性爱（对于恋人间的关系）则带来了更大的危险。Parker 和 Wampler（2003）进一步研究发现，在成年人聊天室的交互作用，如虚拟性爱、电话性爱、成人网站的会员以及频繁地参与网络色情行为，都被视为行为不忠（Parker & Wampler，2003）。

除此之外，可以通过鉴定不同类型的网上行为发现出轨行为，研究者对这种困扰夫妻双方行为的原因进行了理论研究。Whitty 和她的同事（Whitty，2003b；Whitty，2005；Whitty & Carr，2006；Whitty & Carr，2005）发现，渴望与另一个人发生性关系（非配偶）并将时间花在其身上是困扰夫妻双方的原因。此外，将个人的网上性行为向对方保密，也应被视为不忠。

当然，一个网络不忠的行为可能起始于互联网中，但发展在现实中。此外，有些网页开始诱使人们寻找线下的艳遇。例如，Philanderers.com（http://www.philanderers.com）这个网站就有一个在线服务功能，是为某些人寻找线下婚外情对象。他们的网站上这样写到：

> 为什么你是我们主要的关注对象。我们不是一个提供虚假承诺的性爱或交友的网站。我们的客户在成为会员前都是受过良好教育和见过世面的人。
>
> 我们不是“最大的”、“最好的”或是“最流行的”------这不是我们的追求。我们真诚、直率、体贴。这三点即为我们网站的价值所在。
>
> 进来探索吧……了解为什么你想要追寻婚姻外的情感，你又能做些什么。你会发现这里是最合适你的地方。你会发现这里能满足你对婚外情感的向往。

有趣得是，一些软件设计师通过恐吓他人来赚钱，他们的搭档可能是网络诈骗份子。有这样一种软件，不仅可以追踪一个已婚人士访问的每一个网站，还可以找出他们每次击键的记录。比如，Spector（n.d.）宣传他们的软件能够让你“准确的看到你的配偶、孩子以及你的雇员正在做什么，不论他们是处于离线还是在线状态”。

三、互联网上的恋童癖患者

许多恋童癖者利用互联网“捕猎”儿童，这一现象已经被关注多年。犯罪分子经常“栖息”于在线区域，比如聊天室、个人空间，通过一些技巧引诱他们的“猎物”。例如，他们会倾听并自称同情这些孩子。最初，他们与孩子建立一段友谊，以此获得他/她的信任，而后发展到对孩子的“性利用”。这种对孩子们的可能发生在网上的“性”对话中，或是要求孩子裸体的图片，然后也可能转移到线下活动。有时，某个恋童癖会尝试装扮成未成年人，通过发送他们的色情/性爱图片和网站地址，试图引诱未成年人相信青年和成年人间的性行为是普通和愉悦的。对于恋童癖而言，互联网可以说是一个有吸引力的舞台，因为他们可以借此匿名，并且，他们深信自己能更容易逃脱罪行。尽管如此，世界各地的警察还是投入精力到对罪犯的定位和逮捕中去（Fulda，2002）。

四、互联网上的色情

色情作品遍布互联网，这已不足为奇。在过去的十年中，可获取的、露骨的性描写作品以文本、图片、视频和音频形式在互联网中呈爆炸式的增长，并且人们可以匿名地、免费不受限地访问这些数量不限和种类繁多的性作品（W. A. Fisher & Barak，2001；Freeman-Longo，2000）。男孩和女孩们可以像成年男女一样，可以通过隐藏身份毫不费劲地的在互联网上获得详述的性材料，而且几乎没有费用，没有年龄限制，也没有障碍。这些性材料反映了他们的自主表达、愉悦感、“性”兴趣和性偏好。对色情材料的使用也可能会反过来影响，不是所有或深入性的，对性的兴趣和倾向会指导个体在第一时间去找出互联网中的色情材料。

在网络上可获得的色情作品类型繁多。显然，个体可以在线购买专业的商业色情作品，不过，业余的色情材料同样很流行，并且经常会在线贩卖（Jacobs，2004）。一些个人乐于免费提供他们自制的视频。一些人则乐于通过聊天室或论坛交换色情图片（Griffiths，2004）。日本色情漫画和动画也是色情材料的一种，这种类型的色情材料让日本流行文化的爱好者和学者表示愕然（Dahlquist & Vigilant，2004）。这些形式的色情材料以有趣的方式呈现了人们的幻想——这种表演形式不是人力所能及的。这种色情类型的狂热者经常被诱惑，因为他们相信它比真实的“性”更好（Dahlquist & Vigilant，2004）。然而，一些“成人漫画”受到很大的争议（面向成人的材料呈现了关于性的极端的图形描绘）。例如 Dahlquist 和 Vigilant（2004）这样陈述到：

这种变态的色情经验是与道德背道而驰的。成人动漫充满最堕落，最低下的性行为，也反映了人们对这些性行为感兴趣的信号。它为违背“真实”世界的“伪”道德的性，开放了一种空想检验。在他们的幻想中，性感的女孩 / 女人与野兽般的男孩 / 男人的性接触是习以为常的，真实的世界是一个最反常、最丑陋的性的盛宴：恋童癖、野兽般的性行为、与机器人的性行为，与半机器人的性行为，和危险突出物的性行为，当然也包括永无止境的最低下、残忍 / 野蛮和羞辱性的强奸图片（P99—100）。

心理学理论被用于概念化接触显性网络色情材料的潜在影响（见于 W.A.Fisher & Barak，2001）。基于相关理论和研究（Anthony F. Bogaert，2001；Eysenck，1976；Malamuth，1989a，1989b；Malamuth，Addison & Koss，2000；Mosher，1980，1988；Snyder & Ickes，1985），可以假设，具有反社会人格特征的个体去使用互联网，寻找反社会的色情描写材料（如强奸、堕落），使他们满足，并增强他们的反社会倾向。具有反社会人格的人容易通过互联网获取反社会的性内容。这两者的“良好拟合”（Mosher，1980，1988）可能从理论上提升具有反社会的人格的个体对反社会色情材料的卷入深度，可能使这些个体丧失了现实世界中对这些反社会性行为（如性侵犯，或由男人对女人实施的强迫性行为等）的约束，和对网络色情作品的强烈的消极影响的意识。

这里补充一点，同样基于相关理论和研究（Azy Barak & Fisher，1997；Azy Barak，Fisher，Belfry & Lashambe，1999；Anthony Francis Bogaert，1993；Anthony F. Bogaert，2001；W. Fisher & Barak，A.，1991；W.A.Fisher & Barak，2001；Malamuth，et al.，2000；Mosher，1980，1988；Snyder & Ickes，1985），大多数人（在正常范围内的）倾向于使用互联网找出露骨的性材料，包括可接受的或不可接受的性行为，这或多或少与他们日常生活中了解到的一致。这些材料将满足和鼓励个体进行正常范围内可接受的性幻想或性行为（W. A.Fisher & Byrne，1978；Mann，Sidman & Starr，1973）。实际上，“贫乏拟合”是指正常范围内的个人特质对互联网中的反社会色情内容的排斥和拒绝。当突然遇到这种色情材料时，会回避或拒绝这种材料，并终止与这种色情内容的联系。

通过上述“汇总”分析（W.A.Fisher & Barak，2001；Malamuth, et al., 2000），具有高度反社会人格特征的个体对网络中，或其他任何地方（包括晚间新闻和许多圣经的章节）的反社会的色情内容也很敏感。然而，对于可接受的“性”和不可接受的“性”有学习经验和期望，或其他行为的个体将不会在互联网上访问具有反社会色情内容的网页。

尽管大众对互联网上色情图片的扩散广泛关注，但是在互联网上，无论是反社会的、中立的，还是其他，关于具体色情内容的流行的系统性研究少的惊人（Alvin Cooper，Scherer，Boies & Gordon，1999；Elmer-Dewitt，1995；Rimm，1994；Sprenger，1999）。关于网络色情材料暴露效果的实验性研究寥寥无几。Barak 和 Fisher（1997）报告了一个调查（Azy Barak & Fisher，1997），大学男生们在个人电脑上使用一种色情软件，并相互共享、交流，这个软件可以让他们看到裸体女性，并能对裸体女性的浏览速度和方向进行控制，或者对裸体女性的浏览速度、方向、任何身体部位的聚焦进行控制，还可以对裸体女性的外貌（肤色）进行选择。对比关于曝光的柱状图，即使对女性色情图片的曝光进行最高级别的操控和控制，也没有看到任何有意义的结果，这其中包括对女性的态度，性骚扰的可能性，或对女性同胞进行口头攻击。类似的，Barak，Fisher，Belfry 和 Lashambe（1999）发现（Azy Barak，et al.，1999）：大学男生浏览的网络书签列表中包括了 0、10%、50%、80% 色情网站，测量结果表明，色情内容程度的增加对女性态度的倾向、强奸的可能性以及在女性上司下心甘情愿工作的这些方面的态度并没有影响。在相关研究中，Emmers-Sommer 和 Burns（2005）的报告称（Emmers-Sommer & Burns，2005），描述强迫性行为的色情作品的使用者，更加偏好有强奸故事的作品。与此相反的是，Fisher 和 Barak（2001）则报告说（W.A.Fisher & Barak，2001），自从 1990 年中期以来，互联网可获得的色情材料增长速度惊人。在美国，暴力性的性攻击比例下降了 15%，从 1995 年的每 100000 人中有 37.1 人受到攻击，下降到 2005 年每 100000 中有 31.7 的人受到攻击（见图 8-1 所示）。类似的，D’Amato（2006）也报告（D’Amato，2007），美国互联网接入率最低的四个州，在 1980—2000 年间，暴力强奸增长了 53%；而美国互联网接入率最高的四个州，在同期的强奸率却减少了 27%。对于性描写的材料对反社会人格倾向的个体的强烈影响的汇合模型来说，也缺少相应的来自于性侵犯者使用色情作品的证据，这要么是与使用色情作品与否没有区别，要么是使用色情作品的人更少去进行性侵犯（Abel，Mittelman & Becker，1985；Becker & Stein，1991；Goldstein & Kant，1973；Langevin，et al.，1988；Malamuth，et al.，2000；Marshall，1988）。

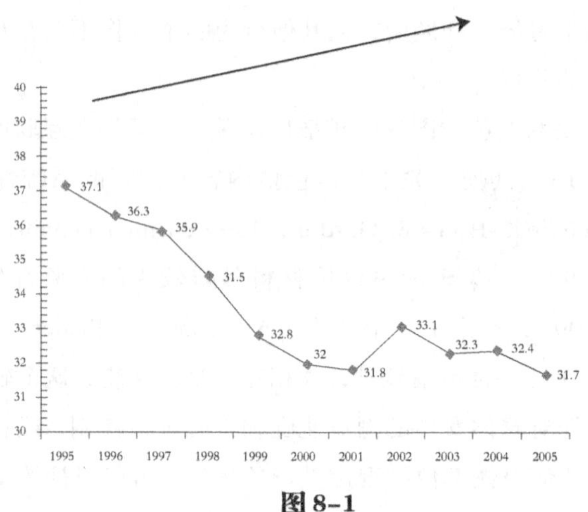

图 8-1

至少，一种高度交互式的、基于软件的反色情干预的视图系统——Peggy's Porn Guide（Isaacs & Fisher，2008）已经被开发出来并进行了测试，它被部署于互联网，用于对关于性行为和性暴力的色情信息进行教育免疫。Isaacs 和 Fisher（in press）进行了这样一项实验：从互联网上采集一些具有暴力和侮辱性的色情视频，让一些男人观看它们后和"佩吉"（该款干预软件以一位身材姣好的反色情女教育家形象存在虚拟环境中）进行交流，结果表明，这种干预可以使这些男人识别并拒绝互联网中性暴力主题的色情材料。鉴于公众对互联网上色情材料的担忧，以及关于网络色情的流行与影响的研究的缺乏，现有研究之外的研究是很有必要的（Azy Barak，et al.，1999；W. A.Fisher & Barak，2001；Isaacs & Fisher，2008）。

五、互联网的性教育

互联网的另一个潜在的积极方面是，它可以用于教授人们了解性。性与生殖健康的挑战是长久的、多样化的，如性功能紊乱（Basson，et al.，2000；Basson，et al.，2004；W.Fisher，Boroditsky & Morris，2004b；Laumann，Paik & Rosen，1999；Zilbergeld，1992）、避孕方式的选择（Black，et al.，2004a，2004b，2004c；W.Fisher，Boroditsky & Morris，2004a；W.Fisher，et al.，2004b）、青少年的性行为（Byrne，Kelley & Fisher，1993；W.A.Fisher & Boroditsky，2000）、性病的传播（Acker，Dyson & Goldwater，1992；J.D.Fisher & Fisher，1992）、更年期的经

历（W.A.Fisher & Boroditsky，2000；Rossouw，et al.，2002）。而且这个挑战是世界范围，涉及到所有需要可理解的、专业的以及个人相关的性信息的个体。性与生殖健康知识的内容在互联网上的传播逐渐开始增多，目标是使人们避免性与生殖健康方面的问题并得到安康（Azy Barak & Fisher，2001，2003；J.D.Fisher & Fisher，1992；W.A.Fisher & Fisher，1993；W.A.Fisher & Fisher，1998）。

六、利用互联网的特点进行关于性和生殖的健康教育

互联网的核心特征使其成为最合适交流性与生死健康教育的手段（A Barak & Fisher，2002；Azy Barak & Fisher，2001，2003）。通过互联网满足社会大众对性和生殖健康相关知识的寻找或需求是实惠，不受时间地点限制的，可靠且合法的（A Barak & Fisher，2002；Azy Barak & Fisher，2001，2003；Al Cooper，1998；Al Cooper，et al.，2000）。用户可以独自、匿名地访问这些信息平台，且不被注意和监视。而且，个体使用互联网去获取性与生殖健康教育材料时，不会因为他们的性知识水平或性愚昧、年龄或外貌、特殊的"性嗜好"、性取向或疑问，而害怕受到责难或感到羞耻。从建立性与生殖健康教育的自发性的观点来看，对于搜集和交流最权威和最新的性与生殖健康的信息来说，互联网是一个最有效率和最划算的渠道，它能为用户提供丰富的、交互式的、为个体量身定制的音频视频和文本性与生殖健康教育的信息。由于这些原因，"性与生殖健康"的网站数量激增（例如：http://www.sexualhealth.com；http://www.iwannaknow.org；http://www.goaskalice.columbia.edu；http://www.teensource.org；http://www. teenwire.com），其中至少有一个被广泛使用的网站（http://www.sexualityandu.ca），是基于精密的、效度优良的行为科学模型，用于提升性与生殖健康（Byrne，et al.，1993；J.D.Fisher & Fisher，1992；W.A.Fisher & Fisher，1993；W.A.Fisher & Fisher，1998）。

七、基于互联网的有理论基础的综合性"性和生殖"健康教育网站

"Sexualityandu.ca"这个网站就是一个基于互联网的有理论基础的综合性"性和生殖"健康教育主题网站的一个例证。为了应对加拿大人在性和生殖健康方面的

挑战，加拿大的妇产科医师协会连同其他对此感兴趣的组织发起了一项性与健康促进项目。起初，这个项目专注于传统媒体（如书、小册子之类），后来决定投入资源到基于互联网的性与健康平台（Azy Barak & Fisher, 2003）。互联网的易得性、经济和匿名性，为搜寻和吸收性与生殖健康内容提供了最佳的条件。人们在互联网上搜集和传递该领域最权威、最新的材料。由于意识到这些，Sexualityandu.ca-masexualite.ca 被设计成了一个英法双语网站。Sexualityandu.ca-masexualite.ca 网站包含了性和生殖保健内容，分别针对青少年、父母、老师和专业保健人员提供专业指导。这些内容由专家小组确定，并且不断更新和上传丰富的、具有交互性的视频、图片和文字材料。网站上提供的内容和方法是以信息动机行为模型（IMB）为基础的（J.D.Fisher & Fisher，1992；W.A.Fisher & Fisher，1993；W.A.Fisher & Fisher，1998），它已被加拿大卫生部（2003）作为一个对性和生殖健康保健进行干预效度良好的模型而采用。IMB 模型（W.Fisher & Barak, A., 1991；W.A.Fisher & Fisher，1993；W.A.Fisher & Fisher，1998）整合了社会和健康心理学的理论和研究，它适用于这样一些人：他们知识广博，且拥有易于应用的性与生殖健康知识；他们有正确的态度和规范促使他们实践性与生殖健康的知识；他们拥有必要的行为技能，使他们有可能参与性与生殖健康提升的行为。相反的，那些缺少相关知识、动机和相应行为技能的人，更可能实施一些危害性与生殖健康的行为（W.A.Fisher & Boroditsky，2000）。因此，Sexualityandu.ca-masexualite.ca’s 网站的教育方式是利用互联网为社会大众进行综合的、全面的“性和生殖健康”信息、动机和行为技能内容。

Sexualityandu.ca-masexualite.ca 网站中针对青少年的部分，包括了传统的焦点问题（例如青春期、避孕、性病），以及一些新出现的问题（例如毒品—援助的性侵犯）。它在处理青少年的性和生殖健康问题时，传递了一些类似脚本的、易于应用的信息，并且提供了一套吸引人的视听游戏和虚拟场景，在那里允许青少年试着做出一些性选择，并处理这些选择的结果。网站中的父母的部分，讨论了在性和生殖健康保健中父母所扮演的角色；提供一些关于青春期和与青少年一起生活的信息、动机和行为技能，以及跟他们讨论性与生殖健康问题的方法，并链接到一些重要的资源。网站成人的部分包括有关性功能、性功能障碍和避孕的内容，以及与性伴侣讨论性的一些窍门。在老师部分，提供了一些关于在教室传递性与生殖健康教育的方法、策略、课程计划以及直接可应用的材料。网站的卫生保健专家部分，传达了包括医患之间进行性与生殖健康交流，男性和女性的性机能，避孕、无能 / 残疾、疾病、更年期，以及家庭暴力的一些信息。

根据 IMB 模型的约定，网站的创建者们投入大量资源来创建和更新性与生殖健康保健的内容，并以丰富的形式和交互式的方式呈现它们，以传达简单易行的信息、行动的动机，以及更有效行动的行为技能。而且，在设计、公共服务和付费广告（包括公车站、地铁通道和电台等）方面，以及将印有网站名字和图标的鼠标垫和直尺分发到学校、医生办公室和其他用户接触到的场所方面，投入了大量资源。由于这些活动，Sexualityandu.ca-masexualite.ca 网站每月独立访问者的数量达到 28000 人次，平均每次大约浏览十分钟，这证明了使用互联网驱动的性与生殖健康教育资源的效果和范围已经达到用户舒适的水平。

八、专业的、有理论基础的、网络兼容的 HIV 阳性病的健康促进计划：生命窗口

自从艾滋病开始传染，高效抗逆转录病毒疗法（HAART）标志着艾滋病治疗方面最重要的成就（Dybul，Fauci，Bartlett，Kaplan & Pau，2002）。在这十年间，HAART 的采用，戏剧性地减少了 HIV 病毒感染的发病率和道德压力，HAART 已经将 HIV 从一种致命的病毒转变成一种慢性感染病毒。尽管有一些戏剧性的好处，HAART 方案往往很复杂，具有副作用，有毒（Altice，Mostashari & Friedland，2001；J.D.Fisher，Fisher，Amico & Harman，2006；Holzemer，Bakken Henry，Portillo & Miramontes，2000）。由于病毒的抵抗力可能会产生抗药性，个体的健康也受到严重的削弱，所以除非艾滋病毒测试呈阳性的个体对他 / 她自己的 HAART 方案配合力达到 90%，否则一般不建议使用（Paterson et al.，2000）。目前，57%—77% 的艾滋病阳性患者是不能在必要的水平上坚持接受 HAART 治疗的（Montessori et al.，2000；Rigsby et al.，2000）。

"生活窗口"是一个专业的、基于 IBM 模型的方法，可以提升 HIV 阳性患者在 HAART 治疗的坚持性，它是采用复杂的、完全交互方式的和极具吸引力的软件来实现的。"生活窗口"目前处于临床测试阶段，通过安装在临床公共查询一体化终端电脑设备和互联网上，对 500 名 HIV 阳性患者以面向未来的视角广泛宣传有经验效度的教育干预内容。"生活窗口"的使用者，即接受抗逆转录病毒治疗的 HIV 阳性患者，首先会被 Marcus 问候，它是一个与病患共事的友好的支持"向导"，通过丰富的药物治疗插图，附带日常评估以及患者全面的信息评估、动力，和在

HAART 治疗中行为技巧障碍的依从性。基于依从性水平和识别信息、动力和行为技巧障碍的依从性，鼓励 HIV 阳性病患参与者从 20 个相关干预活动中进行选择。

坚持—促进干预行为范围非常广泛，从丰富的插图模拟，到“积极建议（Positive Voices）”，再到“与医生对话（Doc Talk）”。在插图模拟中，参与者所在的位置都用图标标明他们的日常要从事的行为（这就成为自然发生的服药线索）；在“积极建议”中，一组口齿伶俐的 HIV 阳性者，讨论他们如何管理自己坚持治疗的策略；在“与医生对话”中，专家和患者友好型的 HIV 保健医生，花时间来回答常见的患者 HAART 治疗依从性和毒性问题。其他坚持的促进干预措施是基于个体病患需求的交互式的，包括幽默卡通片“Bill the Pill”，它描述了如何让服药变得更简单；另一部卡通片“血液动画”，它教患者 HAART 是如何运作的，为什么坚持是治疗的关键，而如果不坚持会伤害免疫系统和健康，以及“副作用”开出类似脚本的处方，教患者如何处理 HARRT 的副作用，这些副作用往往不利于患者坚持治疗。“生活窗口”协助 HIV 阳性病患设定能够坚持的目标，“记住”病人坚持的目标和内容，并定期对病患进行“检查记录”。需要重申的是，“生活窗口”的方法类似 sexualityandu.ca 网站的方法，是基于有效度的行为改变理论。在互联网上，病患与电脑进行交互具有匿名性、可访问性、可承受性和孤独性的特点，在这种情况下，坚持使用 HAART 疗法以挽救病患，将促进适用于个人的并且不受偏见影响的健康促进干预计划。

九、基于互联网的性教育：新的考虑

尽管基于互联网的性教育有希望成为一种有效果和效率的性健康促进的渠道，但是，由于健康教育网站的质量参差不齐，我们还是需要注意，网站用户不够敏感，或者说他们对于网站质量的辨识有着一定困难（Smith，Gertz，Alvarez & Lurie，2000）。此外，聚焦于性健康教育网站的研究显示，使用搜索引擎搜索诸如“性健康”和“性教育”等关键词，可能得到的网站大多数是色情网站，只有少数有用且合法的性教育网站（Smith，et al.，2000）。不论如何，使用搜索引擎定位特殊的性健康信息（例如避孕套使用说明、性传染疾病的症状），还是高效得多的，能非常迅速地得到有用的结果（Smith，et al.，2000）。另外，Bay-Cheng’s（2001）对性教育网站的内容进行分析发现（Bay-Cheng，2001），反观基于教室的性教育，基于网络的性教育更重视“性”问题，以及频繁的说教。与此同时，实验研究表明，基于互联网的性教育在生殖健康知识教育方面，对多种人群都有积极的影响，例如有残疾的北美妇女（Pendergrass，Nosek & Holcomb，2001）和中国大陆的高中生与大学生（Lou，Zhao，Gao & Shah，2006）。互联网技术的进一步的研究和应用，将更有效率和效果地提供可得性、匿名性和高质量的性与生殖健康教育，作为未来的目标。

十、彩虹网？男同性恋者，女同性恋者和互联网

存在一个强大的假设基础，互联网的核心特征——可访问性、可承受性、可接受性、匿名性和孤独感——使互联网成为与性少数群体之间以及这个群体成员之间交流的绝佳媒体，这个群体除了数量不多外，还声名狼藉。正如所发生的那样，互联网已经成为了被世界各地的同性恋、双性恋和变性人（GLBT）个体间使用的极为广泛的交流通道。国际性学和性研究期刊的专栏（Alexander，2002；Heinz，2002）致力于关注此类个体在互联网中的使用、存在和身份，感兴趣的读者可以详细阅读任何有关聚焦 GLBT 并对其持友好态度的网站（例如，Gay.com，http://www.gay.com；PlanetOut，http://www.planetout.com）。

也许不可避免的，互联网对 GLBT 社群已经产生了正反两面的影响。互联网可以被用来作为公开承认自己同性恋（出柜）的场所，在安全性、匿名性和网络用户受控环境方面了解（Munt，Bassett & o'riordan，2002）和探索同性恋身份和同性恋社群，以及作为一种匿名及有效的方式去研究可能通过其他方式无法有效研究的 GLBT 个体（Parsons，Tesoriero，Carballo-Dieguez，Hirshfield & Remien，2006；Pequegnat et al.，2007）。

对于 GLBT 个体来说，互联网可以作为他们探索自己性特征与性行为的潜在的更安全的空间。Mathy（2007）发现，在她的拥有 7037 个参与者的大样本中，异性恋者明显比其他性取向者更少可能通过互联网了解性知识。此外，她还发现，与异性恋者相比，双性恋男子更可能通过互联网参与线下危险“性行为”（与陌生人发生匿名性行为）。有趣的是，Mathy 发现，与男同性恋者相比，更大比例的双性恋男子声称他们使用互联网进行性幻想。与此相反，相对于双性恋男子，更大比例的男性同性恋声称他们会参与在线“性行为”来缓解压力、见面约会以及为单纯的性行为而见面。

互联网为性少数群体成员之间见面和发生危险"性行为"提供了一个理想的环境——并且研究一再发现，在男性中使用互联网寻找男性性伴侣的现象非常普遍，而且这些在互联网中寻找性伴侣的男性比那些没有通过互联网寻找性伴侣的男性拥有更高的风险感染性传播疾病，包括艾滋病（Benotsch，Kalichman & Cage，2002；Liau，Millett & Marks，2006；McFarlane，Bull & Rietmeijer，2000）。但与此同时，互联网也被证明是一种向性少数社群传达预防信息的极其合适的途径。例如，2000 年世界卫生组织从聊天室获得了互联网用户的账户名并进行了通报，以在梅毒流行期对旧金山的男同性恋者传达预防信息，这导致了寻找筛选和关注梅毒感染的男同性恋者大幅增长。其他人（Grove，2006）报告了对不戴保险套性爱的基于互联网的干预（同性恋之间的未做安全保护措施的肛交），和基于互联网的对五大洲男同性恋和双性恋者的自杀研究，这可以为基于互联网的防治干预提供关键性的指导。虽然空间有限不便进一步讨论，但这一段对互联网和 GLBT 社群的主题的简介，暗示着互联网的核心特质使其成为与性少数群体以及此群体之间交流的极其适宜的渠道，互联网对这个社群的影响可能极大并且关乎健康，而且需要进一步研究和进行道德准则下的进一步探索。

十一、线上"性"的未来

在线性行为并不局限于文本、图片、视频、网络摄影机和音频。已有模拟性交出现，虽然它还处于襁褓之中。模拟性交本质上是虚拟现实技术的一个应用，它可以使数英里之外的人们进行性互动。目前，移动电话可以呼叫并可激活内部磨损振动棒。未来主义者设想了许多可能的方式，以使技术可以用于愉悦人们。在未来，我们期待能够刺激感官的全副武装出现（Whitty & Carr，2006）。

十二、结语

本章显然不是关于网上性行为讨论的完结篇。我们希望人们将会继续利用互联网来实现他们性幻想——作为现实中的性幻想替代。我们还希望更多夫妻的问题暴露出来，因为互联网成为个人生活中一个更普遍、更容易访问的部分，夫妻的性关系将因为他们在网上学习到的东西而变得更丰富。考虑到大量的研究发现，个体可以从在线搜索他们的性行为相关的问题中获益，因此，医师也应该考虑应用新的方法去帮助他们。除此之外，教育家和健康工作者也需要寻找新的方法来使用用互联网，以便为那些寻求帮助和查找性行为及性健康问题的信息的人提供可靠的信息。互联网及其在性方面潜在的积极和消极影响，显然还只处于发展的早期阶段，未来尚未展开。

【参考文献】

Abel,G.G.,Mittelman,M. & Becker,J.V.（1985）.Sexual offenders:Results of assessment and recommendations for treatment.Clinical criminology:The assessment and treatment of criminal behavior,191–205.

Acker,L.E.,Dyson,W.H. & Goldwater,B.C.（1992）.AIDS-proofing Your Kids:a Step by Step Guide:Pickering,Ont:Silvio Mattacchione.

Alexander,J.（2002）.Homo-pages and queer sites:Studying the construction and representation of queer identities on the World Wide Web.International Journal of Sexuality and Gender Studies,7（2–3）,85–106.

Altice,F.L.,Mostashari,F. & Friedland,G.H.（2001）.Trust and the acceptance of and adherence to antiretroviral therapy.JAIDS Journal of Acquired Immune Deficiency Syndromes,28（1）,47–58.

Barak,A. & Fisher,W.（2002）.The future of Internet sexuality.Sex and the Internet:A guidebook for clinicians,263–280.

Barak,A. & Fisher,W.A.（1997）.Effects of interactive computer erotica on men's attitudes and behavior toward women:An experimental study.Computers in Human Behavior,13（3）,353–369.

Barak,A. & Fisher,W.A(2001)Toward an internet-driven,theoretically-based,innovative approach to sex education.Journal of Sex Research,38（4）,324–332.

Barak,A. & Fisher,W.A(2003)Experience with an Internet-based,theoretically grounded educational resource for the promotion of sexual and reproductive health.Sexual and Relationship Therapy,18（3）,293–308.

Barak,A.,Fisher,W.A.,Belfry,S. & Lashambe,D.R.（1999）.Sex,guys,and cyberspace:Effects of Internet pornography and individual differences on men's attitudes toward women.Journal of Psychology & Human Sexuality,11（1）,63–91.

Basson,R.,Berman,J.,Burnett,A.,Derogatis,L.,Ferguson,D.,Fourcroy,J.,Laan,E.(2000). Report of the international consensus development conference on female sexual dysfunction:definitions and classifications.The Journal of urology,163(3),888–893.

Basson,R.,Leiblum,S.,Brotto,L.,Derogatis,L.,Fourcroy,J.,Fugl-Meyer,K.,Meston,C.(2004).Revised definitions of women's sexual dysfunction.The journal of sexual medicine,1(1),40–48.

Bay-Cheng,L.Y(2001)SexEd.com:Values and norms in web-based sexuality education. Journal of Sex Research,38(3),241–251.

Becker,J.V. & Stein,R.M.(1991).Is sexual erotica associated with sexual deviance in adolescent males?International Journal of Law and Psychiatry.

Benotsch,E.G.,Kalichman,S. & Cage,M.(2002).Men who have met sex partners via the Internet:Prevalence,predictors,and implications for HIV prevention.Archives of sexual behavior,31(2),177–183.

Black,A.,Francoeur,D.,Rowe,T.,Collins,J.,Miller,D.,Brown,T., Fleming,N.(2004a). Canadian contraception consensus:Part 1.Journal of obstetrics and gynaecology Canada,26(3),143–156.

Black,A.,Francoeur,D.,Rowe,T.,Collins,J.,Miller,D.,Brown,T.,Fleming,N.(2004b). Canadian contraception consensus:Part 2.Journal of obstetrics and gynaecology Canada,26(3),219–236.

Black,A.,Francoeur,D.,Rowe,T.,Collins,J.,Miller,D.,Brown,T.,Fleming,N.(2004c). Canadian contraception consensus:Part 1.Journal of obstetrics and gynaecology Canada,26(3),347–387.

Bogaert,A.F.(1993).The sexual media:The role of individual differences.

Bogaert,A.F.(2001).Personality, individual differences,and preferences for the sexual media.Archives of sexual behavior,30(1),29–53.

Byrne,D.,Kelley,K. & Fisher,W.A.(1993).Unwanted teenage pregnancies:incidence,interpretation,and intervention.Applied and Preventive Psychology,2(2),101–113.

Cooper,A(1998)Sexuality and the Internet:Surfing into the new millennium.CyberPsychology & Behavior,1(2),187–193.

Cooper,A.,Delmonico,D.L. & Burg,R.(2000).Cybersex users,abusers,and compulsives:New findings and implications.Sexual Addiction & Compulsivity:The Journal of Treatment and Prevention,7(1–2),5–29.

Cooper,A.,Scherer,C. & Marcus,I.D.(2002).Harnessing the power of the Internet to improve sexual relationships.

Cooper,A.,Scherer,C.R.,Boies,S.C. & Gordon,B.L.(1999).Sexuality on the Internet:-From sexual exploration to pathological expression.Professional Psychology:Research and Practice,30(2),154.

D'Amato,A.(2007).Porn Up,Rape Down.Social Science Research Network,6(23),06.

Dahlquist,J.P. & Vigilant,L.G(2004)Way better than real:Manga sex to tentacle hentai. net .seXXX:Readings on Sex,Pornography,and the Internet,90–103.

Daneback,K.,Ross,M.W. & Månsson,S.-A.(2006).Characteristics and behaviors of sexual compulsives who use the Internet for sexual purposes.Sexual Addiction & Compulsivity,13(1),53–67.

Dybul,M.,Fauci,A.S.,Bartlett,J.G.,Kaplan,J.E. & Pau,A.K.(2002).Guidelines for Using Antiretroviral Agents among HIV-Infected Adults and Adolescents:The Panel on Clinical Practices for Treatment of HIV*.Annals of Internal Medicine,137(5_Part_2),381–433.

Edgley,C. & Kiser,K.(1982).Polaroid Sex:Deviant Possibilities in a Technological Age. Journal of American Culture,5(1),59–64.

Elmer-Dewitt,P.(1995).On a screen near you:Cyberporn.Time magazine,146(1).

Emmers-Sommer,T.M. & Burns,R.J(2005)The relationship between exposure to internet pornography and sexual attitudes toward women.Journal of Online Behavior,1(4).

Eysenck,H.J.(1976).Sex and personality:Open Books London.

Fisher,J.D. & Fisher,W.A.(1992).Changing AIDS-risk behavior.Psychological bulletin,111(3),455.

Fisher,J.D. & Fisher,W.A.(2000).Theoretical approaches to individual level change in HIV risk behavior.In J.Peteson & R.DiClemente(Eds.),Handbook of HIV prevention(pp.3–55).New York:Plenum.

Fisher,J.D.,Fisher,W.A.,Amico,K.R. & Harman,J.J.(2006).An information-motivation-behavioral skills model of adherence to antiretroviral therapy.Health Psychology,25(4),462.

Fisher,W.,Barak,A.(1991).Pornography,erotica,and behaviour:More questions than answers.International Journal of Law and Psychiatry,14,65–84.

Fisher,W.,Boroditsky,R. & Morris,B.(2004a).The 2002 Canadian Contraception Study:part 1.Journal of obstetrics and gynaecology Canada:JOGC=Journal d'obstetrique et gynecologie du Canada:JOGC,26 (6),580.

Fisher,W.,Boroditsky,R. & Morris,B.(2004b).The 2002 Canadian Contraception Study:Part 2.Journal of obstetrics and gynaecology Canada:JOGC=Journal d'obstetrique et gynecologie du Canada:JOGC,26 (7),646.

Fisher,W.A. & Barak,A(2001)Internet pornography:A social psychological perspective on Internet sexuality.Journal of Sex Research,38 (4),312–323.

Fisher,W.A. & Boroditsky,R(2000)Sexual activity,contraceptive choice,and sexual and reproductive health indicators among single Canadian women aged 15–29:Additional findings from the Canadian contraception study.Canadian Journal of Human Sexuality,9 (2),79–93.

Fisher,W.A. & Byrne,D.(1978).Individual Differences in Affective,Evaluative,and Behavioral Responses to an Erotic Film1.Journal of Applied Social Psychology,8 (4),355–365.

Fisher,W.A. & Fisher,J.D.(1993).A general social psychological model for changing AIDS risk behavior.

Fisher,W.A. & Fisher,J.D(1998).Understanding and promoting sexual and reproductive health behavior.Theory and method.Annual review of sex research,9 (1),39–76.

Fisher,W.A.,Sand,M.,Lewis,W. & Boroditsky,R.(2000).Canadian Menopause Study:I. Understanding women's intentions to utilize hormone replacement therapy.Maturitas,37,1–14.

Freeman-Longo,R.E.(2000).Children,teens,and sex on the Internet.Sexual Addiction & Compulsivity:The Journal of Treatment and Prevention,7 (1–2),75–90.

Fulda,J.S.(2002).Do Internet stings directed at pedophiles capture offenders or create offenders?And allied questions.Sexuality and Culture,6 (4),73–100.

Goldstein,M.J. & Kant,H.S.(1973).Pornography and sexual deviance:A report of the Legal and Behavioral Institute,Beverly Hills,California:Univ of California Press.

Griffiths,M.(2004).Sex addiction on the Internet.Janus Head,7 (1),188–217.

Grove,C(2006)Barebacking websites:electronic environments for reducing or inducing HIV risk.AIDS care,18 (8),990–997.

Heinz,B.,Gu,L.,Inuzuka,A. &Zender,R(2002)Under the rainbow flag:Webnetting global gay identities.International Journal of Sexuality and Gender Studies,7,107–124.

Holzemer,W.L.,Bakken Henry,S.,Portillo,C.J. & Miramontes,H.(2000).The Client Adherence Profiling-Intervention Tailoring (CAP-IT) intervention for enhancing adherence to HIV/AIDS medications:a pilot study.Journal of the Association of Nurses in AIDS Care,11（1）,36–44.

Health Canada(2003)Canadian guidelines for sexual health education.Ottawa:Minister of Public Works and Government Services.

Isaacs,C.R. & Fisher,W.A(2008)A computer-based educational intervention to address potential negative effects of Internet pornography.Communication Studies,59（1）,1–18.

Jacobs,K.（2004）.Pornography in small places and other spaces.Cultural Studies,18（1）,67–83.

Langevin,R.,Lang,R.A.,Wright,P.,Handy,L.,Frenzel,R.R. & Black,E.L.（1988）.Pornography and sexual offences.Sexual Abuse:A Journal of Research and Treatment,1（3）,335–362.

Laumann,E.O.,Paik,A. & Rosen,R.C.（1999）.Sexual dysfunction in the United States. JAMA:the journal of the American Medical Association,281（6）,537–544.

Liau,A.,Millett,G. & Marks,G(2006)Meta-analytic examination of online sex-seeking and sexual risk behavior among men who have sex with men.Sexually transmitted diseases,33（9）,576–584.

Lou,C.-h.,Zhao,Q.,Gao,E.-S. & Shah,I.H.（2006）.Can the Internet be used effectively to provide sex education to young people in China?Journal of Adolescent Health,39（5）,720–728.

Malamuth,N.M.(1989a).The attraction to sexual aggression scale:Part one 1.Journal of Sex Research,26（1）,26–49.

Malamuth,N.M.（1989b）.The attraction to sexual aggression scale:Part two.Journal of Sex Research,26（3）,324–354.

Malamuth,N.M.,Addison,T. & Koss,M.(2000).Pornography and sexual aggression:Are there reliable effects and can we understand them?Annual review of sex research,11（1）,26–91.

Mann,J.,Sidman,J. & Starr,S(1973)Evaluating Social Consequences of Erotic Films:An Experimental Approach1.Journal of Social Issues,29（3）,113–131.

Marshall,W.L.(1988).The use of sexually explicit stimuli by rapists,child molesters,and nonoffenders.Journal of Sex Research,25（2）,267–288.

Mathy,R.M.(2007).Sexual orientation moderates online sexual activities.In M.T .Whitty,A.J.Baker,J.A.Inman(Eds.),Online matchmaking(pp.159–177).Basingstoke:Palgrave Macmillan.

McFarlane,M.,Bull,S.S. & Rietmeijer,C.A(2000)The Internet as a newly emerging risk environment for sexually transmitted diseases.JAMA:the journal of the American Medical Association,284 (4),443–446.

Montessori,V.,Heath,K.,Yip,B.,Hogg,R.,O' Shaughnessy,M. & Montaner,S.(2000). Predictors of adherence with triple combination antiretroviral therapy.Paper presented at the 7th Conference on Retroviruses and Opportunistic Infections.

Mosher,D.L(1980)Three dimensions of depth of involvement in human sexual response 1.Journal of Sex Research,16 (1),1–42.

Mosher,D.L.(1988).Pornography defined:Sexual involvement theory,narrative context,and goodness-of-fit.Journal of Psychology & Human Sexuality,1 (1),67–85.

Munt,S.R.,Bassett,E.H. & o'riordan,k.(2002).Virtually belonging:Risk,connectivity,and coming out on-line.International Journal of Sexuality and Gender Studies,7 (2–3),125–137.

Parker,T.S. & Wampler,K.S(2003)How bad is it?Perceptions of the relationship impact of different types of Internet sexual activities.Contemporary Family Therapy,25 (4),415–429.

Parsons,J.T.,Tesoriero,J.M.,Carballo-Dieguez,A.,Hirshfield,S. & Remien,R.H.(2006). HIV behavioral research online.Journal of Urban Health,83 (1),73–85.

Paterson,D.L.,Swindells,S.,Mohr,J.,Brester,M.,Vergis,E.N.,Squier,C.,Singh,N.(2000). Adherence to protease inhibitor therapy and outcomes in patients with HIV infection.Annals of Internal Medicine,133 (1),21–30.

Pendergrass,S.,Nosek,M.A. & Holcomb,J.D(2001)Design and evaluation of an internet site to educate women with disabilities on reproductive health care.Sexuality and Disability,19 (1),71–83.

Pequegnat,W.,Rosser,B.S.,Bowen,A.M.,Bull,S.S.,DiClemente,R.J.,Bockting,W. O.,Horvath,K.(2007).Conducting Internet-based HIV/STD prevention survey research:Considerations in design and evaluation.AIDS and Behavior,11(4)505–521.

Rigsby,M.O.,Rosen,M.I.,Beauvais,J.E.,Cramer,J.A.,Rainey,P.M.,O'Malley,S.S.,Rounsaville,B.J(2000)Cue-dose Training with Monetary Reinforcement:Pilot Study of an Antiretroviral Adherence Intervention.Journal of General Internal Medicine,15 (12),841–847.

Rimm,M(1994)Marketing pornography on the information superhighway:A survey of

917,410 images,descriptions,short stories,and animations downloaded 8.5 million times by consumers in over 2000 cities in forty countries,provinces,and territories.Geo LJ,83,1849.

Rossouw,J.E.,Anderson,G.L.,Prentice,R.L.,LaCroix,A.Z.,Kooperberg,C.,Stefanick,M.,Johnson,K.C.(2002).Writing Group for the Women' s Health Initiative Investigators.Risks and benefits of estrogen plus progestin in healthy postmenopausal women:principal results from the Women' s Health Initiative randomized controlled trial.Jama,288(3),321–333.

Schneider,J.P.(2000).Effects of cybersex addiction on the family:Results of a survey. Sexual Addiction & Compulsivity:The Journal of Treatment and Prevention,7(1–2),31–58.

Smith,M.,Gertz,E.,Alvarez,S. & Lurie,P(2000)The content and accessibility of sex education information on the Internet.Health Education & Behavior,27(6),684–694.

Snyder,M. & Ickes,W.(1985).Personality and social behavior Handbook of social psychology(3 ed.,Vol.2,pp.883–943).New York:Random House.

Spector Soft,Inc.(n.d.).Stop infidelity with Spector.Retrieved March 1,2007,

http://www.spywaredirectory.com/spector win.asp.

Sprenger,P.(1999).The porn pioneers Retrieved September 30,2007,http://technology.guardian.co.uk/online/story/0,255578,00.html.

Turkle,S(1995)Life on the screen:Identity in the age of the Internet.London:Weidenfeld & Nicolson.

Whitty,M.T.(2003a).Cyber-Flirting Playing at Love on the Internet.Theory & Psychology,13(3),339–357.

Whitty,M.T.(2003b).Pushing the wrong buttons:Men's and women's attitudes toward online and offline infidelity.CyberPsychology & Behavior,6(6),569–579.

Whitty,M.T(2004).Cyber-flirting:an examination of men's and women's flirting behaviour both offline and on the internet.

Whitty,M.T(2005)The Realness of Cybercheating Men's and Women's Representations of Unfaithful Internet Relationships.Social Science Computer Review,23(1)57–67.

Whitty,M.T.(2007).Manipulation of self in cyberspace.The dark side of interpersonal communication,93–118.

Whitty,M.T. & Carr,A.(2006).Cyberspace romance:The psychology of online relationships:Palgrave Macmillan Basingstoke.

Whitty,M.T. & Carr,A.N.(2005).Taking the good with the bad: Applying Klein's work to further our understandings of cyber-cheating.Journal of Couple & Relationship Therapy,4(2–3),103–115.

World Health Organization.(2000).Use of the Internet as a public health intervention tool for an outbreak of syphilis.Retrieved June 15,2007,http://www.scielosp.org/scielo.php?pid=S0042-96862000001000016&script=sci arttext.

Wysocki,D.K.(1998).Let your fingers do the talking:Sex on an adult chat-line.Sexualities,1(4),425–452.

Wysocki,D.K. & Thalken,J.(2007).Whips and chains? Fact or fiction?Content analysis of sadomasochism in internet personal advertisements.Online matchmaking,178–196.

Zilbergeld,B.(1992).The new male sexuality.New York:Bantam.

第九章 网络的作用：基于理论与应用的研究

亚伊尔·阿米海·哈姆博格（Yair·Amichai·Hamburger）

群际冲突（intergroup conflict）很遗憾地成为了我们生活中不可避免的一部分，这种冲突存在于世界上所有有差异的群体中，如不同信仰、地域、种族和文化（的人们）。对立双方的冲突程度也不尽相同，小至轻微敌意，大至全面战争，每年有成千上万人丧生其中。因此，群际冲突的研究问题引起了许多心理学家的关注，他们尝试对这一现象进行解释，并提出解决方案，以消除冲突现象。

这些学者将研究重心放在对这种冲突的结构研究上，认为有三个主要组成成分：认知、情感和行为。认知成分是指某一个群体对另一个群体所持有的刻板印象；情感成分是指某群体自身持有的偏见；行为成分是指某群体对这个群体的歧视。

研究发现，群际冲突的基本成分是刻板印象，即对另一群体的负性知觉。刻板印象可能包括对一系列特征的负性知觉，如对心理特质、物理特性和预期行为的消极知觉。人们大都相信自身所处的群体（内群）是一个异质性群体，而其他群体（外群）的成员则都是同质性的。这个知觉，即所谓的同质化效应（homogeneity effect），在此基础上，我们倾向于对外群成员产生刻板印象，并声称他们全部都是（某一种人），比如不怀好意者、骗子或懒人（Linville，Fischer & Salovey，1989；Linville & Jones，1980）。随着我们对内群和外群完全不同的认识，这一过程被强化，因此，（我们）会认为外群成员与我们完完全全不相同（Pettigrew，1997）。这种完全的“我们对他们（us vs. them）”，使得刻板印象感知更加强烈。

人们有这样一种倾向：努力搜寻能够证实自身固有知觉的信息，并给予更多关注，同时，忽略与固有知觉相冲突的信息（Fiske & Neuberg，1990；Snyder &

Swann，1978；Trope & Thompson，1997）。这种证实的倾向，使得人们改变自身刻板印象的可能性降低。由于“自我实现预言（self-fulfilling prophecy）”现象很可能在群体间相互作用时起作用，因此（刻板印象）改变的难度加大。换言之，当我们对一个外群的成员抱有消极刻板印象时，我们更可能按照我们对它的预想来理解外群行为，而不考虑外群真正的行为准则。我们所持的消极看法，很可能引导外群成员按照我们的预期进行反应，如此一来就给我们——内群——提供了证据，进而证实了我们最初的消极刻板印象是正确的。这些行为，很有可能形成一个很难打破的封闭的消极循环方式。

人们偏好在尚无觉知的情况下，就开始激活对他人的刻板印象（Devine，1989；Gilbert & Hixon，1991）。由于这些态度和行为都是他们无觉知的，这个印象就特别难打破。意识到自身的偏见，是解决群际冲突的先决条件。

1954年，美国最高法院判决，禁止在教育系统中隔离黑人学生和白人学生，接触假说随之突显。人们普遍认为，一旦两个群体互相接触，种族偏见和歧视就会消失。最高法院判决书的附录中，记载了32位一流人类学家、精神医生、心理学家和社会学家对这一判决的支持意见（Cook，1984）。

奥尔波特（Ahport，1954）则在1954年提出，最高法院和其支持者的期望是不可能实现的，仅仅把不同种族的群体放在一起，并不足以消除他们各自的消极刻板印象。他认为这只会产生一种情况：不同种族背景的学龄儿童之间的接触，只会是冷淡的。这不仅不能缓和紧张关系，反而可能会制造焦虑气氛，强化他们固有的消极刻板印象。换言之，接触本身并不是一种消除偏见的有效方式。奥尔波特的推断来自于斯特芬在1986年的研究结果（Walter G Stephan，1986）：美国教育系统中种族隔离的消除，并没有使得偏见消除。斯特芬分析了这个主题的各项研究，发现仅有13%的学生报告了白人对黑人知觉的改善，34%的学生报告为没有变化，53%的学生报告了消极知觉的增加。

在接触假说中，奥尔波特在1954年提出，为使接触发生积极效果，需同时具备几个条件。最重要的四个条件如下所示。

（1）平等地位（Equal status）：为了消除刻板印象，高地位群体成员，必须与外群中同等地位成员发生接触，如若不然，这种接触只会证实固有刻板印象。

（2）合作（Cooperation）：不同群体为一个上级目标展开合作，有可能减弱刻板印象。

（3）亲密接触（Intimate contact）：有效的接触，必须可以创造能够使参与者可以真正了解另一方的情景。如果接触停留在虚假层面，刻板印象有可能不会变化。

（4）制度支持和参与意愿（Institutional support and willingness to participate）：当局的支持者有可能创造对接触的积极期待，并形成积极社会模范，从而加强积极接触。参与者必须是出于自身意愿进行接触，而非受逼迫进行（Allport，1954；Amir，1969，1976）。

很多学者都接纳了接触假说，并根据他们自身实验 / 观察结果对其进行调整（Brown，2000）。然而，一个更加广泛的必要条件列表，也可能使得群际接触假说的实用性变弱。在 2006 年的一项最近研究中，阿米亥·汉布格尔和麦克纳提出，传统的面对面（face-to-face，F2F）接触方式有三个主要问题：（1）实用性；（2）焦虑；（3）泛化。

一、实用性

如果按照奥尔波特（1954）的条件来实施，接触就会面临很多难以实现的逻辑规范。例如，组织一次对立群体成员之间的会面，将产生财政问题和实际可能性问题。把两个地理位置相距很远的群体聚集在一起，花费很大，而把处于隔离区域内的群体聚集起来，还会面临逻辑挑战。

另一个问题是平等地位。群体代表们之间的地位平等（目标），实际上很难达到，因为在接触过程中，人们可能会高度敏感于（那些）能够代表社会地位的，有标识性的、微妙的线索（如 Hogg，1993）。

二、接触时的焦虑

群际焦虑是群体间相互接触时，双方消极反应预期的结果（Stephan & Cookie，2001；W.G.Stephan & Stephan，2001；Stephan & Stephan，1996；W.G.Stephan & Stephan，1996）。群际相互作用比个体间相互作用更容易引发焦虑，而这种焦虑可能无益于启发式社会关系（的建立）（Islam & Hewstone，1993；Stephan & Stephan，1985；W.G.Stephan & Stephan，1985；Wilder，1993）。当个体处于焦虑状态时，他 / 她更可能以刻板印象看待外群（Bodenhausen，1990；Bodenhausen & Wyer，1985）。怀尔德在 1993 年指出，在焦虑状态下的群体成员，容易忽略接触情景中

所有与预期不符的信息。在这时，若外群成员采用与该预期不一致的积极行为方式，内群成员并不会改变他们的观点，他们只会回忆为，外群成员是以与他们消极认识一致的行为方式表现的。在这样的情况中，这些成员间的接触，不太可能引起群体刻板印象的变化（Wilder & Shapiro，1989）。

三、接触中的泛化

接触假说最大的挑战之一是，与外群成员积极接触的结果，能不能更加泛化。（群际）相互作用中，群体优越感对成功泛化极其重要，相互作用中的群体优越感是成功泛化的重要条件。关于优越性的最佳水平，学术界存在比较大的争议。例如，布鲁尔和米烈尔在 1984 年指出（Brewer，M.B. & Miller，N，1984），为使接触起作用，优越感必须保持低水平。然而，休斯顿和布朗在 1986 年提出（M Hewstone），为使积极接触的影响扩散到广泛群体水平上，个体必须被认为是该群的代表人物，才能保证高度显著的外群认同。汉布格尔在 1994 年（Hamburger，1994）发现，许多案例中，泛化不成功是由过分严谨的刻板印象测量造成的（见 Garcia-Marques & Mackie，1999；M. Hewstone & Hamberger，2000；Paolini，Hewstone，Rubin & Pay，2004）。

（一）通过网络的接触：网络在线交际假设

网络可能是解决以上诸多困难的关键所在。

（1）平等地位（Equal status）：个体赖以判断他人内外状态的诸多线索在网络中并不清晰。

（2）因上级目标而展开的合作（Cooperation toward superordinate goals）：虚拟合作团队已经被证实是全球范围内的有效工具。事实上，加莱格尔和克劳特在 1994 年（Galegher & Kraut，1994）发现，虚拟团队的最终工作成果，与 F2F 团队成员的工作成果大体相似。当我们的技术能够实现海量信息交流时，这个情况很有可能成为现实（Bell & Kozlowski，2002）。

（3）制度支持和参与意愿（Insitutional support and willingness to participate）：相对于 F2F（face to face）接触，当局可能会觉得参与网络接触的风险更小，因而更容易提供制度支持（Bargh & McKenna，2004）。同时，这也有利于群体成员的参与意愿，以及群体领导对此类会议的支持。

（4）亲密（Intimacy）：库克在 1962 年提出（Cook，1962），随着接触过程的发展，被试们逐渐形成更亲密关系，群体之间更容易形成赞同态度。他强调了“接纳潜力”，或情景中的被试能够了解另一方的可能的重要性。个体间交互作用重要性（如 Miller，2002）和群际友谊（如 Pettigrew，1997，1998）这两个主题的最新研究，重新唤起了对接触领域的研究兴趣，这也与网络媒介的接触这个主题的讨论特别相关。网络交互作用，对比面对面交互作用的一个最主要优势就是，个体的自我揭露水平与亲密交流表现倾向均增高。网络交互作用更容易“超出肤浅层次”，且“超出”得很快（如 McKenna，Green，& Gleason，2002；Walther，1996）。

（5）焦虑（Anxiety）：很多在社会情景中会引发焦虑情感的情景因素（如必须当场回应、感觉被审视），在网络交互中是不存在的。网络被试，更能控制他们的自我展示方式和观点表达方式（如在呈现评论前有机会进行修改）。人们能够表达自我时感觉会更好，与网络伙伴交流时会比私下交流更轻松。

（6）接触中的泛化（Generalization from the contact）：网络接触的一个优点是，个体能够熟练控制特定接触情景中个人相对于群体的优越程度，以达到预想的结果。根据利亚·汤普森的实验程序（见 Thompson & Nadler，2002），在交流之初，各个成员进行简要自我介绍，然后陈述他们作为群体成员的典型特征。随着网络交流进程的推进，群体规范很快形成（Spears，Postmes，Lea & Wolbert，2002）。这些规范，与群体成员单独在一起的交流方式不同，也与其他群体的规范不同，更甚者，这些规范可能会受到网络情景下两群体的合作关系的影响。这些规范的设立，会加强被试的归属感和友情，因此，“我们与他们（us vs. them）”之间特定的平衡感得以确立，从而实现接纳和泛化。

据说，网络环境可以增强个体成员作为各自群体代表的感觉，同时也能够培养对“新群体”（所有参与过练习的成员组成）的亲切感和归属感。完成第一个目标有很多种方式，例如，所有成员都会有一个能够化名以提醒自身所代表的群体。

四、网状群际接触平台：一种新方法

网状群体间的交流（Net Intergroup Contact，NIC）平台，是一个处于终极发展阶段的新网站（本书写作中），它立志于改善世界范围内敌对群体之间的紧张关系。NIC 平台的基础是接触假说和网络的心理研究，网站幕后支持团队有一组社会—组织心理学家和站点管理人员。这个平台的首页（图 9-1）包含一个呼吁：号召人们参与到为世界范围内群际冲突寻找解决方案的愿景中来。该平台展示了参与本项目的网民在群际冲突形成过程中涉及到的一系列步骤。

NIC 平台着力于网络媒介的群际接触，这种接触始于网络，且仅在各项条件完备的情况下转向 F2F 接触。然而，这个平台亦可以用于其他类型的群际接触，例如，用以支持 F2F 接触的后续发展；用于 F2F 接触中任务已经完成，但又有时需要召开后续会议的情况。这个环节非常重要，因为即使接触成功，它的成果又可能受到积极接触状态失衡的影响而难以保持。还有的情况是，有时由于被试行程繁忙，或相互之间的地理位置相隔较远，F2F 接触的阶段安排较为稀疏，在这时，若在 F2F 会议之间穿插使用 NIC 平台，会对保持接触的连续性非常有帮助。

打破相异认识（Breaking the dissimilarity perception）是指 NIC 平台旨在提供有关另一方的信息。这些知识引导被试转换立场：从将另一方全部视为同质个体，转而认识到外群异质性。这些新信息，也应该有助于对立群体之间认识到，（自己对外群）类别一刀切（CCC）的错误。这些认识都是非常必要的，因为一旦各方群体意识到，他们其实有共同点，就自然会互相产生善意，从而使得困难问题出现时更加容易解决。有人相信，CCC 认识可以促进因上级目标而展开的合作。当人们不得不相互依靠时，这会逼着他们不断了解对方，这就也突出了 CCC 的优越性（Cook，1984）。

网络群际接触（NIC）平台

我们的愿望

建造一个和平和谐的社会

我们的生活中最为烦恼的现象之一就是群际冲突，我们在这方面花费了大量的精力，并且许许多多被卷入其中——文化冲突、种族冲突、区域冲突——的人们饱受了困苦和悲伤。

根据接触假说提倡的做法（Amir, 1969, 1973），偏远地区之间进行有组织的接触，是广为接受的改善群际关系最有效的途径之一，然而在这个有组织接触的过程中发生了很多意外状况，有技术方面的也有逻辑方面的，这些使得接触的效果变弱。我们相信现在已经到了将最新技术和传统的成功群际接触改善接合的时候。

网络接合了前人支持沟通的接触假说的已有成果，与网络科技可实现的信息传播能力。我们相信这项新工具可以减少群际冲突。为实现这一想法我们需要您的配合，来加入我们吧，帮助建设更加和谐的世界

指导语　登陆注册　更多信息

图 9-1　NIC（Net Intergroup Contact）平台首页

五、人为因素

（一）领导者（Leaders）

网站的主页写明了对群体领导者的要求。领导者要具备以下条件：（1）从他们自己的内群号召被试组成群体；（2）建立新群体的数据库；（3）在接触中促进群体成长。

组成群体包括，将自愿参加与外群网状接触的成员代表组织起来。领导者可从他/她自己的熟人中招募成员，亦可以用这个网站平台进行招募，或两种方式结合。领导者还负责建立内群的数据库，数据库内容包括，成员自己认为有助于外群人员了解自己的重要信息。

领导者的作用是，在接触中促进群体成长，他/她必须尝试用解决群际冲突的愿景来激发群体。另外，他/她还要对群体成员期望的行为准则进行解释。领导者还得充分了解群体的需要和情感，就成员对于接触的感受和担心与他们讨论，以及在他们遇到困难时提供支持。群体成员必须尊重领导者，以便信息能够有效转达。

（二）平台导师（Platform supervisor）

每个群体的接触，都会有一名精通群际冲突各环节——特别是接触假说——的社会心理学家进行指导。导师也要非常熟悉群体动态。在导师指导接触之前，领导者要了解已发生的冲突，这包括：（1）双方冲突的历史进程；（2）冲突的主要问题；（3）曾经为改善群际关系而做出的努力，成功的与失败的均要了解。另外，导师最好对双方的文化常态和规范都有了解。

导师将同时指导双方群体的领导者，他/她不会亲自参与接触的各个环节，但是会密切观察动态进展。在每个接触环节后，导师会通过网络与双方领导者进行讨论。如果导师觉得有必要在环节进程中进行干预，他/她可以向领导者发送消息，而其他人无法阅览。对领导者来说，导师还是网站平台的代表，有关平台本身的意见想法均可以向其报告。群体的领导者要对参与者的行为负责，如果参与者的行为违反了接触的原则或精神，比如对外群发出挑衅行为，领导者应该采取适当措施，或者警告或者剔除出本群体。

每个群体都包含 5—6 名参与者，完全自愿参与本群活动。他们要么原本与领导者相熟，要么经由网站平台招募而来。经过筛选后的被试，都是愿意了解外群，且有足够包容的心态聆听外群成员。

六、前接触过程

为了增加接触成功的可能性，在群体间实际会面之前，还需要说明一些套话。这个接触前的准备阶段，可能持续几周到数月，但是充分的接触准备是非常必要的。

以下步骤必须遵守。

（1）准备接触（Initiating the contact）：群体领导者与 NIC 管理层一起筹备接触活动。每个接触，都会指定一位特定的社会心理学家作为导师。在 NIC 中，群体领导者已经介入某冲突的可能性是有的，在这种情况下，NIC 管理层会尝试从外群中寻找一位领导者，他 / 她愿意在接触中引导这个群体。

（2）招募被试（Call for participants）：领导者承担招募群体成员的任务，这包括必要时进行宣传吸引。

（3）建立数据库（Setting up the data bank）：领导者负责建立群体内交互关系的数据库。

（4）行为准则（Behavioral code）：群体成员会签署一份写明他们被期望遵守的行为准则的协议，协议还包括有关他们各自奉献程度的条款。

（5）网络群际会面（Internet ingroup meeting）：群体成员开始熟悉外群的各个成员。

（6）问卷（Questionnaire）：群体成员填写一份有关他们兴趣爱好的问卷。

（7）了解外群（Learning about the outgroup）：群体成员应参与接触前的相互介绍环节，并且（要求成员）了解外群为接触做准备。

（8）CCC（CCC）：群体成员接受有关外群成员的信息，包括他们的兴趣爱好和消遣方式。群内成员就会发现，他们之间有共同的兴趣爱好，这就为双方群体的被试建立了 CCC。

（9）虚拟会面（Vision meeting）：群体成员在接触前，要进行最后一个环节的准备，这个环节是在领导者和导师的指导下进行。导师会回顾 NIC 的愿景和思想，在第一次会面前激励各成员。到达这一阶段后，各群体已经准备好进行第一次接触了。

七、数据库

每个群体的数据库依次包括以下信息：（1）领导者提供的信息；（2）导师指定的群体必要信息；（3）用户反馈，两个群体的被试会被频频要求评价以下信息，即什么是多余的、哪些是缺少的、哪些应该延长。

数据库中将包括在实际接触发生前的相互了解过程，以便人们了解外群（见图 9-2）。这些信息在接触中也可以实时呈现，如此一来，如果被试不确定某一行为是否合乎准则，他就可以通过浏览数据库信息进行判断。

这些数据可分为几个主要部分：

群体的历史背景；

群体历程中的光荣里程碑；

群体建立的主要原则；

文化特点；

行为准则；

（6）群际冲突的主要问题。

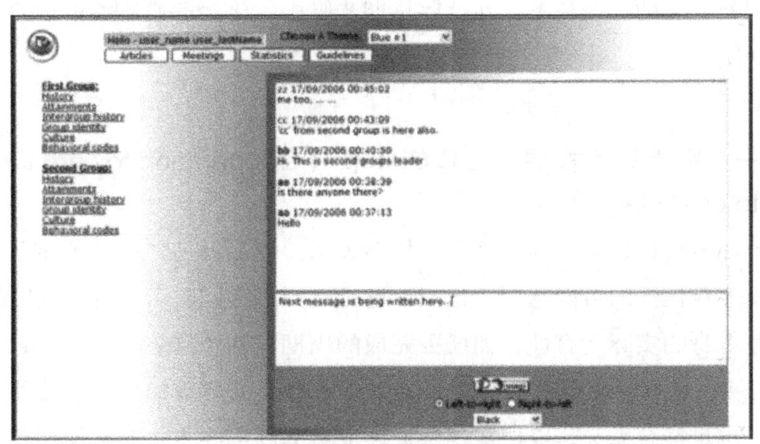

图 9-2 被试可见的数据库详情

八、人际加工

这里描述的接触进程值得借鉴，但是也应根据个体接触情况进行调整，因为过于严格的指导可能会干扰特定的接触过程动态。我们建议的准备方式包括以下几个阶段。

（1）导师单独会见每个群体，了解他们在行动开始前的期待和担忧，他/她也将回答被试们可能产生的任何疑问。

（2）准备群际接触（Initial intergroup contact）：通过五个环节使群体成员相互熟悉。

（3）群际合作（Intergroup cooperation）：为一个上级目标展开合作。

（4）分歧领域（Areas of disagreement）：通过五个接触环节来解决争端的主要问题。

（5）个体准备环节（The initial five contact sessions）应该为整个（接触）过程奠定积极氛围。在这个环节的开始，导师将以专业权威的身份指导接触。接着，被试相互自我介绍，说明姓名、背景，和对接触的期待。继而，导师大体上讲述（接触的）过程，努力促进被试了解接触的目的。在这个过程中会利用一些群体刺激来鼓励人们了解他人，被试就会接收到有关他们自己和外群成员的CCC信息。

在这五个环节的最后两步，被试和他们的领导者、心理学家一起，选择两个群体共同要完成的上级任务。在这些早期步骤中，将会回避有关争端的话题，留待后期解决。

（一）因上级目标展开合作的环节（Cooperation toward the superordinate goal stage）

这个环节旨在建立参与者之间的依存关系。在接触前，群体领导者与导师一起，浏览上级任务的可能选择。他们在进行选择时会同时考虑群体成员的心理素质和任务本身的实际适宜性，如任务完成的周期。两个群体的成员一起决定选择某一个任务，确定后的选择，就是所有成员都默认要完成的任务。任务本身要足够包容，也足够有意义，以便实现两群体成员的高度卷入。群体领导者将监督每个参与者的任务卷入和工作承诺。

很多网站上发布了适合我们需要的任务信息，如在线志愿服务网站 http://www.onlinevolunteering.org 或 http://www.volunteermatch.org。这些网站提供了很多有意义的社会工作选项，它们可以作为（我们所要求的）针对完成上级任务而展开群际合作的内容。

完成这个任务后，各个群体就继续进入第三个环节，即解决冲突中的现实问题。在这个阶段，我们期望被试相互之间相处愉快，并且做好准备将来能够理解，但不强求被试必须接纳其他群体对于冲突争端的想法。此处援引的冲突管理原则是：鼓励被试倾听他人。

这是整个过程中最脆弱的环节，这时就要求群体领导者和导师保持紧密联系。双方解决问题的速度取决于多个因素，包含被试的能力和需求、他们的谈判风格以及争端的复杂性。各环节的数量或完成最后环节的步骤，远不如维持打造积极氛围的努力重要。

（二）进程中的阻碍（Obstacles to progress）

能够严重阻碍甚至推翻一个接触的两个主要因素是：（1）平台使用不当或者敌对外群（的张力）；（2）进程中承诺不足。

（三）火焰（Flaming）

匿名的做法是一把双刃剑。一方面，匿名比相互认识更能让人们愈加诚实和开放地表达自我。另一方面，参与者也有可能因为这种匿名方式而变得更加毁谤，如发送攻击性消息（Joinson, 2003）。研究发现，网络群体比 F2F 群体更容易出现这种现象（Orengo Castellá，Zornoza Abad，Prieto Alonso & Peiró Silla，2000），这样就可能反过来导致群际冲突的扩大升级（Branscomb, 1995；McKenna & Green, 2002）。为阻止这类现象的发生，必须在某个参与者被准许进入某个接触前，进行一系列前提条件的准备。所有被试都必须签署一个协议，声明他们会遵守网站规则，在任何情况下都不会使用毁谤语言。这个协议会被监督管理，并且要求群体领导者在群际争论过火之前缓和气氛。如果出现公然敌对行为，领导者应停止让这个冒犯者继续留在群体内，冒犯者将被要求立即离开。在这样的情况下，应该给冒犯者以警告，并提醒：这类行为的重复，将导致个体从接触中被驱逐（Douglas & McGarty，2001）。

（四）承诺不足（Lack of commitment）

被试可能因为家庭原因，也可能因为没有面对面接触群体领导者和其他成员而对接触过程承诺不足，这就会使被试缺席虚拟会面，或在会面中早退。没有全身心投入接触的被试，很可能会营造一种承诺缺乏的氛围，从而导致其他人不认真对待接触活动。为防止这种可能倾向的发生，在最终获准开始接触之前的候选者筛选工作，必须非常仔细。这个过程提高了被试需求和群体目标之间的匹配程度，群体领导者会鼓励他的成员通过一切渠道增加群内沟通。金在 2000 年发现，这样会增加个体对沟通过程的承诺水平。另外，在整个冲突过程中，领导者都会强调成员的获益（根据成员需求和群体目标匹配程度）。在接触前的会面中和接触过程中，鼓励成员自我表达（Rheingold，1993），并对成员的努力和投入给予积极反馈（Shore & Tetrick，1991）是非常重要的。

尽管存在这些问题，但我们相信，通过导师指导讨论、加深共同期望的理解、仔细挑选群体领导者和群体成员后，能够产生特定网络心理机制，从而预防这些问题的产生。此外，在整个接触过程中，我们都会尽力让被试将自己当做本项目的一员，从而提高他们的承诺水平。例如，系统能够让接触的管理者与群体成员单独联系，反之亦可。在整个过程中的几个阶段点，都要询问被试的反馈意见。如此一来，我们希望能够提高他们的归属感与重要成员感。如果某个群体成员在没有事前请示的情况下缺席某环节，领导者将会联系本人以确定原因。这样，我们期望成员卷入度提高，从而防止不明愤恨情绪的滋生。

九、软件升级的展望

这里描述的 NIC 网站只是一个原型，接下来我们将展望一些我们认为这个平台未来可能的完善方向。

（一）NIC 平台的不断完善（Constant improvement of the NIC platform）

网络接触的一大优势是，接触的每个细节均会自动记录，这就自动产生了分析所需的数据。分析时接触过程中的失误就会突显出来，从而指导组织者如何改善。

在接触中，不同阶段要求被试填写的反馈问卷，也能让组织者了解到被试们的反应和感知。群体领导者和导师的见解与接触的讨论过程记录，也是另一个有价值的信息源。如此，NIC 平台将会不断完善，逐渐达到最佳表现。我们希望能够更加了解接触的重要组成部分，比如：（1）在接触中容易产生的问题；（2）某群体离开接触前的动态变化；（3）成功与不成功接触的简要情况。这样那样的反馈机制，使得软件的逐步完善工作变得系统化。

（二）跨越语言障碍（Bridging the language barrier）

协调不同母语的群体间会面的一个困难是交流。通常情况下，（我们）都会挑选可以用某一共同语言交流（否则会配备翻译）的被试，但这个语言常常不是任一群体的母语。然而值得高兴的是，软件正逐渐升级，从而实现了个体交流中基于各自母语文本情境的信息接收，即便原始信息是以另一语言的形式发出的。目前，网络上已经有现成的文本翻译工具。但现在没有一个可以足够完善和准确地实现能够包含所有细节的思想成功交流，不过翻译项目正在快速发展中（如 Climent et al.，2003；Coughlin，2001）。这意味着，那些由于语言障碍无法代表自己的优秀成员，将可以发出自己的声音。更甚至，若每个团体都能用他 / 她的母语“发言”，熟悉感和亲切感均普遍提高。

（三）从网络群体间的交流转为朋友间的交流（Moving From NIC to F2F Contact）

当被试准备好从 NIC 接触转为 F2F 接触时，将运用分步方法逐步实施。这种逐步逐步的方法，比立即从网络讨论转换为面对面讨论的方法，更可能成功（Amichai-Hamburger & Furnham，2007；Amichai-Hamburger & McKenna，2006）。通过这种模式，组织者可以逐渐地推进，以帮助被试个体和群体在转入下一阶段的单独会面之前，适应不同亲密水平的接触情境。分步接触的主要步骤如下。

（1）仅以文本交流（Communicating by text only）：仅以文本交流方式是网络交流的最常见形式，这个步骤将持续到被试感觉这个形式的接触很安全，他 / 她的焦虑水平低至不计。

（2）文本和图片（Text and image）：被试可以继续使用他们觉得安全的文本

交流方法，但与此同时，将观看他们交流对象的现场视频图像。在实现低水平的社会焦虑后，被试将转入下一阶段。

（3）以视频和音频交流（Communicating by video and audio）：在这个步骤中，人们将继续在他们感觉安全的环境中进行交流，并维持与交流对象的物理零距离。但是，被试使用文本信息的交流将减少，取而代之以口头交流。另外，被试的现场图像将传送给另一个被试。同样，当安全感到达满意水平时，被试就转入下一阶段。

（4）F2F 交流（F2F interaction）：这是一个定期 F2F 交流的步骤。这是整个进程的最后一步，预期通过这一步后，跨越 F2F 争端内仅文本网络接触与完全自我暴露两者的代沟，并且通过这个方式继续维持被试的低水平焦虑。麦克纳和他的同事（Bargh，McKenna & Fitzimmons，2002；McKenna et al.，2002）的研究支持了这个方法。他们发现，当始于网络的交流转入 F2F 环境中，只有被试比从前更加欢迎他人时，才会开始与他人的单独交流；但当 F2F 会面发生后，这会提高原本就高水平的喜爱感和亲切感。

（四）情绪与接触（Emotions and contact）

针对不同群体的偏见是基于各种不同的消极情绪，即不同类型的情绪，如愤怒、恐惧、内疚、嫉妒或厌恶（Glick，2002；Mackie & Smith，2002）。这些不同类型的情绪产生了对外群的各种歧视：基于恐惧的偏见，易导致对抗反应，以维护内群地位（Neuberg & Cottrell，2002）；而因外群存在而产生的压力会引发内疚，在此基础上的偏见，易导致回避反应（Glick，2002）。任何减少偏见的努力，都要考虑解决相关情绪。如果着力于消除无关情绪，例如，若相关情绪是内疚，降低对外群恐惧的努力就会徒劳无功。

当使用网络作为群际接触的平台时，在应对含有某偏见产生前提条件的特定情绪的情境中，是可以建立接触的。打个比方，若突出情绪是厌恶，导师将与小组一起分析它的来源，并确保在数据库中对其清楚描述。另外，导师与群体领导者和群体一起努力，保证他们将信息传递给另一方，从而抵消这个过程的影响。

（五）建立社区（Building a community）

我们的目标是，使用 NIC 平台来增加世界范围内的网络群际接触数量。这些接触中的被试将会逐渐组成一个虚拟社区。我们打算用我们过去的成果来鼓励现在的群际接触，并且让我们已毕业的优秀被试充当榜样角色，甚至是我们现在群体成员的导师。NIC 平台的群体被试数量增多，会使得数据库中的信息相应增长，这样也会成为一个重要的信息来源。数据库也是群际冲突研究的主要数据来源，可能为世界范围内不同团体中的社会改变，提供重要机遇。

十、最后的话

世界上最令人不安和最具杀伤力的一个现象，就是群际冲突。很多无辜的人们都在这些争端中陷入不必要的痛苦，（同时我们也）为消除或缓解这些冲突投入了大量的人力和物力。发展接触假说，是为了尝试将敌对派系置于最优环境中来解决其中的一些冲突。尽管（我们）做出了很多努力，但还是存在很多问题。我们相信，网络是消除群际冲突的一项重要工具。网络环境不仅为认识改变提供了可能，还能够克服许多维持群际接触中存在的实际困难。

本章描述了通过 NIC 平台，即一个（在本书写作时）准备好登上历史舞台的网站，来解决群际冲突的新方法。这个网站可用于帮助带着不同观点或信仰的群体之间建立有效交流。网站号召所有被试遵守一个规则，即尊重另一方，并顾及他人敏感性谨慎措辞。NIC 平台的发展仍处于早期阶段，但它未来无疑将面临各种重大挑战，并能够相应地快速适应。我们的目的在于，使用 NIC 平台解决世界内的实际冲突。我们将其视为解决以下问题的可能重要方法，比如爱尔兰地区的新教—天主教冲突 [译者注 1：中世纪，英国占领了爱尔兰。后来，英国为了反对教皇对英国的控制，改组了教会使英国成为信奉新教的国家，而爱尔兰人依然保持着自己独立的民族性格信奉天主教。第一次世界大战后，爱尔兰人民发动了大规模的反英起义，最终迫使英国政府同意爱尔兰南部 26 郡独立，但是英国仍然占领着北部 6 郡。爱尔兰人希望自己的国家统一，而英国通过大量移民使得北爱的英格兰和苏格兰人占到了总人口的 60%。这些新教徒坚持“回归英国”的观点，从而使彼此的政治立场势同水火。]，中东地区的以色列—巴勒斯坦冲突 [译者注 2：巴以冲突既有领土原因也有宗教原因。领土原因是：以色列人逃出埃及后，在所罗门王的带领下在以色列地区建国并定都圣城耶路撒冷，所罗门去世后国家分裂，以色列地区并入罗马帝国使得以色列的犹太人流落四方，后近东阿拉伯人侵占罗马之后一直定居在以色列地区；第二次世界大战结束后，联合国希望将时属于巴勒斯坦的以色列地区平分给两个民族，但以色列在 1948 年率先声明圣城耶路撒冷是以色列国的首都，这一声明当时得到北约的支持，而随后巴勒斯坦也声明耶路撒冷为其国都，为此双方爆发了第一次中东战争；之后双方一直互不承认，冲突至今。宗教原因是：拉伯人信仰伊斯兰教，犹太人信仰犹太教，但两者均视耶路撒冷为宗教圣地，故而产生矛盾。]。如果必要的话，与特定冲突领域专家的合作，将帮助我们针对不同群体需要进行改进。系统和相遇过程将会被详细记录，这有助于高效和正确理解所需进行的平台改变和补充。

网络为人际交流创造了新的机遇，也创造了信息管理的成熟方法。我们面临的挑战在于，如何使用这些优势寻求世界范围内群际冲突的有效解决方法。

【参考文献】

AHport,G.W.（1954）.The nature of prejudice:Cambridge,England.

Amichai-Hamburger,Y. & Furnham,A.（2007）.The positive net.Computers in Human Behavior,23（2）,1033–1045.

Amichai-Hamburger,Y. & McKenna,K.Y.A.（2006）.The contact hypothesis reconsidered:Interacting via the Internet.Journal of Computer-Mediated Communication,11（3）,825–843.

Amir,Y(1976)The role of intergroup contact in change of prejudice and ethnic relations. Towards the elimination of racism,245–308.

AUport,G.W.（1954）.The nature of prejudice.Reading.MA:Addison.

Bargh,J.A. & McKenna,K.Y.A.（2004）.The Internet and social life.Annu.Rev.Psychol.,55,573–590.

Bargh,J.A.,McKenna,K.Y.A. & Fitzsimons,G.M.（2002）.Can you see the real me?Activation and expression of the “true self” on the Internet.Journal of social issues,58（1）,33–48.

Bell,B.S. & Kozlowski,S.W.J.（2002）.A typology of virtual teams implications for effective leadership.Group & Organization Management,27（1）,14–49.

Bodenhausen,G.V.（1990）.Stereotypes as judgmental heuristics:Evidence of circadian variations in discrimination.Psychological Science,1（5）,319–322.

Bodenhausen,G.V. & Wyer,R.S.（1985）.Effects of stereotypes in decision making and information-processing strategies.Journal of personality and social psychology,48 (2),267.

Branscomb,A.W. (1995).Anonymity,Autonomy,and Accountability:Challenges to the First Amendment in Cyberspaces.The Yale Law Journal,104 (7),1639–1679.

Brewer,M.B. & Miller,N. (1984).Beyond the contact hypothesis:Theoretical perspectives on desegregation.In M.Hewstone & R.J.Brown (Eds.),Contact and conflict in intergroup encounters (pp.281–302).Oxford:Blackwell.

Brown,R. (2000).Group processes:dynamics within and between groups.

Climent,S.,Moré,J.,Oliver,A.,Salvatierra,M.,Sànchez,I.,Taulé,M. & Vallmanya,L. (2003).Bilingual newsgroups in Catalonia:A challenge for machine translation. Journal of Computer-Mediated Communication,9 (1),0–0.

Cook,S.W. (1962).The systematic analysis of socially significant events:A strategy for social research.Journal of social issues,18 (2),66–84.

Cook,S.W(1984)Cooperative interaction in multiethnic contexts.Groups in contact:The psychology of desegregation,155,185.

Coughlin,D. (2003).Correlating automated and human assessments of machine translation quality.Paper presented at the Proceedings of MT Summit IX.

Devine,P.G. (1989).Stereotypes and prejudice:Their automatic and controlled components.Journal of personality and social psychology,56 (1),5.

Douglas,K.M. & McGarty,C. (2001).Identifiability and self-presentation:Computer-mediated communication and intergroup interaction.British journal of social psychology,40 (3),399–416.

Fiske,S.T. & Neuberg,S.L. (1990).A Continuum Model of Impression Formation,from Attention and Interpretation.Advances in experimental social psychology,1–74.

Galegher,J. & Kraut,R.E. (1994).Computer-mediated communication for intellectual teamwork:An experiment in group writing.Information Systems Research,5 (2),110–138.

Garcia-Marques,L. & Mackie,D.M.(1999).The impact of stereotype-incongruent information on perceived group variability and stereotype change.Journal of personality and social psychology,77 (5),979.

Gilbert,D.T. & Hixon,J.G. (1991).The trouble of thinking:Activation and application of stereotypic beliefs.Journal of personality and social psychology,60 (4),509.

Glick,P.(2002).Sacrificial lambs dressed in wolves' clothing:Envious prejudice,ideology,and the scapegoating of Jews.

Hamburger,Y.(1994).The contact hypothesis reconsidered:Effects of the atypical out-group member on the outgroup stereotype.Basic and Applied Social Psychology,15(3),339–358.

Hewstone,M.en R.Brown(1986)Contact is not enough:an intergroup perspective on the "contact hypothesis".Contact and conflict in intergroup encounters.Oxford/New York:Basic Blackwell.

Hewstone,M. & Hamberger,J.(2000).Perceived variability and stereotype change. Journal of Experimental Social Psychology,36(2),103–124.

Hogg,M.A.(1993).Group cohesiveness:A critical review and some new directions. European review of social psychology,4(1),85–111.

Islam,M.R. & Hewstone,M.(1993).Dimensions of contact as predictors of intergroup anxiety,perceived out-group variability,and out-group attitude:An integrative model.Personality and Social Psychology Bulletin,19(6),700–710.

Joinson,A.N.(2003).Understanding the psychology of internet behaviour virtual worlds,real lives.Revista iberoamericana de educacion a distancia,6(2),190.

Linville,P.W.,Fischer,G.W. & Salovey,P.(1989).Perceived distributions of the characteristics of in-group and out-group members:Empirical evidence and a computer simulation.Journal of personality and social psychology,57(2),165.

Linville,P.W. & Jones,E.E.(1980).Polarized appraisals of out-group members.Journal of personality and social psychology,38(5),689.

Mackie,D.M. & Smith,E.R.(2002).Intergroup emotions and the social self:Prejudice reconceptualized as differentiated reactions to outgroups.The social self:Cognitive,interpersonal,and intergroup perspectives,309–326.

McKenna,K.Y.A. & Green,,A.S.(2002).Virtual group dynamics.Group Dynamics:Theory,Research,and Practice,6(1)116.

McKenna,K.Y.A.,Green,A.S. & Gleason,M.E.J.(2002).Relationship formation on the Internet:What' s the big attraction?Journal of social issues,58(1),9–31.

Miller,N.(2002).Personalization and the promise of contact theory.Journal of social issues,58(2),387–410.

Neuberg,S.L. & Cottrell,C.A.(2002).Intergroup emotions:A biocultural approach. From prejudice to intergroup emotions:Differentiated reactions to social groups,265–283.

Orengo Castellá,V.,Zornoza Abad,A.,Prieto Alonso,F. & Peiró Silla,J.(2000).The influence of familiarity among group members,group atmosphere and assertiveness on uninhibited behavior through three different communication media.Computers in Human Behavior,16(2),141–159.

Paolini,S.,Hewstone,M.,Rubin,M. & Pay,,H.(2004).Increased group dispersion after exposure to one deviant group member:Testing Hamburger's model of member-to-group generalization.Journal of Experimental Social Psychology,40(5),569–585.

Pettigrew,T.F.(1997).The affective component of prejudice:Empirical support for the new view.Racial attitudes in the 1990s:Continuity and change,76–90.

Pettigrew,T.F.(1998).Intergroup contact theory.Annual review of psychology,49(1),65–85.

Rheingold,H.(1993).The virtual community:Finding commection in a computerized world:Addison-Wesley Longman Publishing Co.,Inc.

Shore,L.M. & Tetrick,L.E.(1991).A construct validity study of the Survey of Perceived Organizational Support.Journal of Applied Psychology,76(5),637.

Snyder,M. & Swann,W.B.(1978).Hypothesis-testing processes in social interaction.Journal of personality and social psychology,36(11),1202.

SPEARS,R.,POSTMES,T.,LEA,M. & WOLBERT,A.(2002).When are net effects gross products?The power of influence and the influence of power in computer-mediated communication.Journal of social issues,58(1),91–107.

Stephan,W.G.(1986).The Effects of School Desegregation:An Evaluation 30 Years.Advances Applied Soc Psycholog,3,181.

Stephan,W.G. & Stephan,C.W.(1985).Intergroup anxiety.Journal of social issues,41(3),157–175.

Stephan,W.G. & Stephan,C.W.(1996).Predicting prejudice.International Journal of Intercultural Relations,20(3),409–426.

Stephan,W.G. & Stephan,C.W.(2001).Improving intergroup relations:Sage Publications,Inc.

Thompson,L. & Nadler,J.(2002).Negotiating via information technology:Theory and application.Journal of social issues,58(1),109–124.

Trope,Y. & Thompson,E.P.(1997).Looking for truth in all the wrong places?Asymmetric search of individuating information about stereotyped group members.Journal of Personality and Social Psychology;Journal of Personality and Social Psychology,73(2),229.

Walther,J.B.(1996).Computer-mediated communication impersonal,interpersonal,and hyperpersonal interaction.Communication research,23 (1),3–43.

Wilder,D.A(1993)The role of anxiety in facilitating stereotypic judgments of outgroup behavior.Affect,cognition,and stereotyping:Interactive processes in group perception,87–109.

Wilder,D.A. & Shapiro,P.N.(1989).Role of competition-induced anxiety in limiting the beneficial impact of positive behavior by an out-group member.Journal of personality and social psychology,56 (1),60.

第十章 网络群体性质与机能的影响因素

凯特林 Y.A. 麦肯纳（耶尔凯南）
Katelyn Y. A. McKenna（Yael Kaynan）

在虚拟和现实领域中，群体成员的构成、人员特点、群体宗旨与目标、群体机能的背景等都存在着很大的差异，但网络群体和现实群体仍然有很多的共同之处。都会影响群体的结构和机能。许多因素，但不是大部分，都是影响群体的潜在因素，无论在哪个领域（虚拟或现实）所产生的结果都是相似的。群组中使用的软、硬件设施的品质，对群体动态特定的影响（见 K.Y.McKenna & Green，2002；McKenna & Seidman，2005 的综述文章）。

本章深入探究了网络群体的运作，考察了对群体功能产生潜在影响的因素，分别有以下三个部分：（1）群体中个体成员的动机与成员的人格特性；（2）不同群体的功能（包括援助群体）的分类；（3）在线群组的内部动力方面，诸如凝聚力、地位与陈规以及绩效。

一、个体与群组

（一）成员的个人动机

经典动机理论指出，所有的行为都是以某种方式被动机所激发，并且个体将会进行特定的行为来实现某个想要的结果（Atkinson，1970；Lewin & Cartwright，1951）。动机不是转瞬即逝的，而是持久的，并且和总情境有关。个体行为背后的动机通过与情境相符合的目标得以体现。当然，群组成员的目标与动机以及伴随着这些目标引发的行为，几乎都会对群组所有的方面产生强烈的影响。然而，梳理动机、行为和结果间的联系并不是一件简单的事情，当试图了解群组的运作时，困难就会出现在接下来的两个领域。

1. 不同目标，相同行为，不同效果

具有不同动机和目标的不同个体可能表现出相同的表面行为。例如，某人参与病患支援团体的目的是收集更多关于疾病的信息，另一个人参加相同的团体则是为了获得社会支持，另外还有人可能是为了支持身患疾病的家庭成员或朋友而参加这个社团，病友的家庭成员和病友的朋友可能不一定是群成员。对于这些参加社团的个体可能产生非常不同的社会和心理后果，尽管他们参与同样的在线活动（K.Y. A.McKenna & Bargh，1999；K.Y.A.McKenna，Green & Smith，2001）。

2. 不同动机过程，相同的后果

进一步说，不同的潜在动机过程可能会造成相类似的结果。例如，我们知道，当匿名群组的交互是高组显著时，群组规范的遵守程度会显著增加（Spears，Postmes，Lea & Wolbert，2002）。另一方面，如果某一自我表现动机（例如营造一个积极的印象）运作，群组规则较大的一致性同样会导致可识别的结果（Barreto & Ellemers，2000；Douglas & McGarty，2001）。

个体如何使用可利用的资源，如何通过互联网与他人进行交互，很大程度上依赖于个体的动机和目标。然而，不仅是因为具有特定动机的个体受到影响，作为一个实体的群组本身也会受到影响。群组个体成员目标的相互作用，不仅是在互联网交流环境下对个体产生社会和心理影响，而且对于整个群组的进程和功能也有着不可避免的影响。

（二）成员间的人格差异

成员的人格特性强有力的影响着在线群组的功能，就像他们能够影响离线群组的功能一样。研究发现有两种特别的人格特性，比起它们在传统面对面交互中的表现，在网络群组中的交互结果有所不同。如果群组中的成员具有这种人格特质，比起当面会晤的群组，发生在网络的交互的群组内部动态可能非常不同。在面对问题时，不仅群组动态的不同会产生影响，还包括群组结构和绩效都同样受到影响。这些特性和他们对群组的影响将在下面讨论。

1. 社交焦虑个体

在传统面对面群组交互中，比起他们外向的同伴，具有社交焦虑经历的个体通常扮演着一个消极的角色（Leary，1983）。在群组交互中，比起非焦虑型成员，他们的反应一般会更慢、连贯性也更差（Cervin，1956）。其中，Kogan 和 Wallach（1967）发现，害羞的成员更容易犹豫不决，也更容易改变主见。进一步研究发现，在一个以工作为导向的团队中，社交焦虑成员倾向于更满足群组的绩效，即使绩效并不合格（Zander & Wulff，1966）。最后，在群组中，比起非焦虑型成员，社交焦虑成员并不那么被群组成员所喜欢。

然而，在网络群组中，社交焦虑成员的行为和处境与面对面交互是十分不同的（K.McKenna & Seidman，2005），因为很多会触发甚至加剧社交焦虑感的情境因素（例如现场给予回应、与人面对面的交谈）在网络交互中并不存在，这使得内向个体也能够平等的在群组中进行交互。下面的研究表明，比起面对面处境，网络环境下可以使得他们更舒畅和更踊跃地进行交互。

McKenna 及其同事进行了一项实验室研究，考察了交流形式和社交焦虑对小群体交互的影响（K.Y.A.McKenna，Seidman，Buffardi & Green，2007）。研究结果表明，在群组交互中，社交焦虑个体在面对面环境下表现出焦虑感、羞怯和不舒适，他们的反馈信息与焦虑等级相一致，然而，对于非焦虑型则相反。与之形成鲜明对比的是，互联网的互动产生明显不同的结果，比起面对面的互动，参与者报告的焦虑、害羞和不适的感觉显著降低，被同组成员的接受度也提高了。但这种现象还受到社交焦虑水平差异的限制，也就是说，性格外向的参与者对网络和现实环境中的舒适度、活泼度和被接受度是一样的。对于具有高社交焦虑等级的人来说，交流方式被证明是解决其交焦虑的关键。此外，报告还指出，社交焦虑参与者在网络环境中的表现与非社交焦虑参与者在现实环境下的表现几乎是完全相同的。

研究表明，那些具有社交焦虑经历的人会在网络群组交互中发挥更多的积极领导作用。McKenna 及其同事进行了第二个实验研究，在前面的参与者中，再次对其进行基于人际交往焦虑分数的筛选。参与者被随机分配到四个交互小组中，四个组中焦虑成员和非焦虑成员人数相等，选出其中的任意两组进行网络交互，另两组进行现实交互。然后，让他们基于交互活动进行一项决策任务，评价每个和他们有交互的伙伴的领导能力、参与讨论的程度、外向性和他们对交互对象的喜欢程度。当互动发生在互联网中时，进行同伴评定的结果表明，焦虑参与者和非焦虑同伴都会被认为具有领导能力和积极参与者。但是，在面对面环境下，非焦虑者更容易被认为具有领导能力和积极参与者。

2. 具有攻击性的成员

另一个在网络群组中有着更大影响的人格特征就是攻击性。在现实群组中，对攻击性和人格起到一些限制作用的许多社会约束在网络情景中不复存在(Sproull & Kiesler, 1985)。网络环境下存在的去个体化条件会减少成员的责任感(Spears et al., 2002), 因此，也会增加他 / 她在群组中不自觉的参与可怕的或是反社会的行为。所以，在网络环境下，成员间的摩擦会加剧，许多摩擦酿成了“火焰之战”，甚至于会产生群组分裂。在会员资格开放的网络群组中，经常会发现“巨怪”——他会带着暗中破坏和使得冲突卷入到更大群组的目的加入到群组中来。根据群组规则和结构，这种攻击性的成员可能成功也可能失败（K.McKenna & Seidman，2005）。

然而，攻击性不一定总是反社会的和令人不愉快的。正如在面对面的沟通中一样，那些在组内更能坚持自己主见和发挥积极、重要作用的成员，在社会规则的活动中，将对群组产生重要的影响。在一种仅有文本而并无任何其他线索的环境中，“单纯曝光”效应（Zajonc，1965）常常使得坚持主见的成员对群组产生更大的影响。

二、群组不同，动力不同

不是所有的电子群组都是一样的。与那些有着完全不同特征和目标的群组对成员的影响相比，有着明确特点和目标的团队将会对成员产生不同的影响。换句话说，不同的交流特点会与群组的特征和目标相互作用，电子交互的人际影响会根据不同的社会环境而改变。下面对五种独特类型的群组进行讨论，重点关注有可能导致差异结果的群组特征。

（一）有组织的群组

无论是在线或是面对面运作环境，有组织的群组在很多方面与有主要社交目的的群组存在差异。在网络社交环境中，电子通讯特性（例如匿名性、虚拟性和对交流的控制能力）能够导致更多的自我表露和更深的亲密感（Joinson & Paine,

2007)。然而，在一个有组织的环境下，这些同样的特性会导致相反的结果。研究显示，在讨论类似谈判问题的情况下，当事人之间会产生更大的不信任感。

Thompson 和他的同事(Thompson & Nadler,2002)是研究“网络谈判”这一领域的领跑者。他们认为，在电子谈判中的主要问题是，谈判伙伴经常会对从对方得到回应的时间拖延做出隐含假定。谈判者认为，这种回应时间拖延是有目的的，就像在真正的社会框架下谈判一样。例如，在一个谈判的情境下，人们倾向自认为，一旦自己发送邮件，对方将会立刻收到并阅读，因此，他们希望有一个即时反馈。如果延时发生在接收反馈中，他们会认为是事情失控、高压策略，或者是对方对自己的不尊重(而不认为是对方还没有读到他们的电邮，或是许多无法解释的原因而不能立刻给予反馈)。因此，发生在谈判双方的交易会变得严肃，并且他们不太容易达成一个满意的协议。

(二)普通社会群体

无论是在网络中还是现实中，研究最少的群体类型，也是最普通的群体类型。大多数与群组相关的研究都集中在商业、组织性团体、政党、民间组织或者是社区型的团体、高度专业化的团体，或是支援型团体(后面讨论)。“普通社会群体”是诸如咖啡式聊天会和象棋俱乐部这样一类的团体，它们很少单独成为研究的焦点。

在线研究主要聚焦在主流群体检测他们在共同纽带和身份方面的显著差异。有着共同纽带的团体(诸如同一个朋友圈)，对群组的依附是基于成员间存在的“盟约”;共同身份的团体(比如一个运动团队)，对群组的依附是基于对团体整体性的认同(即同一个目的和目标)，而不是与个体成员间的约束(Prentice，Miller & Lightdale，1994)。Prentice 和她的同事对共同纽带和共同身份的两个传统群组进行了考查，Sassenberg(2002)则在互联网上对同样的两个群组进行了考查。研究表明，在两种交流场景下，有着共同身份的团体比有着共同纽带的团体更遵守团体规则，而有着共同身份的群组及其组间的规则对个体成员的行为有着较大的影响。因此团组的类别很重要(不管是线上还是线下)。正如下面的讨论所述，当共同身份是一个污名时，会被进一步的区分出来。

(三)污名群体

对于那些身份受到社会污名的个体，参与一个网络群组能对个体身份方面提供特别意义。要识别那些分享个人日常生活中的囧事或身份方面的社会制裁的人可能是非常困难的，并且伴随着很大的社会风险，然而在网络环境下，情况就不同了。在匿名的保护伞下互动，人们可以找出其他在线分享自我方面的人，并且对于他们每天的社会生活有着很小的花费和风险。由于这种经常不等效于“离线”群组，在相关的虚拟群组中，成员和参与者会变成个体社会生活中重要的一部分，并且对个体的个人意识和认同都有着较强的影响。

Prentice et al.（1994）和 Sassenberg（2002）, McKenna 和 Bargh（1998）的扩展研究结果发现，污名个体和隐藏社会身份的人（Frable，1993），诸如同性恋或边缘思想信仰的人，与参与非污名团体相比，会收到更多的来自群成员的反馈响应。换言之，这些团体的准则对成员的行为影响力比普通类型的群体更大。激励成员通过这样的行为，得到其他团员的接受和积极的评价。与主流的互联网群体相比，在污名群组内，得到其他成员的积极反馈增多，或消极反馈减少时，加入的人数明显变多。

通过 Deaux’s（1996）的社会身份模型可以得出，主动参与到“污名”团体的人，会自认为是这个虚拟团体的会员。当个体与他人分享这些（社会现实）的时候（Gollwitzer，1986），往往受到激励，让它变得重要，变成自我进入社会现实的一个新方面。McKenna 和 Bargh（1998）发现，很多参与者参加这样的在线群组，作为他们通过互联网集体参与的结果，他们的家庭和朋友在他们的生活中首次出现了对“污名”的了解。通过他们的参与，他们的自我接受度升高，社交孤独感变少或是有所改变。所以，成员参与网络群组，对个体自我认同有着很大的影响。

（四）互助性团体（Support Groups）

当对参与在线的互助性团体的个体是否会产生积极影响进行检验时，主动参与作为中介变量的重要性变得十分清晰。Barak 和 Dolev-Cohen（2006）对参与 SAHAR 的负性情绪（情感受损）的青少年做纵向研究，让这些在以色列有负性情绪经历的被试者享有免费在线互助网络。研究员发现，通常参与者并不因为成为团体一员而致使负面情绪有所减少，但在群组中积极参与的程度却明显的对负面情绪有影响。三个月后发现，和那些参与较少的相比，那些在第一个月就更积极参与研究的人，负性情绪状态明显减少。那些不积极参与的人，负性情绪和研究开始的记录保持不变的水平（依旧很高）。与这些发现一致的是，更多的老年人参与社区互助网站，诸如“老年网”，降低了参与者感知生活的压力（Wright，2000）。

由于缺乏来自建立的众多社交网站组员们的支持，在线互助团队变成一种重要的额外情绪资源被使用。例如，一项关于糖尿病患者的研究发现（Barrera，Glasgow，Mckay，Boles & Feil，2002），比起那些要求使用互联网，但只是为了收集关于他们疾病信息的病人（并且只依靠线下的社交网络的支持），那些被指定参与在线糖尿病互助团体的病患，觉得他们收获到了更多的支持。对于几乎没有“现实”支持的听障认识，发现参与在线互助团体对他们是特别有益的（Cummings，Sproull & Kiesler，2002）。对于那些不想求助于家庭、朋友和基于物理支持的团队的人来说，在线互助团体可能是至关重要的一种社会资源。Davison，Pennebaker 和 Dickerson（2000）发现，遭受过令人尴尬的、被责难的疾病，诸如艾滋病、酗酒或前列腺癌的人们，他们特别喜欢求助互联网环境下的互助团体，因为在网络社区中，他们是匿名的。这些病患通常会有感觉焦虑和不确定感，他们想通过社会比较去寻找和他们一样的病患，并因此有着很高的积极性。

无论如何，不同的互助团体会导致完全不同的结果和不同的群体动力偏差。例如，Blank 和 Adams-Blodnieks（2007）发现，参与乳腺癌互助团体的交流者与参与前列腺癌在线互助团体的交流者有着巨大的差异。以女性为主要对象的相关疾病的团队中，成员对象主要是幸存者（87%），幸存者的配偶仅占群体会员的 3%。与此相反的是，在以男性为主的相关群体中，活跃成员多为幸存者的配偶（29%）、其他家庭成员和朋友（17%），幸存者自己仅占了一半多一点（54%）的比例。这些成员构成的差异与互助目的的种类有关（感情与相关的处理方法有关），并且和两种类型的团体的主题有关。

Galegher，Sproull 和 Kiesler（1998）发现，和普通在线团体相比，在线互助团体内的成员建立合法性（可接受的）的过程有所不同。比起致力于相同兴趣爱好群组中的成员，诸如烹调团体中的成员，互助团体的成员倾向于标记他们的正统性，尤其在他们的帖子中。通过他们的帖子或者引用团体共同的历史表明他们在群体中的参与时间（抑或者写或读的方式）。

此外，提供这种合法性声明，对于获得合法性和实际的互联网团体互助是重要的组成部分。当 Galegher 等人将收到反馈的帖子（回帖）与那些没有收到的进行对比研究发现，成员明显更喜欢回帖中有一个“我是一个合法的成员”的声称。甚至发现，在帖子里没有收到回复的成员中，几乎所有的人都缺乏明确声明。换句话说，这些没有明确会员声明的帖子会被其他成员所忽略。这就不奇怪，80%的帖子要求回应者注明信息或者是否为该群组成员，即使这些问题在群组中被频繁的使用（因此易于识别成员）。无疑，明确的建立——和持续不断的重建——关于合法化已经变成一个基准，特别是对于在线互助团体更是如此。下面的部分将详细讨论群组的重要组成——群体内部凝聚力和影响力。

三、群体的内部动态

（一）凝聚力和影响力

许多因素影响着群体的凝聚力，如群组成员对其他成员构成影响的程度以及他们受到群组规范影响的范围。当然，在网络群组中，与群体成员的实名制相对的匿名性，对提升或阻碍群组凝聚力和影响力是特别重要的。

Spears et al.（2002）则认为，在群组内的匿名交流，会导致群组成员去个性化的感觉。也就是说，当成员没有了个人担当和个人身份时，群体的级别身份就变的更加重要了。Spears et al.（2002）认为，当群组身份级别升高时，比起发生在现实环境下的团体，在虚拟网络环境下的团队规范影响力更强。然而，群组认同性的显著程度在决策匿名性对群组规则的影响和发展中扮演着重要角色。

例如，Spears，Lea 和 Lee（1990）发现，在虚拟网络下的群组中进行交互时，比起高匿名性的在线群组，低匿名性的群组的规范性行为会增加。对于那些在个性化条件下进行交互的成员，群组规范一致化只在中等水平。

在一系列电子群组待发行为影响的研究中，匿名成员与身份确定的成员之间的交互被清晰地勾勒出来了。Postmes，Spears，Sakhel 和 De Groot（2001）认为，那些任务导向行为或社会情绪行为的个体，在参加虚拟群组活动前要么处于匿名状态，要么是一种身份确定状态。他们认为，匿名成员的行为表现与其期望收到的回报相关，他们对回报的考虑要比与他们相反的成员，即那些在小组活动中身份确定的成员要多。规范化的行为在匿名群体中经过一段时间得以强化，匿名组成员会更符合其最初的行为表现。与之相反，那些身份确定组的成员，其行为与规范相反，并且与他们最初的行为相反，而且，随着时间的推进，这种现象越来越明显。

（二）地位和权力

根据 McClendon（1974）所得，平等地位会增大组间和组内感知相似性的可能，同时也可能会改进他们的关系 。但是，当小组中包含着少数派的时候，在组内和组外互动时，这种固有印象会急剧下降（Pettigrew，1971）。在面对面的情况下，即使是服饰、身体语言、个人空间的使用和在房间中就坐的位置这些微小的不同，都可以掩饰真实（感知）情况的不同。像 Hogg（1992）表示的，在组内交互时，人们对于那些可能表明其状态的细微线索具有高度敏感性。

在线交互在某种程度上有着一定的优势，在这里有很多（但并不是全部）被个体用来衡量他人在内部和外部的状态线索不是特别的明显。然而，地位的差异同样可以用于对自我的证明。Sassenberg，Boos 和 Klapproth（2001）认为，那些在任务相关知识方面被视为专家的人，通常被认为是更有价值的信息资源，以及给予更多的机会在交互讨论中去表达自己的观点。当如此多的不同变得显著和这些差别与语境和任务有着重要联系时，相对于面对面的交互，对网络交互会产生深刻影响（Postmes，et al.，2001）。

在其他状况下，即使差异是众所周知的，通过电子技术进行交互对来自地位差异的影响有改善趋势。例如，将两个组的成员集合到一起，在这两个组内，每个成员都相互了解组内其他成员的身份和地位，但对另外组的成员的身份和地位不清楚。在面对面的交互中，这种区别在所有的群组中经常很快的变得显而易见，那些地位较低者更少的发表自己的言论，不管是明显的还是隐蔽的，他们都会将发言权给予那些在组织中拥有更高地位的成员。

在电子交互的情形下情况就不一样了。一方面，电子通讯收到指责（Sproull & Kiesler，1985），但同时，电子通讯也成为一种趋势。在有组织的内部进行电子通讯，可以减少平时与上级交互时的禁忌。换句话说，现有的内部状况并没有那么严重，对成员的行为没有影响到如此的程度。下属们更喜欢“不合时宜”地说出他们的想法，因此，电子沟通可以使讨论中的成员权力作用最低化，让大家忽视社会地位，从而产生更为丰富的讨论（Spears，et al.，2002）。

让参与者在各自的家中参与这种“团队接触”的方法十分有特点。参与者在他们熟悉的环境中，可能会感受到更多的舒适感和更少的焦虑感。进一步的研究表明，公共的——非私人的设置会加剧激活固有习惯的使用，特别是在谈到那些与种族偏见有关的情况时（Lambert et al.，2003）。Zajonc（1965）认为，个人习惯，或是优势反应，是更有可能出现在公共设置中，反之，在私人领域时，个体可能更开放和善于接受改变习惯性的反应。研究表明，即使参与者在很“公众的”虚拟环境下进行交互——但是现实场景是在家这样的私人空间时，他们的感觉倾向是——这是一件私人的事件(K. Y. A. McKenna & Bargh, 2000; K. Y. A. McKenna,

Green, & Gleason, 2002)（K.Y.A.McKenna & Bargh，2000；K.Y.A.McKenna，Green & Gleason，2002）。因此，比起在一个新的、更公共的、面对面的环境中，来自于家的虚拟交互反而不会呈现出刻板行为。

（三）群体领导人的出现

在虚拟群组和现实群组中，随着群组成员变得越来越活跃，成员往往对群组的原型 / 标准特征变的高度敏感，换句话说，就是将群组特征从其他群组中区分开。同时他们对如何与其他成员进行原型 / 标准比较也变得敏感。根据领导阶层的社会认同理论建议（Hogg & Reid，2001），当个体的特质和群组标准高度重叠时，个体则会作为群组领导者浮出水面。Hogg 以及其他人的研究表明，在标准上即使是细微的差别，组员对组内同伴都有着高度的意识。他们能够描绘出成员们对规则（领导们）的严格遵守和对（同伴）标准的更少程度的贴合。在个体的行为和违反中，群领导是与群规范贴合度最好的个体，并让其他群成员想要追随。

我们倾向于认为领导不仅是唯一体现了群规则的人，而且是积极影响了其他群成员行为的个体。在群组建立的情况下，这是肯定的，然而，这对最新形成的群组并不合适。在新建群组中，领导人是匹配了群最佳规则而浮出水面的人，不是因为他们在实际中对群组产生巨大影响。相反，他们被（其他组的成员）认为应该施加影响在不那么典型的成员上。然而事实上，出现的领导人不是施加影响力的人，而是更紧密配备最佳规则的个体（Hogg & Reid，2001）。

综上所述，我们希望比起现实群组，在网络群组中，对领导力的社会认同理论能够应用的更好。这些元素被证明是有影响力的，它们决定了谁将会被看成是群组规则的最佳匹配者，好比物理性质（外表）和人际优势，但他们一般不会在线进行交互。在现实群组中，最契合目标、价值观和群组理想的个体，可能并不被群组其他成员认为是潜在的领导人，因为对预期年龄、外表吸引力和种族这样的偏见，在他们的评估中起到了主要的作用。 年龄和种族经常违背规则特征，人们往往没有意识到这些因素是消极的影响着他们对这些人的判断 (Bargh, 1989; Brewer, 1988)（Bargh，1989；Brewer，1988）。但由于这些因素在虚拟群组中一般不被作为证据使用，所以并不会对评判产生影响，因此不会阻碍最匹配规则的个体升级为领导阶层。正如前面所讨论的，这些针对个体的实例已经被证明，在面对面的真实群组交互中扮演着沉默的、害羞的和从众的角色，在网络社交却被证明是外向的、活跃的，是会成为领导角色的成员 (K. Y. A. McKenna, et al., 2007)（K.Y.A.McKenna，et al.，2007）。

（四）群组绩效

在今天，很多组织的工作团队成员散布在全世界各地，他们频繁的通信、合作并且完全依靠网络完成任务。尽管在很多情况下，团队成员都不曾见过彼此，当然也不可能这么做，但都能圆满的完成任务。这种现象被认为是一个虚拟的团队。现实组织中虚拟团队的发展和使用变的越来越多，越来越平凡，特别是虚拟团队的利益也变的更加显著（Cascio，2000）。例如，雇主发现远程办公提高了工作者的生产效率并改善了出勤率（Abreu，2002）。

证据积累到现看，虚拟团队执行任务的效果和现实工作团队的一样好。Dennis（1996）连同他的同事 Kinney（1998）对现实和虚拟工作团队的功能进行了大量的研究，发现虽然二者有着不同的趋势，但是会导致相同的结果。例如，他们发现比起虚拟工作群组，口头交互工作群组的成员倾向分享较少的重要信息，且容易做出糟糕的决策。尽管做最佳的决定需要交换多余 50% 的重要信息量，虚拟群组仍然做出了糟糕的群组决策。Galegher 和 Kraut（1994）也发现，虚拟群组最终结果在总的质量上和现实群组是相似的。

Brandon 和 Hollingshead（2007）写道，"缠绕" 技术伴随着特殊任务的执行影响着团队的结果。特别是一些任务，通过基于文本的交互，会获得更合适、更好的结果，而对其他多媒体的丰富度则要求更高（e.g.，Hollingshead & Contractor，2002）。

四、讨论

许多因素会塑造在线群体的性质与功能。一些因素在虚拟和现实两种环境中对群组的影响是同样的，但也有一些对传统群组产生影响的因素，在虚拟群组中更重大或更微小。同时，还有一些因素，在动态的虚拟群组中有着独一无二的影响。

不同种类的在线群组，管理不同，有组织群组的功能不同于娱乐群组或者互助群组。在那些较大类别（categories）中，各组之间也将彼此存在差异 。比如，成员的不同动机以及人格差异，都将会独一无二的对群组产生影响。

举几个例子来说明一下，诸如对成员匿名的程度和群组认同的显著性，伴随群组的功能性，它们各自有着独特的交互情景，成员的人格差异等一些元素会塑造成员的行为和团队整体动态及架构。所有这一些因素都让网络世界中的这些群体动态充满活力。

【参考文献】

Abreu,S.(2002).How to manage telecommuters.Retrieved April 27,2006,http://cnnstudentnews.cnn.com/2000/TECH/computing/06/19/telecommuting.idg.

Atkinson,J.W. & Birch,D.(1970).The dynamics of action.New York:Wiley.

Barak,P.A. & Dolev-Cohen,M.(2006).Does activity level in online support groups for distressed adolescents determine emotional relief.Counselling and Psychotherapy Research,6(3),186–190.

Bargh,J.A.(1989).Conditional automaticity:Varieties of automatic influence in social perception and cognition.In J.S.Uleman & J.A.Bargh(Eds.),Unintended thought (pp.51–69).New York:Guilford Press.

Barrera,M.,Glasgow,R.E.,Mckay,H.G.,Boles,S.M. & Feil,E.G(2002)Do Internet-based support interventions change perceptions of social support?:An experimental trial of approaches for supporting diabetes self-management.American journal of community psychology,30(5),637–654.

Barreto,M. & Ellemers,N.(2000).You can' t always do what you want:Social identity and self-presentational determinants of the choice to work for a low-status group. Personality and Social Psychology Bulletin,26(8),891–906.

Blank,T.O. & Adams-Blodnieks,M(2007)The who and the what of usage of two cancer online communities.Computers in Human Behavior,23(3),1249–1257.

Brandon,D.P. & Hollingshead.(2007).Categorizing on-line groups.In A.Joinson,K. Y.A.McKenna,U.Reips & T.Postmes(Eds.),The Oxford handbook of Internet psychology(pp.105–120).Oxford:Oxford University Press.

Brewer,M.B.(1988).A dual process model of impression formation:Lawrence Erlbaum Associates,Inc.

Cascio,W.F.(2000).Managing a virtual workplace.The Academy of Management Executive,14(3),81–90.

Cervin,V.(1956).Individual behavior in social situations:its relation to anxiety,neuroticism,and group solidarity.Journal of experimental psychology,51,161–168.

Cummings,J.N.,Sproull,L. & Kiesler,S.B.(2002).Beyond hearing:Where the real-world and online support meet.Group Dynamics:Theory,Research,and Practice,6(1),78.

Davison,K.P.,Pennebaker,J.W. & Dickerson,S.S.(2000).Who talks?The social psychology of illness support groups.American Psychologist,55,205–217.

Deaux,K.(1996).Social identification.In E.T.Higgins & A.W.Kruglanski(Eds.),Social psychology:Handbook of basic principles(pp.777–798).New York:Guilford Press.

Dennis,A.R.(1996).Information exchange and use in group decision making:You can lead a group to information but you can't make it think.MIS Quarterly,20,433–455.

Dennis,A.R. & Kinney,S.T.(1998).Testing media richness theory in the new media:The effects of cues,feedback,and task equivocality.Information Systems Research,9(3),256–274.

Douglas,K.M. & McGarty,C.(2001).Identifiability and self-presentation:Computer-mediated communication and intergroup interaction.British Journal of Social Psychology,40(3),399–416.

Frable,D.E.(1993).Being and feeling unique:Statistical deviance and psychological marginality.Journal of Personality,61(1),85–110.

Galegher,J. & Kraut,R.E.(1994).Computer-mediated communication for intellectual teamwork:An experiment in group writing.Information Systems Research,5(2),110–138.

Galegher,J.,Sproull,L. & Kiesler,S.(1998).Legitimacy,authority,and community in electronic support groups.Written communication,15(4),493–530.

Gollwitzer,P.M.(1986).Striving for specific identities:The social reality of self-symbolizing.In R.Baumeister(Ed.),Public self and private self(pp.143–159).New York:Springer.

Hogg,M.A.(1992).The Social Psychology Of Group Cohesiveness.London:Harvester,Wheatsheaf.

Hogg,M.A. & Reid,S.A.(2001).Social identity,leadership and power.In I.Y.Lee-Chai & J.A.Bargh(Eds.),The use and abuse of power:Multiple perspectives on the causes of corruption(pp.159–180).Philadelphia:Psychology Press.

Joinson,A.N. & Paine,C.B(2007).Self-disclosure,privacy and the Internet.In A.N.Joinson,K.Y.A.McKenna,U.Reips & T.Postmes(Eds.),Oxford handbook of Internet psychology(pp.237–252).Oxford:Oxford University Press.

Kogan,N. & Wallach,M.A.(1967).Group risk taking as a function of members' anxiety and defensiveness levels1.Journal of Personality,35 (1),50–63.

Lambert,A.J.,Payne,B.K.,Jacoby,L.L.,Shaffer,L.M.,Chasteen,A.L. & Khan,S.R(2003). Stereotypes as dominant responses:on the "social facilitation" of prejudice in anticipated public contexts.Journal of Personality and Social Psychology,84 (2),277–295.

Leary,M.R. (1983).Social anxiousness:The construct and its measurement.Journal of personality assessment,47 (1),66–75.

Lewin,K. & Cartwright,D. (1951).Field theory in social science.Chicago:University of Chicago Press.

McClendon,M.K.J(1974)Interracial contact and the reduction of prejudice.Sociological Focus,7 (4),47–65.

McKenna,K. & Seidman,G. (2005).You,me,and we:Interpersonal processes in online groups.In Y.A.Hamburger(Ed.)The social net:The social psychology of the Internet (pp.191–217).New York:Oxford University Press.

McKenna,K.Y. & Green,A.S. (2002).Virtual group dynamics.Group Dynamics,6,116–127.

McKenna,K.Y.A. & Bargh,J.A. (1998).Coming out in the age of the Internet:Identity "demarginalization" through virtual group participation.Journal of Personality and Social Psychology,75 (3),681–694.

McKenna,K.Y.A. & Bargh,J.A. (1999).Causes and consequences of social interaction on the Internet:A conceptual framework.Media Psychology,1 (3),249–269.

McKenna,K.Y.A. & Bargh,J.A.(2000).Plan 9 from cyberspace:The implications of the Internet for personality and social psychology.Personality and social psychology review,4 (1),57–75.

McKenna,K.Y.A.,Green,A.S. & Gleason,M.E.J. (2002).Relationship formation on the Internet:What's the big attraction?Journal of social issues,58 (1),9–31.

McKenna,K.Y.A.,Green,A.S. & Smith,P.K. (2001).Demarginalizing the sexual self. Journal of Sex Research,38 (4),302–311.

McKenna,K.Y.A.,Seidman,G.,Buffardi,A. & Green,A. (2007).Ameliorating social anxiety through online interaction.Unpublished manuscript.

Pettigrew,T.F. (1971).Racially separate or together?New York:McGraw-Hill.

Postmes,T.,Spears,R.,Sakhel,K. & De Groot,D(2001)Social influence in computer-mediated communication:The effects of anonymity on group behavior.Personality and Social Psychology Bulletin,27(10),1243–1254.

Prentice,D.A.,Miller,D.T. & Lightdale,J.R.(1994).Asymmetries in attachments to groups and to their members:Distinguishing between common-identity and common-bond groups.Personality and Social Psychology Bulletin,20,484–493.

Sassenberg,K.(2002).Common bond and common identity groups on the Internet:Attachment and normative behavior in on-topic and off-topic chats.Group Dynamics:Theory,Research,and Practice,6(1),27–37.

Sassenberg,K.,Boos,M. & Klapproth,F.(2001).Wissen und probleml¨osekompetenz:Der einfluss von expertise auf den informationsaustausch in computervermittelter kommunikation(Knowledge and problem solving competence:The influence of expertise on information exchange in computer-mediated communication). Zeitschrift f¨ur Sozialpsychologie,32,45–56.

Spears,R.,Lea,M. & Lee,S.(1990).De-individuation and group polarization in computer-mediated communication.British Journal of Social Psychology,29,121–134.

Spears,R.,Postmes,T.,Lea,M. & Wolbert,A.(2002).When are net effects gross products?The power of influence and the influence of power in computer-mediated communication.Journal of social issues,58(1),91–107.

Sproull,L. & Kiesler,S.(1985).Reducing social context cues:Electronic mail in organizational communication.Management science,11,1492–1512.

Thompson,L. & Nadler,J.(2002).Negotiating via information technology:Theory and application.Journal of social issues,58(1),109–124.

Wright,K.(2000).Computer-mediated social support,older adults,and coping.Journal of Communication,50(3),100–118.

Zajonc,R.B.(1965).Social facilitation.Science,149,269–274.

Zander,A. & Wulff,D.(1966).Members' test anxiety and competence:determinants of a group's aspirations.Journal of Personality,34(1),55–70.

第十一章　影响网络使用动机的因素：参与维基百科的激励机制及其作用

施扎夫 法拉利 亚伦阿里尔（Sheizaf Rafaeli & Yaron Ariel）

网络空间的使用，引入了全新且吸引人的知识分享方式，同时，它也构建了一个以知识为媒介的、新的社区结构。当前，有很多种在线公共数据库，维基百科作为一个公共知识数据库，具有里程碑意义。无论怎样评价维基百科在其中的意义，都不为过。

维基百科是一个在线的、集体参与编写的大百科全书。使用者参与编写，使内容增加，这是维基百科的独到之处，也由此从功能上形成了一个社区。维基百科出现不到五年，毁誉参半。随着文章数量的快速增长，使用用户的持续增加，对于维基百科所提供内容的质量，公众和学术界已经开始争论。尽管如此，大多数人仍一致认为，至少，在英文版的维基百科中，内容逐步严谨，基本内容的错误也已经极少出现。维基百科的存在与成功靠的是用户的参与。本章，我们将重点介绍维基人对维基百科做出贡献的动机。目前，较为流行的观点是维基百科仅有实践意义，却没有理论价值。维基百科的这种实践意义，主要来自不同层次的编写者对它的贡献。那么，维基百科是如何调动这些参与者的参与水平的呢？（原文的 level 在何处？）

2001 年，维基百科诞生，自此便迅猛发展，它在所有可能之处都给人留下了深刻的印象。维基百科在书的卷数、文章量、访问量和贡献量上，表现出了迅猛的发展势头。到目前为止，维基百科已有 250 种不同语言的版本。英文版是内容最多的版本，它包含了至少 200 万篇文章；德文版也包括了至少 50 万篇文章；法文、波兰文、日文、荷兰文、意大利文、葡萄牙文、瑞典文、西班牙文、俄文以及中文版的维基百科也都各自号称有着 10 万之上的文章量。

根据阿拉克斯网站（Alexa.com）的流量排行榜所显示的（不知道这个词在原文何处），在 15 个最高访问量的网站中，维基百科位列其中。2006 年，谷歌“检索排行”报告显示，“维基百科”和“维基”在被搜索最多的词汇中并列前十。不仅如此，维基百科的内容还被诸多网站转载（如 Answer.com）。

若要试图了解参与者贡献的动力机制，我们就应该关注维基百科的编写者，即所谓的维基人。维基人的数量持续急速增加，仅英文维基百科就已有超过 300 万的注册使用者。尽管这一数字在许多方面可能存在偏差（有重复注册的现象），但维基百科的统计表明（见图 11-1），目前各种版本维基百科的使用人数都在 30 万以上，且这一数字正以每月 5%—10% 的速度递增。这些使用者（每人）至少贡献了 10 篇的编辑内容。

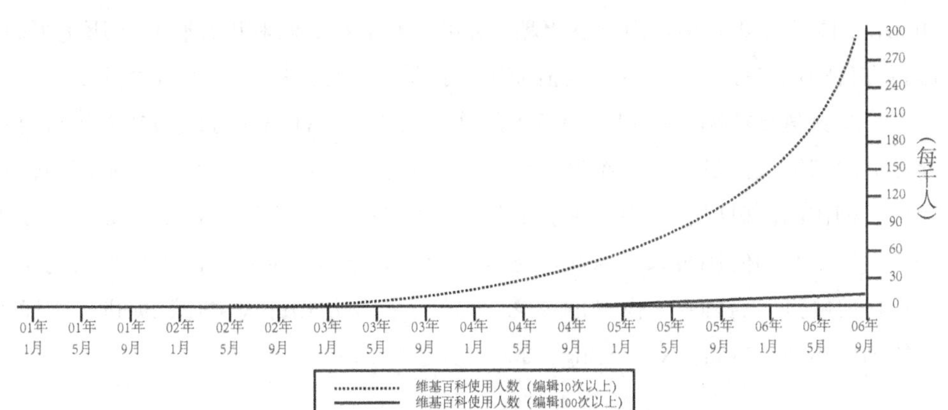

图 11-1 维基百科使用人数

一、什么是维基百科

维基是一些在线的、以网页为基础的集体创作环境。维基百科或许是维基平台中最有代表性的成就。目前在维基平台上有大量的尝试，这些尝试主要包括知识管理措施、学术教材、维基词典（Wiktionaries）、维基图书（WikiBooks）、维基语录（WikiQuotes）等（更多信息可以访问 mediawiki.org 网站。该网站免费提供维基百科创造的原始软件系统）。总之，维基尤其是维基百科，它包含并尝试了许多与网络群体行为有关的乌托邦式的观念，因此，不论是在维基内容的质量上，还是在其公平创作的成就上，存在争议也就不足为奇了。

维基是一种可以由许多用户一同编写的群体编辑工具，且可以通过网页的方式建立、保存其内容。“维基”一词源于夏威夷群岛的土著语，其本意是迅速。维基也是指维基百科中的内容和用来管理这些网页的软件。在维基中，所有的使用者既是作者也是编辑。想要对某个页面进行调整，使用者只需点击“页面编辑”，然后在文本框中对原来的内容进行调整，最后再对调整后的信息内容进行确认。维基允许任何人（注册者和访问者）添加、更改或删除任何维基页面上的相关内容（Leuf & Cunningham，2001）。

本章的核心立足于维基百科——这样一种在线的、以维基技术为基础的百科全书。与其他类型的百科全书所不同的是，维基百科的内容在公开之前，专业编辑是不会对内容进行检查的，但网站上的访问者却可以对其内容进行监控。不仅如此，个体若对某一具体话题感兴趣，也可以对最新更新和以往信息（历史页面）进行有目的地追踪，也可以与其他使用者就某一主题进行讨论（讨论页面）。

维基百科支持超链接和一种简单的文本语法，这种语法可以为其创作新内容和建立内部链接提供支持。维基百科在众多的群体社区机制中是与众不同的，它允许其创作团体可以在其内容本身之外进行加工。与许多简单观念类似，“开放式编辑”给维基的使用带来了意义深远且又微妙的影响。维基允许用户每天创作或编辑任何网页，这种令人激动的观念，激发了网络使用的民主化，促进了平民用户的创作热情（Emigh & Herring，2005）。

二、维基百科研究

维基百科吸引了不同学科研究者的大量研究。网上有着许多有关维基研究索引的动态性汇编。维基百科国际大会至少两年召开一次（Wikimania 这个会议我们可以在 http://wikimania.wikimedia.org 上看到；Wikisym 这个会议我们可以在 http://www.wikisym.org 上看到），会上有大量丰富的关于维基百科内容、过程以及其使用者和创作者行为的研究。目前，大多数的研究都集中于有关维基数据和其交互特征的技术层面。表 11-1 总结了一些关于维基百科的主要研究领域和相关研究内容。维基百科可以对有关它自身研究的程度与内容进行自我觉察，并且维基百科的使用者也做出了“维基研究索引”这一网页（见网站：http://meta.wikimedia.org/wiki/Wiki_Research_Bibliograghy）。这一页面上包含许多连接（维基百科页面和外部链接)，这些链接与持续更新的维基研究的网页相连。截至本文撰写时，表 11-1 中的内容远不止维基百科自我索引中提及的那些资源。表 11-1 主要从社会角度展示了有关维基百科内容创作和使用的研究结果。

从图 11-1 上看来，目前的研究主要集中在维基百科的内容（质量和权威性）以及其技术结构和使用者（维基人动机、社区和学习过程）方面。卡弗雷（2003）将维基百科描述成是一个社区，他很早对维基百科的成名原因进行了调查研究，并依据调查结果阐述了它的成名过程（Ciffolilli，2003）。李（2004）分析了在印刷作品中引用维基百科内容的问题（Lih，2004）。艾维和赫瑞（2005）将维基百科看成是一种在线百科全书，并对其功能进行了研究（Emigh & Herring，2005）。我们在本章后面将详细介绍以上这些研究和一些其他研究。

纵观以往关于维基百科的研究，我们发现，仅有少数研究涉及到了维基百科参与者的创造动机和其他参与性相关的问题。那么，为什么人们会致力于此呢?

在内容的用户生成方面，维基百科或许是最具代表性的。同侪创作的观念在《群体的智慧》(Surowiecki，2004）一书中被提到。目前，关于网络行为的学术性和大众性的讨论，都受这一观念的深刻影响。

一些商业性的文章甚至将这种现象称为一种“prosumerism”，即一种在价值产生链上的生产者和消费者的混合体。因此，我们要从社会学和心理学的层面来理解维基百科，就要研究它的参与动机。

表 11-1　维基百科的相关研究

学科领域	参阅
编辑及作者的考虑	Emigh & Herring, 2005; Miller, 2005
内容质量	Chesney, 2006; Lih, 2004; Stvilia, Twidale,Gasser & Smith, 2005
共享与合作性的知识构建学习	Lih, 2004; Subranmani & Peddibhotla, 2003 Bruns & Humphreys, 2005; Forte & Bruckman, 2006 Ravid, 2006
贡献动机	Forte & Bruckman, 2006; Nov, 2007; Rafaeli, Ariel, & Hayat, 2005; Schroer & Hertel, 2007
维基百科类型学	Bryant, Forte & Bruckman, 2005; Gaved, Heath & Eisenstadt, 2006; Majchrzak, Wagner & Yates 2006

续表

将维基百科作为社区	Benkler, 2006; Ciffolilli,2003; Voss, 2005
维基百科技术特征的方面	Gabrilovich & Markovich, 200; Holloway, Bozicevic & Borner, 2005; Viegas, Wattenberg & Dave, 2004

三、维基百科的编写者

尽管维基百科编写者有着时髦的想法，并且还有可能与所谓的“民主”言辞相反，但仅凭这些并不能说明他们完全相同或每个人都保持一致。这或许就是对他们最好的理解。维基百科的编写者们称自己为维基人，并且他们都不是以同一种方式产生的。他们中有一些人是在线正式注册用户，但更多的是那些半匿名化的用户，即仅通过 IP（互联网协议）地址认证。甚至仅通过 IP 认证的用户也有各种类型，这种划分通过是否用同一个 IP 地址重复登录、完全分散登录和未知登录来进行。在那些已经注册者中有着良好的地位、身份和等级的划分。有一些维基人是众所周知的，但他们却使用网名与同事进行交流。但也有一些人完全表露了他们的身份。有一些维基人主要保留一个用户页面，也有一些人将他们的信息存放在维基百科之外的网页上。在维基百科的交互作用中，作者、编辑以及参与者的自我表露程度是非常重要的决定性因素，这些因素决定了维基百科使用者的私密性、归属感、友谊和人际交互的本质。这些内容我们将在后文中继续讨论。个人页面的内容和使用者的承诺是基于维基百科用户对特定领域内容的卷入程度的，这些在很大程度上反映了维基百科所覆盖的内容及其活动的连续性。因此，认同在很大程度上与动机紧密相关。

葛维、海斯和艾森斯坦德（2006）通过维基百科使用者的行为和其创作的特征，提出了一种维基百科使用者的类型（Gaved，Heath & Eisenstadt，2006）。对他们的分类是基于对维基使用者的调查。有三种类型：场管理者型、完成者型和管家型。场管理者型的人喜欢创作稀疏的条目（确保每一个条目都有涉及）；完成者型偏好于制作少而完整的条目；管家型的人致力于服务，他们的服务可以保证每一个条目和交叉连接都是完整的。

马扎克、瓦格纳和耶特斯（2006）对企业中维基百科的使用者进行了调查，并提出了另一种分类标准（Majchrzak，Wagner & Yates，2006）。他们发现，在企业中使用维基百科的人有两类，即“合成者”和“添加者”，他们的动机因素有着显著的差异。合成者更多考虑的是他们自己的名誉及他们在维基相关制作过程上的作用。与之相反，添加者则显得更为“功利”，并对尽快的完成工作更感兴趣，他们很少考虑自己的名誉。

博斯沃斯（2006）认为，尽管维基百科对那些平局主义者宣称，对维基社区做出贡献的动机由两阶段回报系统构成。这一回报系统被分为“新人”（注册者）和“狂热者”（管理者），前者指那些收入较少但乐于参与那些基础性的活动，后者指通过完成某些特殊领域而获得较高收入的群体（Bosworth，2006）。博斯沃斯的这一观点被大量博客转载，他声称这种回报体系在维基百科的任何一个页面都有体现：

> 维基百科的自我选择，就在任何条件下个体或某个群体想要对已有的内容进行二次编辑都需要通过网页获得权限，这也是对贡献回报的表现。这种自我选择适合于那些热衷于不同学科的，或仅做一般性编辑的人。

由于缺乏贡献，虚拟社区在维持社区上正经历着一系列的问题。尽管有许多热心者建立了网络社区，但他们中的一些甚至绝大多数都失败了。由于空社区和由“潜水者”或“自由编写者”组成的社区的大量存在，导致了虚拟社区处于一种超负荷状态（Adar & Huberman，2000）。不仅如此，即便虚拟社区可以继续存在，那么这些社区活动也仅是通过一小部分充满活力的贡献者来维持的。许多研究发现，网络空间中的现象的分布服从力学原理，如在线交流就服从帕累托（Pareto）分布和齐普夫（Zipf）定律（Lada & Bernardo，2002）。

力学分布的原理在多种现象中被发现（Axtell，2001；Comellas & Gago，2005；Gabaix，Gopikrishnan，Plerou & Stanley，2004）。关于在线社区，阿德和胡博曼（2000）发现（Adar & Huberman，2000），在“Guntella”（一种对等服务）上，10%的用户提供着 87% 的内容。类似地，拉卡尼和海波尔（2003）也发现，在用户互助网站上，50% 的回复仅来自于 4% 的使用者，而这些使用者来自于开放性资源建设社区（Lakhani & Von Hippel，2003）。帕蒂赫塔拉和萨博瑞玛尼（2007）指出，所谓“临界数量”概念，是指关于公共信息知识库由少数贡献者做贡献的这种不对称贡献的现象（N.B.Peddibhotla & Subramani，2007）。

维基百科活动的分布与对其他虚拟社会活动的分布类似。维基百科的创始人报告称，2.5% 的使用者贡献了 80% 的内容。不仅如此，50% 的内容仅仅来自于 1% 的使用者（Tapscott & Williams，2007）。布兰克尔（2006）在对维基百科贡献者的调查中写道（Benkler，2006）：“策略开放化的变化和协同生产的模式带来了巨大的成功。网站的惊人发展既体现在贡献者的数量上，包括活跃和异常活跃的参与者数量，也体现在包括百科全书在内的文章数量的增加上。”（P.71）

因此，布兰克尔报告中提出的那些数字同样服从力学定律的分布。例如，在2005年6月，有48721名维基人在至少10种场合中做出了贡献，有16945名“活跃型参与者”每月贡献至少5次，仅有的2016名“非常活跃”的维基人在上个月内贡献超过100次。这些数字的比例每年基本保持稳定。使用者听众的广度变得更广。任何对动机的考察都需要基于其现实所处的力学总体分布，即整个的贡献者也仅占使用者总体的一小部分。

我们认为，维基百科使用者应该从以下几个方面进行区分：

（1）专业参与者与非专业参与者；

（2）建设性参与者、对抗性参与者与破坏性参与者；

（3）持续参与者与非持续参与者；

（4）匿名参与者与实名参与者；

（5）内容贡献者、社区活动者和潜水者。

一些类似的工作已经在其他网络相关的研究中展开。例如，琼斯和卡温特（2006）对新闻组中使用者的持续性参与的预测研究（Joyce & Kraut，2006）；卡拉曼、瑞德、瑞本和瑞弗里（2006）对计算机为中介的沟通沉默的研究（Kalman，Ravid，Raban & Rafaeli，2006）；索瑞卡和瑞弗里（2006）对在线潜水行为的研究（Soroka & Rafaeli，2006）。早期对维基人动机的研究都出自心理学、社会学、传播导向、经济学、满足感，以及对潜在资源利用动机的交流等方面。在后续内容里，我们将对每一个方面的研究进行详细回顾。

四、动机因素研究

行为学对人类动机的研究已经有很长的一段时间了。卡夫和阿普雷（1964）以动机现象的兴趣为研究领域，并认为这是一种现代结构。这种现象可以追溯到达尔文和弗洛伊德（Cofer & Appley，1964）。马斯洛（1970）的研究成果被广泛应用（Maslow，1970），他认为人类有五种需要，这些需要驱动人类的行为。这五种需要是按从生理需要到自我实现的需要的顺序发展的。那么，是否维基百科参与者的贡献也是一种自我实现呢？

戴斯（1975）认为，动机可以划分为“内部动机”和“外部动机”（Deci，1975）。尽管内部需要是包括竞争和自我实现在内的心理因素，然而，外部动机却是与直接或间接的财富竞争和他人的重视密切联系。基于这些观察，哈尔斯和欧（2001）同样认为动机应该分为两类，一类是基于个体的心理需要（内部动机），另一类是基于环境因素影响的外部动机（奖励）。这种划分标准将成为识别潜在因素的基础，这些潜在因素正是推动程序员参与到开放性资源的建设中的因素（Hars & Ou，2001）。索姆普森、玛瑞克和库普（2002）认为，外部奖励在实际上可以降低内部动机（Thompson，Meriac & Cope，2002），因此，那些从来不需要外部奖励的个体有着更多的自我动机。

各个学科中的理论或模型都对虚拟社区的积极参与或消极参加进行了说明。本章将重点讲述那些可以解释维基人贡献动机的方法。

一些理论依赖于心理学提供解释，例如人本主义定义了能够激发内部需要或内部动机的东西，诸如群体动力学的各种社会心理学观点，也同样试图对网络社区动机做出解释（Ling et al.，2005）。社会学的解释尤其是社会网络模型，是对社区贡献和参与的另一种解释。使用与满足理论可以很容易应用于网络社区，关于此方面的媒体研究已有很长的时间（Sangwan，2005）。最后，有关使用者对社区的贡献或参与社区活动的动机的研究也有着一些经济学上的解释（Kollock，1999；Raban，Ravid & Rafaeli，2005）。

五、网络社区创作的心理学解释

琼斯和卡温特（2006）从心理学的视角发现，使用者对网络社区进行内容上的创作人越多，其本人也越愿意参与社区活动的意愿也越高（Joyce & Kraut，2006）。他们认为，一些使用者的写作动机主要是自我动机，另一些使用者也在网络社区花费时间和精力并持续参与网络社区的活动，但他们主要是为了保持自身在社区中的自我展示和避免认知失调。这种认知失调是由思考他们在社区中花费时间的原因产生的。琼斯和卡温特认为，新人与群体的互动（最初都是基于他人的反馈做出行动）是他们献身于这个群体的第一步。李等人（2005）报告称，当使用者觉得他们对群体活动的贡献很重要，或当他们认为自己的创作得到了认同，以及当他们觉得喜欢这个群体时，他们在社区的创作就会增加（Ling，et al.，2005）。

根据机能主义心理学的观点，个体做出某种行为是因为他们提供了一种或多种功能。萨德和坎特尔（1998）提出四类功能（Snyder & Cantor，1998）。

（1）价值表现：一种可以展示个体对他人利他关注价值的途径。

（2）功利主义：从个体的外部环境中获得回报。个体的贡献是为了获得财富或他人的奖励。

（3）社会判断：个体做出的某种行为可以使其更好地适应于他所参与的群体。

（4）知识：通过参与某种活动，个体可以学习新的经验，并使其知识、技能和其他能力得到训练。

维基百科的贡献者们的动机是否仅仅就是利他行为呢？从社会学的角度看，卡洛克（1999）明确表示，"纯粹利他"是一种罕见的现象（Kollock，1999）。为了替代这种被否的"纯粹利他"，卡洛克认为，以下内容中的一些可能会成为在网络社区做出贡献的动机，如被期望的相互作用、效能感以及联系和责任。被期望的相互作用指个体做出贡献的动机是为了获得有用的帮助或信息的反馈。与相互性期望相关的一个因素是，当个体之前的行为或贡献的记录得以保存并对其有影响时，个体就会产生持续性认同。另一个与之相关的因素是群体界限的良好界定。认同持续和群体界限两者是影响网络社区参与者自我平衡的因素。社区成员避免那些从未给予或对之前做出贡献者施加阻碍的人。效能感是指个体参与网络社区活动可以提高其作为有用的人的自我意识，而这也是个体在网络社区贡献有价值信息的一个原因。网络社区中的联系和责任，指当个体或集体的成果是统一且在一定程度上保持平衡时，个体才愿意对网络社区做出贡献。

卡弗雷区分了维基人的个体动机和社会性动机。自我动机包括满意度、效能感以及获得知识的内部驱力。社会性动机包括参与集体活动并做出成功、寻找归属感以及需要特殊群体支持的愿望。动机也可以是伦理道德或与他们获得的名誉相关，并是个体产生主动性的源泉。基于瑞戈德（1993）的研究（Rheingold，1993），卡洛克也提出，使用者对社区的贡献是为了得到名望声誉。

建立社区声望是个体对社区贡献的重要原因。个体建立社区名望的第一步与在维基百科中成名一样。"历史"功能可以解释之前任何一个版本的文章，用户通过"历史"功能不仅能够并且可以大量地对某位作者各个时间的著作进行回溯。卡弗雷（2003）认为，维基人的名誉与其贡献密切相关（Ciffolilli，2003）。埃瑞克森和赫瑞（2005）对"持续对话"做出界定（Erickson & Herring，2005），他们认为持续对话是以计算机网络为媒介的一种人与人之间的沟通，这种沟通与面对面谈话不同，它可以保留通话记录。我们认为这些通话记录可以考察维基百科可行性交互行为，这些将在后面的章节中有所涉及。

六、经济回报的替代品

在维基百科上的内容创作以及其他活动并不能够得到直接的报酬。在其上所有的回报几乎都不是实体性的，因此，基于传统经济学的大多数理论或期望对诸如维基百科这种网络知识库的贡献动机的考察有着较少的直接联系。瑞弗里、瑞本和瑞德（2005，2007）的研究发现，在更多直接的或货币回馈的环境中（例如谷歌问答网站）被给予高额回报的，且具有良好表达能力的回复者更愿意参与活动（S.Rafaeli，Raban & Ravid，2005，2007）。然而，目前即使在具体且明显的货币回馈中，经济性动机也在很大程度上被社会性动机所调节。高参与性被证明是一种金钱和社会参照间的交互作用的结果。韦特兹和鲁伊特（2007）对顾客愿意参与网络公司举办的在线社区技术指导活动的原因进行了调查（Wiertz & de Ruyter，2007）。他们发现，网络社区中的知识贡献在很大程度上受顾客网络交流趋势、对社区奉献的感受和信息价值知觉的影响。这三种动机将在本章中都有涉及。

萨博瑞玛尼和帕蒂赫塔拉（2003）将对知识库的内容完善描述为（Subramani & Peddibhotla，2003）是一种公共产品，它一旦被某人获得，再将它传递给别人时，就会显得非常廉价。

一个理性的人，只有当他得到可以补偿他努力的奖励时，他才会对知识库做出贡献。更重要的是，这种奖励也仅在个体卷入某种任务时才起作用。然而，在公共知识库中并不存在卷入行为，而且由于参与者的大量存在，所以并不存在一个可以协调个体活动并提供某种特定的刺激来激发贡献的核心人物。

社会变量的干预与调节作用在此也有体现，且社会变量的作用要超过私人兴趣所起到的明显作用。

泰普斯科特和威廉姆斯（2007）声称，从工业经济到信息经济这一过程的变化比我们生产和积累的速度要快（Tapscott & Williams，2007）。协同创作中内容所涉及的社会关系，以及协同创作周围的相关因素被统称为“维基经济”。协同创作是这类经济环境的重要因素，个体的贡献没有任何与各种动机有关的直接性报酬。泰普斯科特和威廉姆斯也认为有三种情况可以使协同创作的效果提高。

(1) 降低对贡献者的支付额度。例如维基百科，其核心是生产信息和知识。有关维基百科用户界面的批评大量存在，这些批评认为，学习编辑维基百科（包括其将来的扩展内容）已经成为一件对每个使用者来说很难理解的事情（见：http://www.wikitruth.info for multiple criticisms）。如果这些批评是正确的或得到了认可，这将意味着对贡献的支付已经提高，而那些可能参加的个体就减少了。

(2) 把整个任务分割成容易完成的一个个小部分（Tapscott & Williams，2007）。也就是说，编辑小块内容非常容易，并且还可以促进参与。这主要是因为主动参与的门槛降低了。

(3) 降低累计与质量控制的成本。的确，维基技术基于志愿式参与者，但它同时也要求开销相对降低。

由于维基百科的贡献不是基于直接的经济回报，所以我们考察他们的动机，就应该通过维基人对信息的主观评价。与其他商品或服务所不同的是，信息一旦产生，复制其内容几乎就是零成本的，而且信息也不会被消耗殆尽（Bates，1989；D.R.Raban & S.Rafaeli，2007；Shapiro & Varian，1999）。贝特兹（1989）认为，信息的价值有一个相互矛盾的特点（Bates，1989），信息的价值依赖于其内容和结构。个体在没有使用信息之前是无法对其价值进行评价的，因此要想评价某信息的价值，个体就必须接受这个信息，但是，一旦个体接受了某个信息，他的评价标准就可能会发生改变。类似的，沙皮罗和瓦瑞（1999）认为信息是一种“经历商品”，因此信息的价值只能在使用它之后才能显示出来（Shapiro & Varian，1999）。然而信息与其他商品也有许多类似之处，钻石与水悖论，即物以稀为贵的原则强调了主观评价的特点。钻石与水悖论说到，人们在有水的时候会更渴望得到钻石，而在干旱的沙漠中，人们对水的需求就远远高于对钻石的渴望。

阿图夫和纽曼（1986）将对信息价值的研究分为三种途径：标准价值法、现实主义价值法和主观价值法（Ahituv & Neuman，1986）。

标准价值法认为，个体（经常）持有一些与所发生的事情有关的预知识，所发生的这些事件与个体的某个具体的决定密切相关。在这个意义上，个体认为信息具有的主观上或客观上的可能性来自于他们的预知识。在有参数的综合环境中，这些知识可以帮助个体对信息做出较专业的评价。然而，维基百科并不给其贡献者提供这种稳定的状态。

现实主义价值法通常包括实验性研究的工具，既包括实验设计之前需要的，也包括设计后需要的。这种方法通过对新信息影响效果的评估来检验信息所体现出的价值。利用这种方法，实验者必须确保所有相关变量的可测量性。在维基百科中利用这种方法评价信息也仅是在有组织性的参与者群体中有效，这种群体例如学生团体。我们发现，对维基百科信息的评价利用第三种方法更为有效。

主观价值法认为，信息价值反映在个体对信息的印象上（D.R.Raban & S.Rafaeli，2007；S.Rafaeli & Raban，2003）。

包括维基人在内的对开放性资源程序做出贡献的个体，其行为也会有经济方面的作用。鉴于开放性资源程序对创作者提供直接报酬，那么这些创作者就会通过提高市场和基本功或销售某些产品或服务的方式来获得间接回馈，这也许就是一些维基人致力于获得外部奖励的原因。哈尔斯和欧（2001）通过调查发现（Hars & Ou，2001），那些以制造开放性资源为工作的人们可能认为其活动是一种投资，这些人也包括关注开放资源和 GNU 软件规则的个体。他们希望他们的这种投资可以在将来得到以下回报：

(1) 从相关产品或服务中征税：开放资源软件给销售相关产品或服务提供了诸多机会。

(2) 人力资源：开放资源程序员们可能会参与开放资源计划，从而提高他们的基本技能。

(3) 个人市场：这些开放资源程序员们把对开放性资源软件的工作作为一种证明自己具有程序编写能力和技能的一种有效途径。

(4) 同僚认可：许多开放性资源都渴望得到名誉或尊严，这些名誉和尊严与将来的回报密切相关。

(5) 个人需求：许多开放性资源计划都是主动形成的，这归因于程序员对某种软件有其独特的需要。

七、维基人的满意度

将对维基人动机的研究立足于他们的实际行为，是另一个有建设性的研究取向。维基人所寻求或要获得的满足究竟是什么呢？根据人本主义心理学的取向（例如马斯洛和罗杰斯的研究工作），媒体学者正在撰写一篇可以广泛应用的论文，该论文介绍了使用者中心取向和“使用与满足”理论（Katz，Blumler & Gurevitch，1973；Ruggiero，2000）。结合社会学观点和之后的批判性研究，原始的使用与满足理论认为，媒体受众认为他们和媒体的关系并不消极。相反，听众利用有效的方式寻找某特定媒体和内容是为了获得某种特定的满足（Katz，et al.，1973）。网络空间提供的新平台强调了这一方法的中肯性，我们可以在虚拟环境中利用这一方法考察使用者的动机（Grace-Farfaglia，Dekkers，Sundararajan，Peters & Park，2006；Jung，Youn & Mcclung，2007；Lin，2002；Sangwan，2005；Stafford，Stafford & Schkade，2004）。

传统上关于使用与满足理论的研究使用了五种一般类型的需要，这些需要通过媒体都能获得。这五类需要是：认知需要、情感需要、个体综合性需要、社会综合性需要和娱乐需要（Rubin，1986）。这五种需要具体信息如下：

认知需要代表对信息获得、知识和理解的内部愿望；

情感需要与情感经验和愉悦、消遣和审美有关的内部愿望相关；

个体综合需要源于个体获得信任、自信以及高自尊的愿望；

社会综合需要是一种从属性需要，即个体愿意加入某个团体，获得归属感的需要；

转移需要即对问题或日常例行性行为逃避或转移的需要。

尽管这些动机类型是利用使用与满足理论对任何媒体进行研究的基本思想。但通过对文献的考察，研究者提出了一种更为复杂模型，如图 11-2 所示。

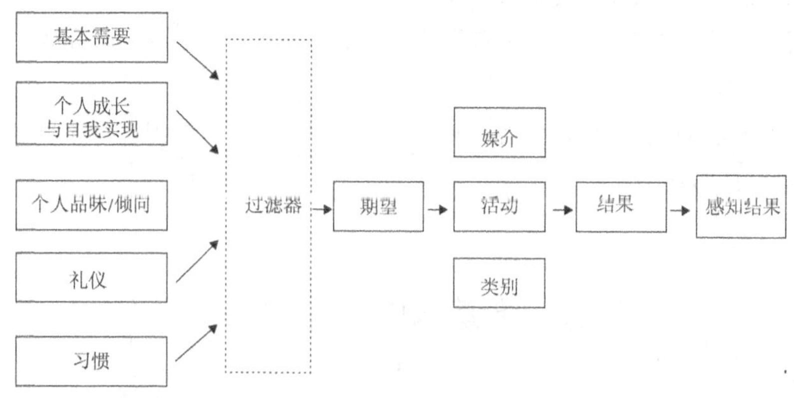

图 11-2　使用与满足理论示意图

显而易见的是，例如互联网这一媒体，以及维基百科这种环境，它们都有着很多双向性过程，同时关于它们的使用、动机与满足，也有着更为复杂的类型。维基人对维基百科内容做出贡献的动机是如何被考察的，就这一点我们可以基于图 11-2 中的模型做出描述。维基百科的贡献动机可能源于以下五方面。

(1) 基本需要：在少数情况下，有责任感的、参与活动的维基人可能会把他们在维基百科中的贡献作为是一种保持自我认知的途径。这些情况可能会被认为是一种病态或不健康、不正常的状态。对维基百科做出贡献是一种具有吸引力的活动，但它并不仅是为了满足基本需求。

(2) 个人成长与自我充实：维基人获得的满足感很大程度上可以被推广，这种满足感也可以是对维基社区的归属感。维基百科是否能够满足自我实现呢？这种满足是否对匿名用户也同样适用呢？

(3) 个人喜好：维基人的贡献原因是他们乐于参加维基百科的各种活动（编辑、讨论或对文章进行投票）。维基百科活动参与程度的大小依赖于一种内部奖励机制，在未来的研究中对此会有更多的关注。这种最具有前途且有意义深远的变革可能就体现于此。

(4) 例行性行为：维基人在维基百科上的活动被看做是他们个人生活中的例行的有规律性的活动。在某种程度上，对公共知识数据库的贡献已经融入某些人的日常活动之中，就像读报、在线聊天或为某个在当地电台举办个节目。至少最初的调查结果表明，这些情况适用于那些早期的维基人（S.Rafaeli，Ariel & Hayat，2005，August）。

(5) 习惯性行为：维基人的贡献是一种习惯，这种习惯基于一种特殊且明确的动机，因而不需要思考或刻意的行动。

就像图 11-2 所示，这五类需要渗透于维基人的愿望中，并激发他们对维基百科进行内容上的完善与创作。“过滤器”对期待起着内部和外部双重的影响作用，例如社区规则或时间限制，这可以加强或削弱个体的动机。实际的贡献行为与不同的方法和规范密切相关，因此，那些经常做出贡献的维基人甚至可以成为管理员，而新手可能就会在编辑文章中做出一些不符合规范的行为。维基人对维基百科的贡献中的大部分是公开的，任何人都可以对名称、编辑日期、用户数据和用户喜好进行检查。然而，维基人自己却认为这些贡献是处于一种反馈链中，并因此，其价值也就犹如一个可以激发动机的发生器一样。

八、维基百科——一种知识建构社区

功能可见性是另一个重要的影响因素，它同样可以作为个体对维基百科的使用和贡献的动机。这种功能可见性体现在知识分享和知识库建立这一过程中。与其他开放性资源网站和文档类知识库类似，在维基百科中，作为一名活跃用户就意味参与到一种相互学习的过程中。

张和冯（2006）对用户的开放性资源软件的开发动机进行了研究（Zhang & Zhu，2006），这项研究便是以维基百科为案例的。研究认为，这种开放性资源软件的开发可能有着一种内在的动机，这种内在动机来自从参与和学习中获得的愉悦感。基于文本分析，他们的结果意味着维基百科的合作过程可以增加创作动机。

帕蒂赫塔拉和萨博瑞玛尼（N.B.Peddibhotla & Subramani，2006，August）认为，知识分享是一种亲社会行为，这种分享是通过对文本型知识库（如维基百科）做贡献来实现的（Batson，1998）。之所以称其为亲社会行为，是由于个体的创作在给他人带来利益的同时也会给创作者本人带来利益。萨博瑞玛尼和帕蒂赫塔拉（2003）对可评论型公共资源库进行了研究，并将其中的个人书写页面当成是一个可以体现个体创造动机的数据库（Subramani & Peddibhotla，2003）。他们认为使用者创作文本型知识库有四种动机：（1）利他性动机；（2）功利性动机；（3）互惠性动机；（4）知识动机。利他动机表现使用者分享他们对某产品的使用经验，或对某产品做出推荐或评价。他们的这种行为可以节省其他读者的时间，或帮助他们做出购买决定。萨博瑞玛尼和帕蒂赫塔拉认为功利性动机与此相反，功利性动机是指可以通过创造来获得利益，这种利益可以是实体的（免费的商品或金钱），也可以是名誉性的（这可以使其最终获得实体性利益）。他们发现互惠性也是一种创作文本型知识库的动机，这一结论与卡洛克（1999）的发现一致（Kollock，1999）。互惠性动机指的个体的评论行为是一种利益互惠行为，这种互惠行为体现在他们可以从之前的那些评论者的评论中获得利益。第四种动机是知识，在这一动机下，编写行为就成为了一种可以激发自我认知的行为。自我认知的激发可以提高写作能力、组织能力和整理思路的能力。

在新近的文章里，帕蒂赫塔拉和萨博瑞玛尼（2007）区分了“他人导向”动机和“个人导向”动机（N.B.Peddibhotla & Subramani，2007）。他人导向的动机指的是社会从属、利他和互惠，而自我导向的动机则是指自我呈现、个人发展、功利性动机和娱乐。因此，我们是否应该将对维基百科（一种知识库）做出贡献的动机也分成是个人或他人导向的动机呢？

瑞弗里、阿瑞尔（Ariel）和海耶特（Hayat，2007）认为，维基百科是一种虚拟知识库社区（S.Rafaeli，Ariel & Hayat，2007）：维基百科是一个不断更新的程序，是一种建立并维持合作性知识库的方式，同时也是一种在社会范围内增加并积累知识的隐喻。

因此，维基百科不仅包含了朴素信息，同时它也是一种容纳元数据和元信息的工具。此外，维基百科也是一种交互性、合作性的编写工具，这一点在使用者可以进行广泛性讨论上（不仅是百科全书中的内容）体现出来，在用户可以对其文章进行前后文分析（历史页面）上也能体现上述特点。

九、网络社区——维基人的动力源

社区感是使用者参与和对社区做出贡献的最强大的动机之一。关于这一点的影响，卡洛克（1999）和马克泽卡等人（2006）很早便提出，并进行了研究（Kollock，1999；Majchrzak，et al.，2006）。麦克利兰和哈维斯对“社区感”做出如下定义（McMillan & Chavis，1986）：社区感是一种社区成员拥有的归属感，它也意味着，在社区中我便是你，我便是社区。社区感也是一种信任的分享，这种信任指的是成员的需要是一致的，这种一致性通过他们对集体的承诺而体现。

维基百科将自己定义为是一个社区，维基百科中各个具体空间用于公共活动，“社区”这一修辞十分常见。读者是否也将这种修辞看成是其行为的动机呢？瑞弗里、阿瑞尔和海耶特（2005）发现了关于维基百科社区感的有力证据，这一发现是他们通过对那些活跃型维基人的调查而得出（S.Rafaeli，et al.，2005，August）。这一调查通过网络问卷的形式收集数据，问卷被置于各种版本维基百科（英语、德语、意大利语、阿拉伯语和希伯来语）的公共页面中，结果揭示了有关公共知觉（例如团队合作）和活动（维基百科内部和之外的多重关系）诸多方面的特点。

利用社区感这一具有提示性的术语，任、卡温特和凯瑟琳（2007）提出一般认同理论和一般联结理论来解释使用者对网络群体的依恋行为。这种依恋既有对网络群体这一整体的依恋，也有对群体中个体的依恋（Ren，Kraut & Kiesler，2007）。他们认为，尽管他们在概念上进行了区分，但是基于认同的依恋可以融入到基于联结的依恋，反之亦然。这种结果可以被这一现象所解释，即两种参与形式都可以促使个体参与社区活动，反过来，参与社区活动也给成员提供了可以发展出另一种依恋模式的机会和条件。因此，一些个体因对当地的体育队感兴趣，而参加了这个队的网络体育社区进一步地，他们参与网络体育社区之后又可以在其中结交新的朋友。反过来，那些和朋友一道参与网络体育社区的人，在后来也会渐渐对这个体育队和这个队的网络社区产生依恋。(p.401)

我们认为，维基人对其他维基人或整个维基百科社区的依恋源自于各种机会。利用这些机会，维基人之间的交互行为就可成为现实。

我们一道详细回顾一下组成社区感的各个成分（Chavis & Pretty，1999；McMillan & Chavis，1986）。社区感是通过成员、影响、整合、需要的满足以及情感联结的分享体现的。尽管成员个体或集体需要的获得与我们之前提及的满足类似，但是其他三个成分却与维基人的社区感密切相关。

社区使用者的会员身份有着不同的特点，其中最重要的就是社区界限，也就是划分了谁属于这个社区，谁不属于这个社区。另一个重要的因素是对社区的认同和归属感。会员身份是使用者社区感的组成部分，它在维基百科中显得更为突出，这是由于个体成为维基百科成员是一个自主选择和自我承诺的过程。

影响力也是社区感的另一个组成部分。社区中的影响作用是双向的，社区成员之所以能感到他们有能力施加影响，是由于整个群体的作用（否则，他们将不会有参与的动机），同时群体的凝聚力也是源于成员之间的相互影响。在维基百科中，参与者可以直接对文章内容施加影响，同时也可以参与许多编辑或社区的生活决定。参与即是一种直接的施加影响的行为，因此在维基百科中，社区贡献是社区生命力的直接组成，它在社区的各个方面都有体现。

情感联系的分享是社区分享史的重要特征。情感联系的分享有着许多特点，其中包括相互活动的质量和强度，也包括他们愿意参与这些相互活动的时间。在有关网络社区的早期研究中，参与者有用第一人称复数来指代整个社区群体的倾向，这种倾向被认为是情感卷入的间接标志。当“使用者们”被作为“我们（主格）”或“我们（宾格）”来相互指代时，他们就会表现出更多的情感卷入（Sudweeks，McLaughlin & Rafaeli，1998）。维基人一词也被认为是一种第一人称复数形式的使用。维基人的交互性也对创作动机另一种解释，这个将在下面内容中进行阐述。

十、维基百科——被激发的交互性

对使用者在其他类似网络空间的参与行为进行的一般性考察，可以揭示维基人在维基百科上进行内容创作和参与其他活动的动机，如同前文所述的参与开放性资源计划（Hars & Ou，2001）和同伴间的分享（Adar & Huberman，2000）。

网络游戏中，巴特勒(Bartle, 1996)区分并描述了四种多人游戏环境中(MUDs)玩家的类型：成功者、探索者、社交者和杀手。根据活动或交互活动的规模，巴特勒将成功者描述为，有着与游戏相关目标（通常是许多目标点的集合）的人，他们也因此参与 MUDs 环境的活动。探索者在 MUDs 中渴望尽其所能发现更多的东西，这是他们参与虚拟世界中的活动并由此称谓的原因。社交者使用 MUDs 中的交流功能以达到与其他玩家沟通的目的，同时，他们也应用角色扮演的机会完成社会目的。杀手则不同，他们使用各种 MUDs 工具干扰其他玩家，给他们带来麻烦，他们很少给其他玩家提供帮助。

个体一旦加入某个在线组织，就会重复参与并经常为该组织做出贡献，琼斯和卡温特（2006）对这一行为的原因进行了考察（Joyce & Kraut, 2006）。群体成员的交互行为可以激发社区新成员的责任感，他们的研究认为对此有如下三种理解：(1）重复活动导致积极强化，因此使用者一旦得到反馈就会持续在社区中的活动，反馈的获得、反馈的积极性以及可以带来用户外部需要的反馈都被认为是强化物；(2）社区内的互惠性的交换可以建立一种群体内的非言语责任，这种现象在不平等交换的情况中也同样存在；(3）交互行为促进了对社区的承诺，由此个体便和群体中的其他成员融为一体。

在某种意义上，琼斯和卡温特的解释阐述了在线社区交互性的重要性。通过一项有关网络小组在线帮助的研究，瓦斯科和法拉杰（2000）认为利他、一般性互惠和社区兴趣是重要的动机，这些动机源于在线小组成员间持续的交互活动（Wasko & Faraj，2000）。因此，被激发的交互行为很可能起到了作用，这种作用可以刺激使用者持续使用维基百科。

在维基百科中，参与交互行为的机会非常丰富，即使在交互感非常严格的情况下，也是如此。除了在空白网页和在前人编写的内容上编辑活动外，每篇文章上的讨论页面、用户主页上的对话，以及一些单次的具体活动，这些都可以产生不同类型的内部联系，或提升内部联系的水平。这里有着关于促进筹款和修订编辑规则的讨论，这里也有竞选活动和竞赛活动。在维基百科中，可以让用户融入社会结构的机会大量存在，我们认为这种融入是通过双向交互行为进行的，且这种融入规模大，交互行为以社区为基础，并在激发参与者产生更多的活动上起到了核心作用。我们认为，这些机会在提高参与基础率上起到了主要的作用，并在解释维基百科长盛不衰的原因中有着重要的意义。当然，这些活跃性的动机在其他维基驱动的环境中也同样适用。维基程序众多且维基工具的应用范围正由狭窄的百科全书走向更为广泛的知识管理中，因此，交互活动的安排，以及他们提供动机的方式，就变得更为重要。

多年以来，对交互性一直有着不同的界定方式。一项关于交互性在维基百科中可能存在的影响的调查，支持了"交互性是一种过程关联性变量"这一界定方式（Cho & Leckenby，1999；Macias，2003；S.Rafaeli，1988；S.Rafaeli & Sudweeks，1997）。瑞弗里（1988）将交互性为（S.Rafaeli，1988）：一个沟通状态的变化特征……一个有关一系列被动沟通交流程度的描述。任何第三方（或后续的）传播（或信息），都与先前传播的程度有关，而先前的传播又和更早的传播程度有关。

在这一定义中，交互性可以通过一系列相关信息来预测。瑞弗里和苏德维克斯（1997）强调这些交换是同时的、连续的、并有着社会联结力（S.Rafaeli & Sudweeks，1997）。因此，我们认为维基人的交互性可以通过图 11-3 中的模型来考察。

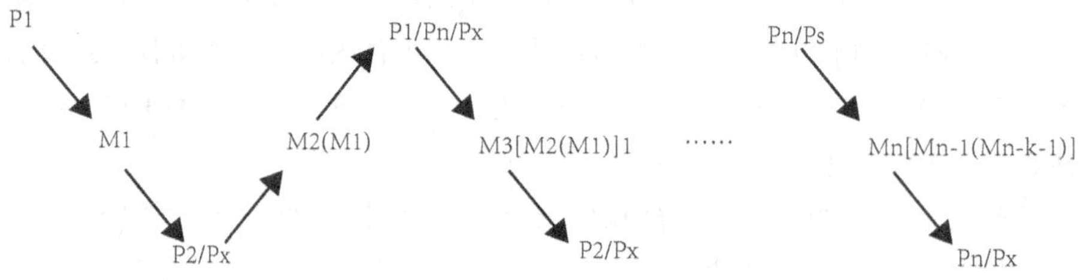

图 11-3　交互活动示意图

要研究维基人的交互性，我们就要对维基社区内信息传播（或信息）的各种指示标志进行研究。关于交互性的考察，所提及的这一模型（图 11-3 所示），与瑞弗里（1998）和瑞弗里，苏德维克斯（1997）的交互性模型类似（S.Rafaeli & Sudweeks，1997）。尽管原始模型考察的是两个个体间（在各自的序列中）的直接交互性，但这一模型却将社区成员（不论是否相互认识）间的间接交互性考虑在内，这类社区例如维基百科。

如前文所述，众多学者发现了大量的证据，表明网络社区中的交互性和动机存在相关（Joyce & Kraut，2006；Kollock，1999；S.Rafaeli & Ariel，2007；Subramani & Peddibhotla，2003）。维基百科通过各种基于社区的交互活动激发交互性。如图 11-3 所示，内容的用户生成过程和知识构建过程被这些交互行为所激发，因此，找出积极参与这一过程的可能存在的动机是必要的，这个必要性在于它可以解释交互性是如何在诸如维基百科这类的虚拟社区中发挥作用的。

十一、早期的经验发现和结论

维基百科的理论需要与它的应用相结合。维基百科正以惊人的速度发展，这种发展即便不是全部，也大部分是自下而上的。这种发展不能由传统推动力来解释，如资金、许可证明或势头，然而，个体贡献者的动机却是这种发展的核心因素。这些动机具有多维性、社会性和心理性。

克拉瑞等人（1998）提出的志愿活动的六类动机（Clary et al., 1998），包括：（1）通过与他人分享自己的知识来表达利他主义价值观；（2）通过维基百科的合作动力进行社会参与；（3）运用各种知识、技能和能力；（4）促进他们当前或未来的职业生涯；（5）通过与不具备这种知识的人们分享知识，从而保护个体的（维基人的）自我；（6）通过对他们所拥有知识的公开展示来强化自我。基于此，诺（2007）对维基人贡献于维基百科的潜在动机进行了调查（Nov, 2007），并提出了维基人具有的另外两种动机：（7）兴趣［鲁迪尼克（Ludenic）理论的反映见瑞弗里（1986，S.Rafaeli，1986）］；（8）对维基百科做出贡献的观念，即一种开放性资源应用的转化（Hars & Ou，2001）。一项对151位在维基百科上有重大贡献者的调查表明，在这些动机中，兴趣动机和贡献观念动机排名靠前；然而，促进个人职业生涯事业动机和社会参与动机却排名最后。瑞弗里、阿瑞尔和海耶特（2005）的调查认为，最强的动机是认知（S.Rafaeli，et al.，2005，August，如"学习新事物"以及"智力挑战"）、情感（如"快乐"）以及整合（如"与其他维基人分享我的知识"和"贡献于他人"），这一结果与诺（2007）的结果相反（Nov，2007）。相似地，斯克诺（Schroer）和赫特（Hertel，2007）对德国维基人进行了调查，目的在于找出可以预测维基人的承诺和满足感的潜在因素。这些承诺和满足来自于他们对维基百科的贡献，以及他们知觉到认为特征。他们的结果表明，满足感主要是由感知到的利益、对维基百科团体的认同，以及任务特征所决定（Schroer & Hertel，2007）。

正如本章开篇所述，我们相信维基百科尚未达到平等主义。值得声明的是，有关维基百科的大量流言，甚至关于维基百科上的无政府主义民主（论调），都是不成熟的和错误的。激发维基百科中合作行为的是不同的变量和过程，而非均衡化的准则与规范。因此，贡献者的动机是富于变化且十分有趣。维基百科的成就和由它所产生的广泛且持续的社会文化影响，以及维基工具的广泛应用和维基文化的广泛影响，这些都为调查提供了保证。而调查的对象就是，那些可以为使用者创造出“用户生成”内容提供支持的结构和信念。对潜在动力源可以从不同的层面进行解释，包括心理学层面、社会学层面、社区导向层面、经济学层面、（用户）满意度层面和交互行为层面。关于上述问题，未来所需进行的大量工作，可以直接放在对不同层面解释内容的比较上。

总之，这就意味着对维基人参与和贡献的研究不应被限制在同一视角或同一维度，即仅考察动机。我们建议，在未来关于维基人参与行为的研究中应该包括如下参与形式的比较 :（1）职业参与和业余参与 ;（2）建设性参与、对抗性参与、和破坏性参与 ;（3）持续参与和一次性参与 ;（4）匿名参与和可确认的参与 ;（5）有内容贡献的参与、社区卷入性的参与以及潜水式（沉默的）参与。维基百科的持续发展，以及维基方法在其他内容和活动领域的应用，为针对这些领域的研究提供了丰富的机会。未来研究的挑战则在于，对这些领域之间相对力量和交互行为的评估。

【参考文献】

Adar,E. & Huberman,B.A.（2000）.Free riding on gnutella.First Monday,5（10–2）.

Ahituv,N. & Neuman,S(1986)Decision making and the value of information.In R.Galliers(Ed.),Information analysis:Selected readings(pp.19–43).MA:Addison-Wesley.

Axtell,R.L.（2001）.Zipf distribution of US firm sizes.Science,293（5536）,1818–1820.

Bartle,R(1996)Hearts,clubs,diamonds,spades:Players who suit MUDs.Journal of MUD research,1（1）,19.

Bates,B.J.（1989）.Information as an economic good:A re-evaluation of theoretical approaches.In B.D.Ruben & L.A.Lievrouw(Eds.),Mediation,Information,and Communication:Information and Behavior（Vol.3）.New Brunswick,NJ:Transaction.

Batson,C.D(1998)Altruism and prosocial behavior.In D.T.Gilbert,S.Fiske & G.Lindzey（Eds.）,The handbook of social psychology（4th ed.,pp.282–316）.New York:McGraw-Hill.

Benkler,Y.（2006）.The wealth of networks:How social production transforms markets and freedom.London:Yale University Press.

Bosworth,A.(2006).WhyWikipedia works Retrieved 2006,January,from http://sourcelabs.com/cgi-bin/mt/mt-tb.cgi/72.

Chavis,D.M. & Pretty,G.M.H.(1999).Sense of community:Advances in measurement and application.Journal of community psychology,27(6),635–642.

Cho,C.H. & Leckenby,J.D.(1999).Interactivity as a measure of advertising effectiveness.Paper presented at the Proceedings of the American Academy of Advertising,Gainesville,FL:University of Florida.

Ciffolilli,A.(2003).Phantom authority,self-selective recruitment and retention of members in virtual communities.First Monday,8(12–1).

Clary,E.G.,Snyder,M.,Ridge,R.D.,Copeland,J.,Stukas,A.A.,Haugen,J. & Miene,P.(1998).Understanding and assessing the motivations of volunteers:a functional approach.Journal of personality and social psychology,74(6),1516.

Cofer,C.N. & Appley,M.H.(1964).Motivation:Theory and research.New York:John Wiley & Sons,Inc.

Comellas,F. & Gago,S(2005)A star-based model for the eigenvalue power law of Internet graphs.Physica A: Statistical Mechanics and its Applications,351(2),680–686.

Deci,E.L.(1975).Intrinsic motivation.New York:Plenum Press.

Emigh,W. & Herring,S.C.(2005).Collaborative authoring on the web:A genre analysis of online encyclopedias.Paper presented at the System Sciences,2005.HICSS'05. Proceedings of the 38th Annual Hawaii International Conference on.

Erickson,T. & Herring,S.C.(2005).Persistent conversation:A dialog between research and design.Paper presented at the The Thirty-Eighth Hawaii International Conference on System Sciences,Los Alamitos,CA.

Gabaix,X.,Gopikrishnan,P.,Plerou,V. & Stanley,H.E.(2004).A theory of power-law distributions in financial market fluctuations.Nature,423(6937),267–270.

Gaved,M.,Heath,T. & Eisenstadt,M.(2006).Wikis of locality:insights from the open guides.Paper presented at the Proceedings of the 2006 international symposium on Wikis,Odense,Denmark.

Grace-Farfaglia,P.,Dekkers,A.,Sundararajan,B.,Peters,L. & Park,S.H.(2006).Multinational web uses and gratifications:Measuring the social impact of online community participation across national boundaries.Electronic Commerce Research,6(1),75–101.

Hars,A. & Ou,S.(2001).Working for free?Motivations of participating in open source projects.Paper presented at the System Sciences,2001.Proceedings of the 34th Annual Hawaii International Conference on.

Joyce,E. & Kraut,R.E(2006)Predicting continued participation in newsgroups.Journal of Computer-Mediated Communication,11,723–747.

Jung,T.,Youn,H. & Mcclung,S.(2007).Motivations and self-presentation strategies on Korean-based "Cyworld" weblog format personal homepages.CyberPsychology & Behavior,10(1),24–31.

Kalman,Y.M.,Ravid,G.,Raban,D.R. & Rafaeli,S(2006)Pauses and response latencies:A chronemic analysis of asynchronous CMC.Journal of Computer Mediated Communication,12(1),1–23.

Katz,E.,Blumler,J.G. & Gurevitch,M.(1973).Uses and gratifications research.Public opinion quarterly,509–523.

Kollock,P(1999)The economies of online cooperation:Gifts and public goods in cyberspace.In M.Smith & P.Kollock(Eds.),Communities in cyberspace.London:Routledge.

Lada,A.A. & Bernardo,A.H(2002)Zipf's law and the Internet.Glottometrics,3,143–150.

Lakhani,K.R. & Von Hippel,E.(2003).How open source software works: "free" user-to-user assistance.Research policy,32(6),923–943.

Leuf,B. & Cunningham,W.(2001).The Wiki way:quick collaboration on the Web. MA:Addison-Wesley.

Lih,A.(2004).Wikipedia as participatory journalism: Reliable sources?metrics for evaluating collaborative media as a news resource.Nature.

Lin,C.A.(2002).Perceived gratifications of online media service use among potential users.Telematics and Informatics,19(1),3–19.

Ling,K.,Beenen,G.,Ludford,P.,Wang,X.,Chang,K.,Li,X.,Rashid,A.M.(2005).Using social psychology to motivate contributions to online communities.Journal of Computer Mediated Communication,10(4),00–00.

Macias,W.(2003).A preliminary structural equation model of comprehension and persuasion of interactive advertising brand web sites.Journal of Interactive Advertising,3(2),36–48.

Majchrzak,A.,Wagner,C. & Yates,D(2006)Corporate wiki users:results of a survey.Paper presented at the Proceedings of the 2006 international symposium on Wikis.

Maslow,A.H.(1970).Motivation and personality (2nd ed.).New York:Harper & Row.

McMillan,D.W. & Chavis,D.M.(1986).Sense of community:A definition and theory. Journal of community psychology,14 (1),6–23.

Nov,O.(2007).What motivatesWikipedians,or how to increase user-generated content contribution.Communications of the ACM (50),60–64.

Peddibhotla,N.B. & Subramani,M.R.(2006,August).Understanding the motivations of contributors to public document repositories:An empirical study.Paper presented at the Academy of Management Annual Meeting,Atlanta,Georgia.

Peddibhotla,N.B. & Subramani,M.R.(2007).Contributing to public document repositories:A critical mass theory perspective.Organization Studies,28 (3),327–346.

Raban,D.R. & Rafaeli,S.(2007).Investigating ownership and the willingness to share information online.Computers in Human Behavior,23 (5),2367–2382.

Raban,D.R. & Rafaeli,S.(2007).Investigating ownership and the willingness to share information online.Computers in Human Behavior,23,2367–2382.

Raban,D.R.,Ravid,G. & Rafaeli,S.(2005).Paying for answers:An empirical report on the Google Answers information market.Paper presented at the AoIR:Internet Research 6.0:Internet Generations,Chicago,Illinois.

Rafaeli,S.(1986).The electronic bulletin board:A computer-driven mass medium.Computers and the Social Sciences,20,123–136.

Rafaeli,S.(1988).Interactivity:From new media to communication.In R.P.Hawkins,J. M.Wiemann & S.Pingree(Eds.)Advancing communication science:Merging mass and interpersonal process (pp.110–134).Newbury Park,CA:Sage.

Rafaeli,S. & Ariel,Y(2007)Assessing interactivity in CMC research.In A.N.Joinson,K. Y.M.McKenna,T.Postmes & U.-D.Reips (Eds.),The Oxford handbook of Internet psychology (pp.71–88).Oxford:Oxford University Press.

Rafaeli,S.,Ariel,Y. & Hayat,T(2005,August)Wikipedia community:Users' motivations and knowledge building.Paper presented at the Cyberculture 3rd Global Conference,Prague,Czech Republic.

Rafaeli,S.,Ariel,Y. & Hayat,T.(2007).Virtual knowledge-building communities.In G.D.Putnik & M.M.Cunha (Eds.),Encyclopedia of networked and virtual organizations.Hershey,Pal:Idea Group.

Rafaeli,S. & Raban,D.R.(2003).Experimental investigation of the subjective value of information in trading.Journal of the Association for Information Systems 4,119–

139.

Rafaeli,S.,Raban,D.R. & Ravid,G.(2005).Social and economic incentives in Google Answers.Paper presented at the ACM Workshop Sustaining Community:The role and design of incentive mechanisms in online systems,Sanibel Island,FL USA.

Rafaeli,S.,Raban,D.R. & Ravid,G.(2007).How social motivation enhances economic activity and incentives in the Google Answers knowledge sharing market.International Journal of Knowledge and Learning,3(1),1–11.

Rafaeli,S. & Sudweeks,F.(1997).Networked interactivity.Journal of Computer Mediated Communication,2(4),0–0.

Ren,Y.,Kraut,R. & Kiesler,S.(2007).Applying common identity and bond theory to design of online communities.Organization Studies,28(3),377–408.

Rheingold,H.(1993).The virtual community.MA:Addison-Wesley.

Rubin,A.M.(1986).Uses,gratifications,and media effects research.In J.Bryant & D.Zillmann(Eds.),Perspective on media effects.Mahwah,NJ:Lawrence Erlbaum.

Ruggiero,T.E.(2000).Uses and gratifications theory in the 21st century.Mass Communication & Society,3(1),3–37.

Sangwan,S.(2005).Virtual community success:A uses and gratifications perspective. Paper presented at the System Sciences,2005.HICSS'05 .Proceedings of the 38th Annual Hawaii International Conference on.

Schroer,J. & Hertel,G.(2007).Voluntary engagement in an open web-based encyclopedia:Wikipedians and why they do it.Virtual Collaboration Network,from http://www.abo.psychologie.uniwuerzburg.de/virtualcollaboration.

Shapiro,C. & Varian,H.R.(1999).Information rules:a strategic guide to the network economy.Boston:Harvard Business Press.

Snyder,M. & Cantor,N.(1998).Understanding personality and social behavior:A functionalist strategy.In D.T.Gilbert,S.T.Fiske & G.Lindzey(Eds.),The handbook of social psychology(Vol.1,pp.635–679).Boston:McGraw-Hill.

Soroka,V. & Rafaeli,S.(2006).Invisible participants:how cultural capital relates to lurking behavior.Paper presented at the Proceedings of the 15th international conference on World Wide Web,Edinburgh,Scotland.

Stafford,T.F.,Stafford,M.R. & Schkade,L.L.(2004).Determining uses and gratifications for the Internet.Decision Sciences,35(2),259–288.

Subramani,M.R. & Peddibhotla,N.(2003).Contributing to Document Repositories-An

Examination of Prosocial Behavior.Information and Decision Sciences Department,University of Minnesota,Minneapolis.

Sudweeks,F.,McLaughlin,F. & Rafaeli,S.(1998).Network and NetPlay:Virtual groups on the Internet.Cambridge.Cambridge,MA:AAAI Press/MIT Press.

Surowiecki,J.(2004).The wisdom of crowds:Why the many are smarter than the few and how collective wisdom shapes business,economies,societies,and nations.New York:Doubleday.

Tapscott,D. & Williams,A.D.(2007).Wikinomics:How mass collaboration changeseverything.New York:Portfolio.

Thompson,L.F.,Meriac,J.P. & Cope,J.G.(2002).Motivating Online Performance The Influences of Goal Setting and Internet Self-Efficacy.Social Science Computer Review,20(2),149–160.

Wasko,M.M. & Faraj,S.(2000).It is what one does:Why people participate and help others in electronic communities of practice.Journal of Strategic Information Systems,9,155–173.

Wiertz,C. & de Ruyter,K.(2007).Beyond the call of duty:Why customers contribute to firm-hosted commercial online communities.Organization Studies,28(3),347–376.

Zhang,X. & Zhu,F.(2006).Intrinsic motivation of open content contributors:The case of Wikipedia.Paper presented at the Workshop on Information Systems and Economics.

第十二章 互联网为媒介的研究如何改变科学

马尔夫 迪特里希 雷普斯（Ulf-Dietrich Reips）

一、引言

科学与互联网，最具吸引力、最有用且最具整合性的万维网来自于实验室。万维网发明 15 年后，它已成为现代社会基础设施的不可缺少的一部分。对于年轻人来说，甚至于可以想象他们没有道路或者没有汽车的生活，但是，你不能想象他们的生活里没有了互联网会怎么样。

关于互联网在哪些方面影响过和正在影响着科学发展这个问题，现在是该探寻的时候了。日内瓦欧洲核子研究会（CERN）的万维网发明者蒂姆 • 伯纳斯 • 李（Berners-Lee，1998）于 1998 年写道：刚刚诞生于实验室的东西对实验室的结构及其在实验室工作的人员会有何影响？尤其是它如何影响研究实施的方式？

网络之梦为人们提供了一个可以在其中分享信息的公共信息空间，普遍性是其本质。事实上，超文本链接可以指向任何事物，可以是个人的、局部的或整体的，也可为信口之词或高度凝练的篇章。网络之梦的第二个特性则依赖于网络极为普遍的使用，使得其成为反映我们工作、娱乐与社会化过程的一面现实的镜子（或实际上主要体现）。这意味着，一旦我们的交往发生在网上，我们即可使用计算机分析我们的交往信息，以理解我们在做什么，我们适合在哪里，我们如何才能更好的一起工作。

这段话描述了本章核心主题的两个重要议题，即普遍性和透明度。普遍性是优先于科学（Merton，1942）和网络的基本原则，一旦违反普遍性这个基本原则，科学和网络都将失效。由于科学和网络的相似性，如果他们不违反普遍性这个基本原则，就能够预测电子商务经营模式才能正常运行。另外，或许不是那么令人吃惊的，还可以预测科学和网络能够完美结合，因为网络就是在科研机构中发展的。第二个重要议题即透明性，是由伯纳斯•李提出的一种概念，那就是网络允许我们分析使用网络的用户的交互信息，从而增加对我们生活的深刻理解——这一理念被用于互联网进行社会科学和行为科学的研究：互联网科学。

1997 年，我写了一篇题为《科学在 2007 年》（U.Reips，1998）的文章，它描述的是一位科学家在 2007 年某一天的生活，如今听起来并不那么出人意料，尽管它包含了当时不是很普遍的许多技术和技术应用。科学家早晨醒来，看了看挂在她床边墙上的液晶显示屏（LCD），通过远程服务器检查基于互联网的研究报告，包括数据挖掘项目、在线调查和网络实验。她在网络期刊上发表了基于文本自动生成的三维图形报告。她与合作伙伴通过屏幕互动，与他人合作分散管理同一项目，并与在搜索引擎中找到的同行在加密论坛中讨论、沟通。此外，她还使用根据先前定义变化的动态文本和适应于她的个人语言和外观偏爱的游览器。实际上，确实是在这样做。

2003 年，在一份美国国家科学基金资助的"全球信息空间"项目报告中，提出了"新时代的曙光在科学和工程研究"（Atkins，2003）。这份报告继续指出，可以存储、传输和使用的信息和计算量以惊人的速度增长和多得令人头晕眼花。原始的计算能力、存储能力、算法和网络功能的快速发展，导致了受新一代计算模型启发的基本科学发现——操作巨大数据集和多维数据的强大"数据挖掘"技术开辟了一片新的天地。全球所有网络可以链接在一起并支持着更多的交互性和更广泛的合作。

本章试图将新的网络媒体方法引入到科学活动中，并提供一些可能应用的例子。首先对科学家的典型活动进行描述，并讨论这些活动在网络的影响下怎么变化。然后对数据挖掘、数据收集和出版活动进行深入的探讨。实际例子表明，互联网在科学及其科学活动以外的领域有更多的互动性和广泛合作。

二、科学活动的维度

因为互联网的出现，科学以及科学家的日常生活在许多方面都发生了变化，这些改变全方位地影响着科学活动：通信、信息采集、数据收集、出版、教学和授予权获得。由于互联网支持和使得科学活动的一体化，从而加快了科学研究周期。

在 www 使用以前的很长一段时间（例如 Freeman，1984），作为早期互联网服务的电子邮件被许多大学所使用后，与世界各地同行进行的交流沟通在速度和质量上激增（如在 VAX 大型机）。对网络传输容量的低要求和（主要的）内容以文本形式呈现的原因，使电子邮件成为最常用的互联网服务。Nie 和 Erbring（Nie & Erbring，2000）发现，"电子邮件是最常见的网络活动，90% 的互联网用户声称是电邮使用者"（P277）。然而，新的发展，如社交网络技术的改进和不断增长的链接速度，使越来越多的用户在互联网上的活动比例发生改变。目前，带宽的升级、对等原则，以及像 Skype（skype.com）一类的"杀手级应用"软件，使虚拟会议变成现实，不像以前一样受到技术困难的束缚。Matzat（Matzat，2002）评论了互联网讨论组关于非正式学术交流的启示，他总结道，对于基于网络交互（如更好的信息传递，新知识的生产，或者现有联系方式的激增）的统一效果没有令人信服的证据，无论是日渐形成的全球村假设，还是割据的学术交流（Van Alstyne & Brynjolfsson，1996），都不能概括所有科学学科和网络。

在社会科学和行为科学中，核心科学活动——数据收集，社会因素的规模和数量上都经历着史无前例的历史变革（U.-D.Reips，1997，2000）。Reips（Joinson & Reips，2007）公布了科学家从一个网络服务器上招聘的参与者数据，网络实验列表在 http://genpsylab-wexlist.unizh.ch/ 上可以看到，它显示了在互联网上数据收集活动呈指数上升。招聘活动中实验数据增加的更新结果也表明，指数增加可能变成一个陡峭的线性趋势。

在线出版物的出版境况是瞬息万变的，至少在自我典藏的形式和通过期刊对文章进行下载的费用上是如此。围绕着"开放存取"这一关键概念的活动甚至是革命性的活动（Stevan Harnad，1995；S Harnad，2001）。与出版问题紧密相连的是引文分析和相关的评价形式，它们现在通过大型网络出版数据库自动管理。对于引文分析、在线出版物和基于互联网的数据收集，将会在后面的章节进行更多的细节讨论。

教学和授予权获得程序也受到互联网的冲击。"电子教学"和"自我学习"这类产品正在激增，这些活动正开始与研究活动相结合，特别是在社会科学和行为科学（U.-D.Reips & Matzat，2006）研究中更是如此。资助机构通过他们的网站提供指导方针和表格，经费申请书和评审也是通过网络或者电子邮件来完成的。

当然，信息收集一般是通过搜索引擎、专业网站和聚合引擎进行的（例如 folksonomies like Flickr，43things.com，or YouTube），有特殊要求的是通过科学数据挖掘专业服务完成的（例如 Google Scholar and Web of Science in bibliometrics）。

基于互联网的研究在研究周期中以多种方式影响着科学。我们将更近的着眼于科学核心活动：数据采集和采集方法，以及互联网在何时和如何对科学产生影响。

三、基于互联网研究方法的历史和分类

当万维网在超文本标记语言（HTML）标准 2.0 环境下实现了互动后，最初几个基于因特网的研究先驱发现，这种技术可以用在社会科学和行为科学的研究中去。第一个基于 HTML 的心理问卷调查在 1994 年出现在互联网上。Krantz，Ballard，Scher（Krantz，Ballard & Scher，1997）和 Reips（U.-D.Reips，1997）在 1995 年进行了第一次网络实验。1995 年 9 月，我开办了第一个基于网络的实验室进行实验研究，网络心理学实验室网址为 http://www.psychologie.unizh.ch/sowi/Ulf/Lab/WebExpPsyLab.html1。早期的基于网络的评估大约出现在同一时间（Buchanan，2001；also see review by Barak & Buchanan，2004）。从那时起，通过万维网来进行的研究已有许多结果，实证数据生长曲线显示，它呈指数增长（U.-D.Reips & Matzat，2006；U.Reips，2006），而现在可能变成一个陡峭的线性趋势。

当下正在进行的社会科学和行为科学研究的实例可以在特定的网站中找到，读者可以通过网络心理学实验室网站或者指定的网址进行访问。

可以在 iScience 服务器 http://www.iscience.eu/ 上了解以互联网为基础的研究，诸如基于互联网的研究、回答网络调查问卷、招募参与者，基于互联网的“大五”人格测试、分析日志文件等。

四、基于互联网研究方法的分类

基于互联网的研究可以分为独立的基于互联网方法、网络调查、基于网络的测试和网络实验。

因为网址（URLs）可能会改变，建议读者使用搜索引擎访问本章中提到的

网页，例如谷歌 http://www.google.com/。例如，键入“网络心理学实验室（Web Experimental Psychology Lab）”搜索字段，显示的第一个结果就是实验室的链接。网络心理学实验室也可以使用 URLhttp://tinyurl.com/dwcpx 网址进行访问。

独立的基于互联网方法是指使用和分析现有的存在于互联网上的数据库和文本集合（如服务器日志文件或邮件列表）。互联网为这些独立的数据收集和数据挖掘提供了无穷尽的机会。庞大规模的互联网语料库为这类方法增加了具体的优势：可以在自然情况下研究不可操作的事件，对罕见行为模式的考察更容易（Fritsche & Linneweber，2006）。例如，Cohn，Mehl 和 Pennebaker（Cohn，Mehl & Pennebaker，2004）研究了可以公开进入的网络日记网址——journal.com 上的美国用户的在线日记，具体研究了 2001 年 9 月 11 日左右用户心理变化的话语标记。他们能够在积极应对事件上，以前所未有的精度深刻描述用户的心理过程。Barak 和 Miron（Barak & Miron，2005）在网络上通过分析随机选取的、可自由且免费进入的论坛中的帖子，研究有自杀倾向的人群的写作特点。与其他群体相比（如非常痛苦但无自杀倾向的人群或在看电视时进入论坛写作的人群），有自杀倾向的人群有着明显的、更稳定和更全面的归因，并且他们特别的自我专注，承担着难以忍受的心理学上的痛苦和认知收缩。

最近，随着作为大型数据收集服务后台的实时可视化设备的公开使用，分析水平达到了一个新的高度。例如，可监控全世界 20% 的互联网通信内容的 Akamai 公司，在 http://www.akamai.com/html/technology/visualizingakamai.html 上为用户提供可视的和聚合的非反应行为，包括通过世界各地区的通用网络流量和对零售、音乐以及新闻消费使用数据统计。这样就可以知道所在区在线媒体消耗的峰值，也能够看到该地区引人注目的新闻事件。

许多其他网站，尤其是许多用户论坛、新闻网站和音乐网站，开始显示某些用户行为的统计信息（“这个故事已经读过 268 次”），甚至于通过设计一些吸引眼球的板块显示，使得用户频繁的游览、发表评论、下载或者链接到特定的栏目来动态地调整他们的布局。根据不同的内容和网站类型，自我促销的趋势起因于频繁的信息反馈，并进一步限制了统计结果的不确定值。

一个早期的、更精细的非反应数据的使用示例，是在 1996 年和 1997 年（当时的垃圾邮件是一种罕见的现象）Stegbauer 和 Rausch（Stegbauer & Rausch，2002）进行的关于几封邮件成员间的交往行为的研究。这些发邮件的作者感兴趣的是所谓的潜伏行为（即被动加入邮件列表，讨论群组以及其他论坛）。通过分析发帖的数量、时间和有关电子邮件标题的交互频率，Stegbauer 和 Rausch 以经验为主地阐明了一些关于潜伏现象的问题。例如，大约 70% 的邮件列表的阅读者可以归类为潜伏者，并且对于“大多数的用户而言，潜伏不是一个过渡现象，却是一个固定的行为模式（在同一个社交空间）”（P267）。然而，对不同邮件列表中的个体邮件信息的分析表明，相当一部分人可能潜伏在一个论坛，但活跃在另一个论坛。对于这个结果，Stegbauer 和 Rausch 以经验为主地提出了在社交空间中以知识传播为基础的所谓不牢靠关系的概念。

一个独立的基于网络的方法的一个（重要的）例子是日志文件分析。日志文件的原始数据记录了的每个时间点来自互联网的写入信息。有很多工具是用于从网络服务器中提取日志文件并进行分析的，这些工具大部分来自网络控制的商业网站，例如，可以从 http://www.quest.com/funnel-web-analyzer/ 上获取公共领域的分析工具 FunnelWe，可以从 http://www.summary.net/ 获取商业网络日志分析器 Summary。数据来自于基于互联网的研究中，特别是网络实验，可以用科学分析器进行分析（U.-D.Reips & Stieger，2004）。科学日志分析器（http://genpsylab-logcrunsh.unizh.ch）整理日志文件的数据统计软件，友好处理每个在线参与者的格式，还可以执行中断分析。

最常用的基于网络的评估方法是网络调查。在网络服务器上的列表清单中可以看到很多例子（http://genpsylab-wexlist.unizh.ch/browse.cfm?action=browse&modus=survey）。频繁使用互联网上的调查可以感觉到很轻松，这是由于网络调查可以构造、管理和评估。然而，这种轻松的印象是靠不住的。Dillman 和他的团队（Dillman & Bowker，2001；Dillman，Tortora & Bowker，1998；Smyth，Dillman & Christian，2007；Smyth，Dillman，Christian & Stern，2006）的研究工作表明，许多网络调查面临着如可用性、陈规、抽样或技术问题的困扰。Joinson 和 Reip（Joinson & Reips，2007）的实验研究表明，在调查中邀请的参与者的个性化程度和影响力可以影响调查的应答率。数据质量会受到匿名性程度的影响，匿名性程度和关于激励的信息也影响着参与者中途退出的频率（Frick，Bächtiger & Reips，1999；O’Neil & Penrod，2001）。调查设计中的许多因素，诸如决定是否使用“一个屏幕，一个问题”的程序，可能接下来得到完全相反的结果（U.-D.Reips，2002a，2007）。尽管如此，总的结果表明，基于网络调查方法的效果在定性上与传统的调查是相当的（Cole，Bedeian & Feild，2006；Deutskens，de Ruyter & Wetzels，2006；

Krantz & Dalal，2000；Luce et al.，2007；Smither，Walker & Yap，2004），而且（Buchanan et al.，2005），即使在纵向研究中也是如此（Hiskey & Troop，2002）。

来源于在线和离线调查方法的研究结果间的差别表明，这些差别常常明显的依赖于格式（见前一个段落）、抽样或者用来进行数据输入的专业设备的技术水平。例如，招聘志愿者的实践表明，从本科生中招聘的志愿者与从特定网站的访问者中招聘的志愿者可能容易导致样本中的背景知识差别（U.-D.Reips，2000）。Roth（Roth，2006）做了一个网络调查研究，被试者来自于园林建筑学和环境规划两个专业的学生，要求他们对来自于德国许多不同地区的风景进行评价（如视觉多样化、美观、视觉自然性和整体风景质量）。网络调查的可靠性建立在测试——重复测试和折半法两种方法的基础上。比较传统的彩色打印问卷数据和现场调查期间网络收集（更高代价）的数据记录保证了调查结果的有效性。结果表明，风景照的质量（如视觉多样化、美观、视觉自然性和整体风景质量）在网络上能够被有效的反映出来，但是，园林设计背景知识的缺失干扰了景观典型性的评估结果。总的结果表明，由于评估者组间人口统计学上的差异，使得评估结果的差异不大，并且，网络调查的结果具有较高的普遍性。

基于网络的心理测试可以被认为是一个特定的子类型的网络测量。Buchanan 和 Smith（Buchanan & Smith，1999），Buchanan（T.Buchanan & U.Reips，2001），Preckel 和 Thiemann（Preckel & Thiemann, 2003），Wilhelma 和 McKnight（Wilhelm & McKnight，2000）和 Wilhelm，Wittho ¨ ft，McKnight 和 Gro ¨ ßler（Wilhelm，Witthöft，Größler & McKnight，1999）在早期的研究结果表明，如果考虑到互联网本身的特点（例如，计算机焦虑可能会使某些人不能回应基于网络的调查问卷），基于网络的测试是可能的。

关于近年来通过在线设备和程序进行心理评估在各个不同的领域再着不同的目的应用，Barak 和 Hen（Barak & Hen，2007，第 6 章）写过一篇的综述性文章。

即使网络评估存在这样和那样的问题，如评估的质量如何？评估是否合理？但是网络评估还是在被广泛的应用。Buchanan 和 Smith 发现，基于互联网的自我监控测试结果，不仅能显示类似常规心理测试等效的心理属性，也能较好地作为一个自我监控的衡量。他们的研究结果支持了这种观点，即基于网络的人格评估是可能的。同样，Buchanan，Johnson 和 Goldberg（Buchanan，Johnson & Goldberg，2005）的研究表明，修订后用于网络评估的国际人格题库（IPIP）目录内容，在作为一个简单的五因素模型域结构网络测量中似乎得到了令人满意的结果。两个研究使用不同的招聘方式，它们得到的与标准变量相关的内在信度和显著相关性在可接受水平。然而，纸笔测量和网络问卷调查的心理测量效果是否等价依赖于其他因素？例如，Buchanan 和 Johnson 等（Buchanan，Johnson，et al.，2005）通过互联网获取 763 个样本，但只能恢复前瞻记忆分量表四个因素分析中的两个。Buchanan 和 Reips（T.Buchanan & U.-D.Reips，2001）指出，技术层面的问题，如基于互联网的测试怎么实施可能会与人口统计学或人格特性交互影响，因此会导致取样偏差。在研究中他们发现，在网络评估中如果不使用 JavaScript 语言，平均受教育水平较高的 Mac 用户得分明显高于 PC 用户（"苹果效应"）。

基于互联网的实验已经被广泛的应用在社会科学和行为科学领域的实验研究中。对此，已经提出了许多对研究者有益和高质量的实验方法与技术（U.-D.Reips，2000，2002，2002c）。虽然有些技术已经经验上证明是适用的，如密码技术、严肃性检查、热身技术（U.Reips，Morger & Meier，2001）、多点输入技术（Hiskey & Troop，2002），但是，远没有进行理论探索。

最近的网络试验趋势是研究基于互联网研究的试验程序和条件的影响，如社会赞许性、激励信息（Frick，Bächtiger & Reips，1999；Göritz，2006；Heerwegh，2006）、个性化（Joinson & Reips，2007；Joinson，Woodley & Reips，2007）、自愿性和匿名性（U.-D.Reips & Franek）、进步的指标（Heerwegh & Loosveldt，2006；Kaczmirek，Neubarth，Bosnjak & Bandilla，2004）、使用 JavaScript（U.-D.Reips & Bosnjak，2001；Schwarz & Reips，2001）、视觉刺激（Krantz，2001）、视觉模拟评分法（U.-D.Reips & Funke，2008）、视觉分组、卡通画绘制方法（Schmidt，2001）、非反应的类型（Bosnjak，2001）、强迫响应（Stieger，Reips & Voracek，2007）、测量语句长度和调查赞助商标志或通过网络收集逃避社会现实的个人信息等。这样的影响触发基于互联网研究指导方针的发展。另外已经开发了几种网络实验技术并进行了评估，比如多点输入技术、陪练技术、高跳技术、退学分析的实验设计和自定义随机响应技术（Musch，Bröder & Klauer，2001）。

如果管理合适的话，尽管网络实验似乎能够产生有效的结果（例如，Krantz & Dalal，2000），但有一个潜在的令人担忧的"配置错误"（U.-D.Reips，2002）。正是因为这些错误，对部分试验者可能产生不正确的实验结果，这种偏差是由于互联网使用的心理历程和各种不同的技术内容相互影响所产生的（U.-D.Reips，2000；Schmidt，2007）。

五、在线出版物

出版业受到网络和新媒体的影响通常和其他领域有所不同。由于技术的快速升级，如反应在交叉媒体、博客和数据保存方面的工作流程、自动化程度和出版过程的集成技术等，影响着科学出版业。在数百年来一直保持最稳定的出版商和科学家之间的关系正在发生着变化。从科学家的观点来看，新发展提供了摆脱以前不可摆脱的复杂事物的可能，这种麻烦常常一拖再拖，或者甚至压制了思想的自由交流和沟通。

（一）开放阅览出版业

科学家和他们的研究机构正在快速地实施开架阅览出版服务和机构或个人自我典藏。在一些像物理这样的学科，这个过程起步较早，所以基本完成了——这要感谢像 Paul Ginsparg 这样的个人所体现的以社区为基础的工作态度和努力，他发明了著名电子打印服务器 arXiv（Brown，2006）。开架阅览出版和个人自我典藏长期以来就被 Stevan Harnad 所提倡（例如 Stevan Harnad，1995；S Harnad，2001），在他的"齐诺（希腊哲学家）的理发师悖论"的分析中，他写道（S Harnad，2001）：

> 研究人员、图书管理员、出版商和大学管理者到目前为止一直阻碍着个人自我典藏的发展，理由是表面上看起来比较合理的一些担忧，而这些担忧是很容易被证明是完全没有任何依据的。这些担忧非常像"齐诺（希腊哲学家）的理发师悖论"："我不能穿过这个房间，因为在我步行穿过它之前，我必须先走一半，这需要时间；同样，我可以步行走过一半，但我必须以一半一半的方式穿过它，这也需要时间；如此等等；所以我永远不知道如何开始？"这种情况可能被称为"齐诺（希腊哲学家）的理发师悖论"更合适。

看来，在科学出版业该说齐诺停顿该结束了。从开始的几个先驱开架阅读期刊，如像"Harnad' s Psycholoquy"杂志，如今这类期刊的数目已经发展到 2200 多种（Directory of Open Access Journals，2006）。这些期刊有仅在网上发行的，如

《在线社会学研究》（创刊于 1996 年）、《计算机媒体通信》、《互联网科学国际期刊》以及新近的《医学互联网研究杂志》等。还有些期刊，如《大气化学与物理》以及由欧洲地球科学联合会出版的一些杂志，既在网上发行也在同行业互查使用。有些稿件由编辑快速核查后就可以发表在期刊的讨论论坛上，期刊的讨论论坛是注过册并具有国际标准期刊编号的，于是所有论坛中的文章是能够被正式引用和保障永久归档的。

同行评议出版物的自我典藏正在兴盛：95% 的作者按照自我典藏的要求遵守制度，根据来自一个国际作者调查报告（Swan，2005）；93% 的期刊已经正式同意作者的自我典藏，调查数据来自注册超过 9000 种期刊的政策（Nottingham，2006）。网络上发表的文章常常更容易被引用（Lawrence，2001），原因可能是这些文章能够更容易被得到（Hitchcock，Brody，Gutteridge，Carr & Harnad，2003）。

（二）引文分析

出版物时间轴的尾部是文章的引用和分析。像汤姆森系统的科学网和谷歌学术搜索这类有着可以分析和多种方法使用的数以百万计的参考文献的网络服务，例如，可以向前或向后跟踪引用文章之间的联系，类似的文章可以找到重叠的引用列表。演变趋势可以通过监测出版物快速提高的引用率而发现。汤姆森科学热门论文数据库（http://www.in-cites.com/a-prod/sw-hp.html）使用这些和其他数据来定义和关注新兴领域。

社交网络软件的出现变成了开发新的社区支持开放获取引用服务的温床，例如 CiteULike 软件（http://www.citeulike.org/）。CiteULike 软件由理查德·卡梅隆在 2004 年 11 月开发，自那时起他就私下运行它。CiteULike 软件开发后，在讲述他的思想时，理查德 • 卡梅隆（Cameron，R.，2004，November）欣然描述了软件完成后逐步协作和建设社区的过程：

> 因此，显而易见的想法是，如果使用一个 web 浏览器来阅读文章，最方便的方式是同时使用 web 浏览器存储它们。当你考虑共同创作一篇论文的这个过程变得更加有趣。需要注意的是，所有作者希望在一个地方收集和得到所有他们想要的文章。如果你在网站上协调性地做到了这一点就好了。

> 如果所有的引文都可以通过一个 web 界面在中央服务器上获得，接下来的明显飞跃是，让人高兴的你的同事正在阅读什么，或是能够向他们表明你正在阅读的文章。这样就会减少“你看到这篇文章了吗？”的电子邮件数目。
>
> 事实上，如果系统上有足够多的用注册户，你可能会发现有人跟你一样阅读相同的文章。这就提供了一个很好的保持文献优势的方式——与你有共同兴趣的人分享它们。
>
> 如果我们对每一个用户建立一个开放式的收藏夹这样一个模型，那么我们的参考书目管理系统可以变成一款社交软件。这就是 CiteULike 的目的。

另一个引用服务是 Zotero（http://www.zotero.org/），这是一个插件模块用于 web 浏览器（不像 CiteULike 的 web 服务）和专门嵌入在 Firefox（火狐）web 浏览器中。它可以觉察用户在 WEB 上查看一个书、文章，或其他文献目录项目。在许多研究和文库形式的网站，Zotero 将找到并自动保存完整的参考信息。因为安装在个人电脑里，所以它可以使用文字处理软件标注出哪里的参考信息是最需要的。

（三）集成基于网络的研究和网络出版

开放获取网络科学的国际期刊（http://ijis.net）要求作者链接到网络研究发表的文章，所以读者可以体验到参与者在从事什么研究。关于在基于网络研究中的高发“无反应”问题（Musch & Reips，2000；U.-D.Reips，2000，2002），作者被要求报告回应率，辍学曲线（或至少辍学率）和项目无反应率。欢迎提交以“无反应”作为因变量进行分析的研究报告。

因为一些科学家开始在问，究竟为什么同行评审的文章要发表在以商业为目的出版商期刊上？如果分类、归档和同行评审过程可以独立组织（如通过开放的同行评论），我们就可能会看到出版业市场进一步的快速发展。特别是在那些类似行为和社会科学的领域，因为在这些科学领域基于互联网的研究方法是切实可行的，因此被发表的文章的研究报告（文章中试验材料的展示，甚至于适应变化结果的“活文章”，特别是在无反应研究和数据挖掘中是如此）的集成似乎仅仅只是个时间的问题。

六、基于互联网的研究方法如何改变科学

正如20世纪70年代计算机的引入使得实验室科学研究发生革命性的变革一样（例如Connes，1972；Hoggatt，1977），我们目前正在经历一场基于网络研究的革命（Musch & Reips，2000）。也正如电脑化研究促进了研究方法的进步一样，这些方法包括精确地测量响应时间、项目功能细化和以社会希望的方式反应倾向的减少（例如Booth-Kewley，Edwards & Rosenfeld，1992）。互联网为研究人员提供了新的优势。当然，因为基于互联网的研究方法的基础是于基于计算机的评估，所以它包括了所有与计算机相关的优、缺点应用。然而，互联网提供了更多可能性。Reips（2000，2002c）列出并描述了大约20条优点，例如，动机混乱的控制、更好地获取大量的人口学统计学和多元文化参与者，以及稀少的和特定参与者人群资料、避免受试者种类和特性要求方面的缺失（U.-D.Reips，2000）。

许多科学上最有价值的基于互联网科学的进步，仅在第二视角才变得显而易见：易于操作，是许多人考虑使用互联网进行研究（Musch & Reips，2000）的主要原因。但纯粹的受试者数目往往并不是必要的，或者说其负面影响有时可能会更大（最优受试者数目可以由功效分析所决定）。

更大的样品差异性在人口统计学和宏观水平上的研究方面可以被看做是基于网络研究的一个优势（U.-D.Reips，1997，2000，2002），但是在其他一些对样品均匀性要求高的研究中，更大的样品差异并不是一件好事情（Brenner，2002）。然而，若想对稀少和特定的样本做调查，通过互联网来进行数据收集是一个十分适合的方式。下面的研究作为一个例子，告诉我们如何利用网络匿名性这个优势实现在互联网上的研究。

Mangan和Reips（Mangan & Reips，2007）通过互联网对患有睡眠性交症的人们进行研究。睡眠性交症是很罕见的一种疾病，这种病症的患者在他们睡眠期间表现有梦中性行为。患有这种疾病的人一般有过打官司的经历，并且常常极度痛苦。睡眠性交可能经常因为羞愧和尴尬未被报道，因此，很少有了解这一问题的人口统计学资料特征和临床特征。由于调查样本的匿名性特征，互联网特别适合于调查研究一些敏感的问题，于是Mangan和Reips提出了通过网络进行关于睡眠性交症的研究。他们通过两次网络调查，采集到的数据是所有另外七次离线调

查研究采集的数据的五倍，将这些数据组合到一起，涵盖了 20 年间的关于睡眠性交症的研究。

Birnbaum 报告说，通过网络研究一些特别人群的特征，虽然不能得到所有这类人群的样本，但是，他的一个学生能够在七天收集超过 4000 例长期具有某种特征的对象的响应。这名学生通过“族谱时事通讯”招募了她的被试者（Birnbaum & Reips，2005）。2001 年的报告称，Birnbaum（Birnbaum，2001）在判断与决策学会的成员中抽样，在一组冒险决策中将受试者的决策，与学生们和受试者根据他们自己偏爱的决策理论做出的决策进行比较。

七、广阔的前景

互联网的网络特性带来了一系列的革命性变革，并且对基础和应用科学的某些领域产生了深刻的影响。例如，在过去的几年中，已经实现了低花费的数字健康监视设备与网络数据库和智能软件的集成组合，这个系统可以以图像的形式提供一些重要的信息和在必要时发出警告信息，这些信息对被监测的病人或者用户而言都有意义（Obrenovic，Starcevic，Jovanov & Radivojevic，2002）。这个电子健康系统还可以测量被检测者的体温、心率、体脂含量、血压、血糖、步行距离和步数等。

已经有许多集和互动和形象的数据，可供广泛的用户通过网络和服务器作为科学研究、教育和商业目的所使用。Globalis 网站可以给联合国和其他组织提供从统计资料转换成的互动地图信息。“Globalis 是一个互动世界地图集……旨在理解人类社会异、同性，以及我们如何影响地球上的生命(http://globalis.gvu.unu.edu/)”。这个网站可以用来显示议会席位中由女性代表的国家，或用来将世界现在的状态与 2050 年预测的状态进行比较。

“遗传多样性分析（Pipeline Diversity Analysis）”是一个有关生物信息的网络服务器（http://pda.uab.es/），通过这个服务器可以在网络上自动地收集和分析遗传数据。生物科学家可以在它的大型公共基因组数据库中发现不同个体或者不同群种的基因变化，例如果蝇多态性数据库，其中包含果蝇类基因的所有多态序列数据。这种基于互联网的生物科学研究方法，对于科技界处理来自世界各地的大量分子数据来说是非常有帮助的。

最早在互联网上从事社区建设的网站叫“远程花园（Telegarden，http://www.usc.edu/dept/garden/）”，它源于南加利福尼亚大学，并且可以通过互联网远程控制和照顾一个真正的物理实体。它在1995年6月上线服务，后来搬到在奥地利的艺术电子音乐中心（http://www.aec.at/）。一个远程遥控的机器人被安装在一个环形花园的中心，并提供适合于植物生长的和绕着花园慢慢转动的光源。这个机器人可以由客户或者远程花园的会员通过互联网控制，不过，会员们有更多的特权。在远程花园演示区可以看到用户是如何通过远程鼠标控制来表现他的园林技艺的。在网络社区建设中同时开辟了作为通信服务的论坛和网站，远程花园的建设也是基于此（McLaughlin，Osborne & Ellison，1997）。正如圣何塞艺术博物馆的Randall Packer所说：“远程花园”创建了一个物理花园，为社交和团体提供了一个互动的虚拟空间的舞台。“远程花园”就是关照和伺候雅致的网络社会生态的一个暗喻。“远程花园”于2004年8月退出历史舞台，但是，它永远地活在“远程花园”档案中http://www.telegarden.org/tg/。

八、总结

本章的目的主要在于综述基于网络的研究方法，和网络本身对科学已经产生了和会继续产生哪些影响，分析了很多科学活动由于网络的引入而产生的变化和变革。通信信息采集、数据获取、出版、教学、获得授权，这些都受到网络引入的影响，而且他们将逐渐融为一体。由于网络的引入，发展了适合于在实验室使用的新技术，也使得科学工作的基本原则得到了真正的体现：普遍性、透明度、国际性和开放存取性。

本章还详细介绍了在数据收集和出版业的核心科学活动中与网络相关的影响，解释了基于网络研究方法的历史和类型、非反应方法、网络调查、基于网络的试验和网络实验。许多基于互联网研究的实例来自行为和社会科学，原因是这些实例更深刻和在某些方面具有独特的影响特性（如数据收集因素）。有些领域，如心理学、社会学、通信、经济学、语言学和教育这些领域，在基于网络的研究中产生了巨变。在另外一些与网络相关的活动中，自然科学起了主导地位的作用。特别是物理学，率先采用开架式阅览出版物，于是WWW（World Wide Web）被发展成为物理学家之间的一种通信手段。生命科学携手计算机科学，在为分析分子结构进行大量的计算机网站协作方面做出来无与伦比的贡献。在医学、林业、生态学、园林景观建筑等领域，没有不受到来自互联网的影响的。

印刷术发明后，科学在其快速发展周期的中期，似乎更深刻地影响着科学家的日常活动。感谢互联网，感谢这些奇思妙想。

【参考文献】

Atkins,D.(2003).Revolutionizing science and engineering through cyberinfrastructure:Report of the National Science Foundation blue-ribbon advisory panel on cyberinfrastructure.

Barak,A. & Buchanan,T.(2004).Internet-based psychological testing and assessment. Online counseling:A handbook for mental health professionals,217–239.

Barak,A. & Hen,L.(2007).Exposure in cyberspace as means of enhancing psychological assessment.Psychological aspects of cyberspace:Theory,research,applications,129–162.

Barak,A. & Miron,O.(2005).Writing characteristics of suicidal people on the internet:A psychological investigation of emerging social environments.Suicide and Life-Threatening Behavior,35(5),507–524.

Berners-Lee,T.(1998).The World Wide Web:A very short personal history.World Wide Web Consortium.(Online).Available:http://www.w3.orq/People/Berners-Lee/ShortHistory.

Birnbaum,M.H.(2001).A Web-based program of research on decision making.Dimensions of Internet science,23–55.

Birnbaum,M.H. & Reips,U.-D.(2005).Behavioral research and data collection via the Internet.The handbook of human factors in Web design,471–492.

Booth-Kewley,S.,Edwards,J.E. & Rosenfeld,P.(1992).Impression management,social desirability,and computer administration of attitude questionnaires:Does the computer make a difference?Journal of Applied Psychology,77(4),562.

Bosnjak,M.(2001).Participation in non-restricted web surveys:A typology and explanatory model for item non-response.In U.-D.Reips & M.Bosnjak(Eds.),Dimensions of Internet Science(pp.193–208).engerich:Pabst.

Brenner,V.(2002)Generalizability issues in Internet-based survey research:Implications for the Internet addiction controversy.Online Social Sciences,93–113.

Brown,D.(2006).Scientific Communication and the Dematerialization of Scholarship.

Buchanan,T.,Ali,T.,Heffernan,T.M.,Ling,J.,Parrott,A.C.,Rodgers,J.,et al.(2005). Nonequivalence of on-line and paper-and-pencil psychological tests:The case of the prospective memory questionnaire.Behavior Research Methods,37(1),148–154.

Buchanan,T.,Johnson,J.A. & Goldberg,L.R.(2005).Implementing a five-factor personality inventory for use on the internet.European Journal of Psychological Assessment,21(2),115–127.

Buchanan,T. & Reips,U.-D.(2001).Platform-dependent biases in online research:Do Mac users really think different.Perspectives on Internet research:Concepts and methods.Retrieved December,27,2001.

Buchanan,T. & Reips,U.(2001).Online personality assessment.Dimensions of Internet Science,17.

Buchanan,T. & Smith,J.L.(1999).Using the Internet for psychological research:Personality testing on the World Wide Web.British Journal of Psychology,90(1),125–144.

Cameron,R.(2004,November).Citeulike:Frequently Asked Questions.Retrieved March 6,2007,from http://www.citeulike.org/faq/all.adp.

Cohn,M.A.,Mehl,M.R. & Pennebaker,J.W.(2004).Linguistic markers of psychological change surrounding September 11,2001.Psychological Science,15(10),687–693.

Cole,M.S.,Bedeian,A.G. & Feild,H.S.(2006).The Measurement Equivalence of Web-Based and Paper-and-Pencil Measures of Transformational Leadership A Multinational Test.Organizational Research Methods,9(3),339–368.

Connes,B(1972)The Use of Electronic Desk Computers in Psychological Experiments. Journal of Structural Learning.

Deutskens,E.,de Ruyter,K. & Wetzels,M.(2006).An assessment of equivalence between online and mail surveys in service research.Journal of Service Research,8(4),346–355.

Dillman,D.A. & Bowker,D.K.(2001).The Web questionnaire challenge to survey methodologists.

Dillman,D.A.,Tortora,R.D. & Bowker,D(1998)Principles for constructing web surveys. Paper presented at the Joint Meetings of the American Statistical Association.

Directory of Open Access Journals(2006)Retrieved October 23,2007,from http://www.doaj.org/.

Freeman,L.C.(1984).The impact of computer based communication on the social structure of an emerging scientific specialty.Social networks,6(3),201–221.

Frick,A.,Bächtiger,M.-T. & Reips,U.-D. (1999) .Financial incentives,personal information and drop-out rate in online studies.Current Internet Science-Trends,Techniques,Results.Online Press,Zurich.

Fritsche,I. & Linneweber,V. (2006) .Nonreactive Methods in Psychological Research.

Göritz,A.S.(2006).Incentives in web studies:Methodological issues and a review.International Journal of Internet Science,1 (1) ,58–70.

Harnad,S. (1995) .A subversive proposal.

Harnad,S. (2001) .For whom the gate tolls?How and why to free the refereed research literature online through author/institution self-archiving,now.Retrieved March 6,2007.

Heerwegh,D.(2006).An investigation of the effect of lotteries on web survey response rates.Field Methods,18 (2) ,205–220.

Heerwegh,,D. & Loosveldt,G. (2006) .An experimental study on the effects of personalization,survey length statements,progress indicators,and survey sponsor logos in Web Surveys.Jouranl of official statistics-stockhom,22 (2) ,191.

Hiskey,S. & Troop,N.A. (2002) .Online Longitudinal Survey Research Viability and Participation.Social Science Computer Review,20 (3) ,250–259.

Hitchcock,S.,Brody,T.,Gutteridge,C.,Carr,L. & Harnad,S. (2003) .The impact of OAI-based search on access to research journal papers.Serials:The Journal for the Serials Community,16 (3) ,255–260.

Hoggatt,A.C.(1977).On the uses of computers for experimental control and data acquisition.American Behavioral Scientist,20 (3) ,347–365.

Joinson,A.N. & Reips,U.-D(2007)Personalized salutation,power of sender and response rates to Web-based surveys.Computers in Human Behavior,23 (3) ,1372–1383.

Joinson,A.N.,Woodley,A. & Reips,U.-D. (2007) .Personalization,authentication and self-disclosure in self-administered Internet surveys.Computers in Human Behavior,23 (1) ,275–285.

Kaczmirek,L.,Neubarth,W.,Bosnjak,M. & Bandilla,W. (2004) .Progress indicators in filter-based surveys:computing methods and their impact on drop out.Paper presented at the RC33 6th International Conference on Social Science Methodology-,Amsterdam,August.

Krantz,J.H.(2001).Stimulus delivery on the Web:What can be presented when calibration isn' t possible.Dimensions of Internet science,113–130.

Krantz,J.H.,Ballard,J. & Scher,J.(1997).Comparing the results of laboratory and World-Wide Web samples on the determinants of female attractiveness.Behavior Research Methods,Instruments & Computers,29(2),264–269.

Krantz,J.H. & Dalal,R.(2000).Validity of Web-based psychological research.

Lawrence,S.(2001).Free online availability substantially increases a paper's impact. Nature,411(6837),521–521.

Luce,K.H.,Winzelberg,A.J.,Das,S.,Osborne,M.I.,Bryson,S.W. & Taylor,C.B.(2007). Reliability of self-report:paper versus online administration.Computers in Human Behavior,23(3),1384–1389.

Mangan,M.A. & Reips,U.-D.(2007).Sleep,sex,and the Web:Surveying the difficult-to-reach clinical population suffering from sexsomnia.Behavior Research Methods,39(2),233–236.

Matzat,U.(2002).Academic communication and internet discussion groups:what kinds of benefits for whom.Online Social Sciences,383–402.

McLaughlin,M.L.,Osborne,K.K. & Ellison,N.B.(1997).Virtual community in a telepresence environment.Virtual culture:Identity and communication in cybersociety,146–168.

Merton,R.K.(1942).The normative structure of science.The sociology of science,267,275–277.

Musch,J.,Bröder,A. & Klauer,K.C.(2001).Improving survey research on the World-Wide Web using the randomized response technique.Dimensions of Internet science,179–192.

Musch,J. & Reips,U.-D.(2000).A brief history of Web experimenting.

Nie,N.H. & Erbring,L.(2000).Internet and society.Stanford Institute for the Quantitative Study of Society.

Nottingham,U.o.(2006).Publisher copyright policies & self-archiving:The SHERPA/ROMEO list. from http://www.sherpa.ac.uk/romeo.php?all=yes.

O' Neil,K.M. & Penrod,S.D.(2001).Methodological variables in Web-based research that may affect results:Sample type,monetary incentives,and personal information.Behavior Research Methods,Instruments & Computers,33(2),226–233.

Obrenovic,Z.,Starcevic,D.,Jovanov,E. & Radivojevic,V.(2002).An agent based framework for virtual medical devices.Paper presented at the Proceedings of the first international joint conference on Autonomous agents and multiagent systems:part

2.

Preckel,F. & Thiemann,H(2003)Online-versus paper-pencil-version of a high potential intelligence test.Swiss Journal of Psychology,62 (2),131–138.

Reips,U.-D. (1997).Forschen im Jahr 2007:Integration von Web-Experimentieren,Online-Publizieren und Multimedia-Kommunikation.Paper presented at the CAW-97:Beiträge zum Workshop,Cognition & Web.

Reips,U.-D. (2000).The Web experiment method:Advantages,disadvantages,and solutions.Psychological experiments on the Internet,89–117.

Reips,U.-D. (2002).Internet-Based Psychological Experimenting Five Dos and Five Don' ts.Social Science Computer Review,20 (3),241–249.

Reips,U.-D. (2002a).Context Effects in Web-Surveys.Online Social Sciences,69–79.

Reips,U.-D(2002c)Standards for Internet-based experimenting.Experimental Psychology (formerly Zeitschrift für Experimentelle Psychologie),49 (4),243–256.

Reips,U.-D. (2007).The methodology of Internet-based experiments.The Oxford Handbook of Internet Psychology,Oxford University Press,New York,NY,USA,373–390.

Reips,U.-D. & Bosnjak,M. (2001).Dimensions of Internet science:Pabst Lengerich.

REIPS,U.-D. & Franek,L..Mitarbeiterbefragungen per internet oder paper?Der einfluss von anonymitat.

Reips,U.-D. & Funke,F. (2008).Interval-level measurement with visual analogue scales in Internet-based research:VAS Generator.Behavior Research Methods,40 (3),699–704.

Reips,U.-D. & Matzat,U.(2006).Internet Science and Open Access:First Day of a Honeymoon.International Journal of Internet Science,1 (1),1–3.

Reips,U.-D. & Stieger,S.(2004).Scientific LogAnalyzer:A Web-based tool for analyses of server log files in psychological research.Behavior Research Methods,Instruments & Computers,36 (2),304–311.

Reips,U.(1998).Forschung in der Zukunft(Future science).Psychologie im Internet:Ein Wegweiser für psychologisch interessierte User,115–123.

Reips,U. (2006).Internet-basierte Methoden (Internet-based methods).Handbuch der Psychologischen Diagnostik,218–225.

Reips,U.,Morger,V. & Meier,B. (2001).Fünfe gerade sein lassen:Listenkontexteffekte beim Kategorisieren("Letting five be equal":List context effects in categorization)

Unpublished manuscript.Retrieved April,7,2002.

Roth,M.(2006).Validating the use of internet survey techniques in visual landscape assessment-an empirical study from Germany.Landscape and Urban Planning,78(3),179–192.

Schmidt,W.C.(2001).Presentation accuracy of Web animation methods.Behavior Research Methods,Instruments & Computers,33(2),187–200.

Schmidt,W.C.(2007).Technical considerations when implementing online research.The Oxford handbook of Internet psychology,461–472.

Schwarz,S. & Reips,U.-D.(2001).CGI versus JavaScript:A Web experiment on the reversed hindsight bias.Dimensions of Internet science,75–90.

Smither,J.W.,Walker,A.G. & Yap,M.K.(2004).An examination of the equivalence of web-based versus paper-and-pencil upward feedback ratings:Rater-and ratee-level analyses.Educational and Psychological Measurement,64(1),40–61.

Smyth,J.D.,Dillman,D.A. & Christian,L.M.(2007).Context effects in Internet surveys. Oxford Handbook of Internet Psychology,429.

Smyth,J.D.,Dillman,D.A.,Christian,L.M. & Stern,M.J.(2006).Effects of using visual design principles to group response options in web surveys.International Journal of Internet Science,1(1),6–16.

Stegbauer,C. & Rausch,A.(2002).Lurkers in mailing lists.Online Social Sciences,263–274.

Stieger,S.,Reips,U.D. & Voracek,M(2007)Forced-response in online surveys:Bias from reactance and an increase in sex-specific dropout.Journal of the American Society for Information Science and Technology,58(11),1653–1660.

Swan,A.(2005).Open access self-archiving:An introduction.

Van Alstyne,M. & Brynjolfsson,E.(1996).Could the Internet balkanize science?Science,274(5292),1479–1480.

Wilhelm,O. & McKnight,P.E(2000)Ability and achievement testing on the world wide web.Online Social Sciences,167.

Wilhelm,O.,Witthöft,M.,Größler,A. & McKnight,P.(1999).On the psychometric quality of new ability tests administered using the WWW.Current Internet science-trends,techniques,results.Aktuelle Online-Forschung-Trends,Techniken,Ergebnisse.Zürich:Online Press.(WWW document,URL http://dgof. de/tband99/).

术语索引表

A

B

C

D

E

F

G

H

I

K

L

M

N

O

P

R

S

T

W